## 权威·前沿·原创

皮书系列为
"十二五""十三五"国家重点图书出版规划项目

# 北极地区发展报告
（2017）

REPORT ON ARCTIC REGION DEVELOPMENT
(2017)

主　编／刘惠荣
副主编／孙　凯　董　跃

图书在版编目(CIP)数据

北极地区发展报告.2017/刘惠荣主编.--北京：社会科学文献出版社，2018.10
(北极蓝皮书)
ISBN 978 – 7 – 5201 – 3629 – 7

Ⅰ.①北… Ⅱ.①刘… Ⅲ.①北极 – 区域发展 – 研究报告 – 2017 Ⅳ.①P941.62

中国版本图书馆 CIP 数据核字（2018）第 233052 号

## 北极蓝皮书
## 北极地区发展报告（2017）

主　　编／刘惠荣
副 主 编／孙　凯　董　跃

出 版 人／谢寿光
项目统筹／王　绯　黄金平
责任编辑／黄金平

出　　版／社会科学文献出版社·社会政法分社（010）59367156
　　　　　地址：北京市北三环中路甲29号院华龙大厦　邮编：100029
　　　　　网址：www.ssap.com.cn
发　　行／市场营销中心（010）59367081　59367018
印　　装／三河市龙林印务有限公司
规　　格／开　本：787mm × 1092mm　1/16
　　　　　印　张：20.5　字　数：308 千字
版　　次／2018 年 10 月第 1 版　2018 年 10 月第 1 次印刷
书　　号／ISBN 978 – 7 – 5201 – 3629 – 7
定　　价／98.00 元

皮书序列号／PSN B – 2017 – 635 – 1/1

本书如有印装质量问题，请与读者服务中心（010 – 59367028）联系

▲ 版权所有 翻印必究

# 《北极地区发展报告（2017）》
# 编委会

**主　　　编**　刘惠荣

**副 主 编**　孙　凯　董　跃

**参加编写人员**（以姓氏笔画为序）

　　马丹彤　王阳雪子　王晨光　白佳玉　刘惠荣
　　刘　钊　孙　凯　孙笑梅　李振福　闫鑫淇
　　杨松霖　吴　昊　宋　晗　张佳佳　陈奕彤
　　郭培清　戚　鹏　董　宇　董　跃

# 主编简介

**刘惠荣** 中国海洋大学法学院教授、博士生导师、极地法律与政治研究所所长。中国国际法研究会常务理事、中国海洋法研究会常务理事、中国太平洋学会理事、中国太平洋学会海洋管理分会常务理事、中国海洋发展研究会理事、最高人民法院"一带一路"司法研究中心研究员、最高人民法院涉外商事海事审判专家库专家、第六届山东省法学会副会长及学术委员会副主任。2012年获"山东省十大优秀中青年法学家"称号。主要研究领域为国际法南北极法律问题。2013年、2017年分别入选中国北极黄河站科学考察队和中国南极长城站科学考察队,登临中国两极科考站。主持国家社科基金重点项目"国际法视角下的中国北极航道战略研究"、国家社科基金一般项目"海洋法视角下的北极法律问题研究"等多项国家级课题,主持多项省部级极地研究课题,并多次获得省部级优秀社科研究成果奖。自2007年以来在极地研究领域开展了一系列具有开拓性的研究,其代表作有:《海洋法视角下的北极法律问题研究》(著作获教育部社科优秀成果三等奖和山东省优秀成果三等奖)、《北极生态保护法律问题研究》《国际法视野下的北极环境法律问题研究》《中国海洋权益法律保障事业中的极地问题研究》等。所发表的《西北航道的法律地位研究》一文2010年获国家海洋局极地考察办公室评选的"2009年度极地科学优秀论文三等奖"。

# 目　录

## Ⅰ　总报告

**B.1** 演进中的北极治理以及中国参与北极事务的立场选择
　　…………………………………………… 刘惠荣　孙　凯 / 001
　　一　演进中的北极治理及其走向 ……………………………… / 002
　　二　中国参与北极事务的立场阐释 …………………………… / 007
　　三　中国参与北极事务的身份定位和基本原则 ……………… / 015

## Ⅱ　中国与北极治理篇

**B.2** 《中国的北极政策》解读 ………………… 宋　晗　郭培清 / 017
**B.3** "冰上丝绸之路"与大北极网络：作用、演化及中国策略 …… 李振福 / 032
**B.4** 北极安全治理中国的角色定位与策略选择 …… 孙　凯　吴　昊 / 053
**B.5** 中国北极话语权及其提升路径研究 ………………… 张佳佳 / 080
**B.6** 中美北极科学合作初探
　　——基于"人类命运共同体"理念的分析 ………… 杨松霖 / 102

## Ⅲ 北极法律篇

B.7 "北极海岸警卫队论坛"与海岸执法合作…… 刘惠荣　王阳雪子 / 117

B.8 《巴黎协定》对北极油气资源区域法律机制的影响
　　　　　　　　　　　………………………………… 董　跃　戚　鹏 / 137

B.9 北极航道邮轮运输法律规制研究…………… 白佳玉　董　宇 / 154

B.10 日本北极政策法律的新发展 …………………………… 孙笑梅 / 183

B.11 阿拉斯加州北极政策：利益、实践与困境 …………… 闫鑫淇 / 216

## Ⅳ 北极治理新议题篇

B.12 北极理事会发展变迁的制度逻辑
　　　　——基于历史制度主义的分析 ……………………… 王晨光 / 232

B.13 北极原住民利益诉求的多维度探讨 …………………… 刘　钊 / 260

B.14 北欧五国难民问题及其处理政策分析 ……… 刘惠荣　马丹彤 / 279

B.15 2017年度北极国家和北极国际组织动态 ……………… 陈奕彤 / 291

## Ⅴ 附录

B.16 北极地区发展大事记（2017）………………………………… / 307

# CONTENTS

## I General Report

**B**.1 "China's Arctic Policy": Interpretation of China's Position in Arctic Affairs  *Liu Huirong, Sun Kai* / 001
    1. Evolving Arctic Governance and Its future  / 002
    2. Interpretation of China's Position on Participating in Arctic Affairs  / 007
    3. China's Position and Principles for Participating in Arctic Affairs  / 015

## II China and Arctic Governance

**B**.2 *China's Arctic Policy* and Its Interpretation  *Song Han, Guo Peiqing* / 017
**B**.3 "Polar Silk Road" and the Great Arctic Network: Role, Evolution, and Chinese Strategy  *Li Zhenfu* / 032
**B**.4 China's Role and Strategic Choice in Arctic Security Governance  *Sun Kai, Wu Hao* / 053
**B**.5 China's Arctic Discourse Rights and Its Promotion Approach  *Zhang Jiajia* / 080
**B**.6 A preliminary study of the Sino-US Arclic scientific cooperation
    —*An Analysis Based on the Concept of "the Community of Buman Destiny"*
    *Yang Songlin* / 102

## III  Arctic Law Article

**B**.7　Arctic Coast Guard Forum and Coastal Law Enforcement  
　　　　　　　　　　　　　　　　*Liu Huirong, Wang Yangxuezi* / 117  
**B**.8　Impact of the *Paris Agreement* on the Regional Legal Mechanism  
　　of Arctic Oil and Gas Resources　　*Dong Yue, Qi Peng* / 137  
**B**.9　Research on Regulation of Cruise Ship Cruises in Arctic Channel  
　　　　　　　　　　　　　　　　　　*Bai Jiayu, Dong Yu* / 154  
**B**.10　New Developments in Japanese Arctic Policy Law　　*Sun Xiaomei* / 183  
**B**.11　Arctic Policies in Alaska: Benefits, Practice, and Dilemmas  
　　　　　　　　　　　　　　　　　　　　　　*Yan Xinqi* / 216

## IV  New Issues in Arctic Governance

**B**.12　The Institutional Logic of the Development and Transition of the  
　　Arctic Council  
　　　—*An Analysis Based on Historical Institutionalism*  
　　　　　　　　　　　　　　　　　　　　*Wang Chenguang* / 232  
**B**.13　Multi-Dimensional Discussion on the Claims of Arctic  
　　Indigenous Peoples　　　　　　　　　　　*Liu Zhao* / 260  
**B**.14　Refugee Problems in the Five Nordic Countries and Their  
　　Handling Policy Analysis　　*Liu Huirong, Ma Dantong* / 279  
**B**.15　Arctic States and Arctic International Organization in 2017  
　　　　　　　　　　　　　　　　　　　　　*Chen Yitong* / 291

## V  Appendix

**B**.16　Major Events of the Year in the Arctic (2017)　　　　/ 307

# 总 报 告
## General Report

# B.1
# 演进中的北极治理以及中国参与北极事务的立场选择

刘惠荣 孙 凯[*]

**摘 要：** 2017年是北极地区持续变化的一年，这些变化对北极治理所带来的要求更加紧迫，国际社会应对北极变化相关的治理规则也在不断地制定和实施。对北极理事会而言，美国在2017年结束轮值主席国任期，而芬兰则开始了新的轮值主席国任期，这对北极理事会关注的重点领域会有所影响。特朗普政府上台之后，其"美国优先"的原则也体现在其北极政策之中，这势必会使美国在一些北极治理的议题中成为"拖后腿"者。中国在2017年不断增加参与北极治理的层次，提升参与北极治理的能力，并拓展中国在北极治理领域的话语权。随着北极事务的变化，以及中国在北极治理中

---

[*] 刘惠荣，女，博士，中国海洋大学法学院教授、博士生导师、极地法律与政治研究所所长；孙凯，男，中国海洋大学国际事务与公共管理学院副院长、教授，泰山学者青年专家，主要研究方向为国际关系、北极治理。

参与度的提升,中国已经成为北极事务中不可或缺的重要力量。

**关键词:** 北极治理 中国参与北极事务 特朗普政府

对于北极地区的问题及其治理来说,2017年是北极地区持续变化的一年,而这些变化对北极治理所带来的要求也更加紧迫,国际社会应对北极变化问题的相关北极治理规则也在不断制定和实施。2017年1月1日,国际海事组织于2014年制定通过的《极地水域船舶航行国际准则》(以下简称《极地航行规则》)正式生效。这份具有强制性的国际条约的正式生效,是国际极地环境保护进程中的重要里程碑,标志着国际极地环境保护迎来了新的机遇,这也是北极治理逐渐从"软法"治理走向"硬法"治理的标志性事件之一。

## 一 演进中的北极治理及其走向

随着北极地区的态势发展,北极地区的国家也持续更新或者颁布新的北极战略。挪威一直把经略北极作为国家的战略重点,并多次发布北极政策文件。2017年4月,挪威政府发布新版"北极战略",宣称要把北极打造成"和平的、有创新能力的以及在经济、环境和人口结构等方面可持续发展的"地区。加拿大总理特鲁多也提出北极治理的"共享的北极领导"模式。

2017年5月,北极理事会第10次部长级会议在美国阿拉斯加州的费尔班克斯(Fairbanks)召开,北极八国的外交部部长出席会议。在这次会议上,北极理事会轮值主席国由美国变为芬兰。美国国务卿蒂勒森(Rex Tillerson)出席会议。尽管特朗普政府在气候变化问题上出现态度的倒退,但在北极问题上,美国政府仍然派负责外交事务的最高级别官员出席,这表明特朗普政府还是把北极问题作为比较重要的事务进行处理。北极八国的外交部部长除了签署加强北极治理合作的《费尔班克斯宣言》之外,还签署了《加强北极国际科学合作协定》,这是继2011年《北极海空搜救合作协定》和2013年《北极海洋油污预防与反应合作协定》之后，在北极理事会框架下达成的第三个有约束力的协议，这对于进一步加强北极地区的合作具有重要的意义。

另外，北极理事会再度"扩容"，接纳了瑞士、西北欧理事会、海洋环境保护组织、国家地理学会、奥斯陆-巴黎委员会、世界气象组织和国际海洋探测理事会等作为北极理事会观察员。芬兰在2017年5月接任北极理事会轮值主席国之后，以"探寻共同方案"为主线，确定了在芬兰任职北极理事会轮值主席国期间的四个优先事项，分别为环境保护、互联互通、气象合作以及教育。

此次北极八国外长齐聚费尔班克斯，俄罗斯外长拉夫罗夫在参会之前飞往华盛顿与特朗普进行会面，而且在会议期间还与加拿大外长弗里兰进行了交谈，这些都说明了北极地区是俄罗斯与西方国家的重要合作领域，北极理事会为双方提供了交流和磋商的有效平台。

作为北极大国的美国，其北极政策和战略走向对北极治理产生了重要的影响。随着特朗普政府的上台，2017年1月25日，美国国务院北极事务特别代表罗伯特·帕普（Robert Papp）卸任，其他执掌北极事务的美国高级别官员也在相继调整中。特朗普政府的北极政策与以往美国政府的政策有很大的不同，具体体现在以下三个方面。

第一，特朗普政府在北极地区能源开发方面将更为积极。

特朗普在竞选期间就明确向选民承诺，其上任之后的首要任务就是依据"美国优先"的原则，扩大就业机会、发展美国经济并实现美国的能源独立。特朗普就职之后颁布了"美国优先"的能源计划，在计划中明确指出，合理的能源政策必须首先认识到美国拥有大量未开发的能源储备。美国必须充分利用这些未开发的价值约500亿美元的页岩气、石油和天然气资源。其所指的未开发的能源，很大部分都储存在美国所属的北极区域内。鉴于奥巴马在离任前签署了阿拉斯加近海"油气开发禁令"，特朗普在2017年4月28日签署了题为"实施美国优先的近海能源战略"的行政令，要求内务部长立刻采取必要的措施来评估"北极近海钻探法令"，如果合适的话应该尽快依法暂停、修改或者终止这一法令。实际上这一行政令的主旨就是力图解除奥巴马签署的"油气开发禁令",进而推进美国国内的能源开发。

特朗普力图推翻奥巴马签署的"油气开发禁令"的计划,尽管会得到阿拉斯加州部分人员的支持,但是大规模的油气开发活动必然会对北极地区独特的自然环境和脆弱的生态系统带来破坏,环保组织、旅游公司等利益集团必然会反对特朗普的这一举动。包括自然资源保护委员会(Natural Resource Defense Council)、生态保护选民联盟(League of Conservation Voters)在内的十几个非政府组织,已经在2017年5月就特朗普的总统令向阿拉斯加法院提起诉讼,认为特朗普的这一做法超出了联邦法律所赋予总统的权限。另外,在当前油气市场低迷的情况下,壳牌公司2015年9月在北极海域耗资70亿美元之后以失败告终,其他油气公司也大都放弃了在北极海域开发的计划。因此,即使禁令解除,能否吸引到大量的油气公司前来竞标也存在很大的不确定性。

特朗普对奥巴马时期的北极政策进行了相当幅度的修改和调整,扩大了北极地区的资源开采范围。2017年11月,共和党控制的参议院通过了一项预算决议,将开放150万英亩的北极国家野生动物保护区用于未来的能源发展。拟任参议院能源与自然资源委员会主席的参议员丽莎·穆考斯基(Lisa Murkowski)指出,"我们需要在联邦地区进一步扩大能源开发"。阿拉斯加州参议员丹·莎利文(Dan Sullivan)进一步指出,能源开发会带来更多的就业机会,并刺激经济增长。① 12月,共和党的最终税收计划经国会参众两院通过并写入宪法,允许在阿拉斯加北极国家野生动物保护区进行油气勘探。与此同时,美国联邦安全和环境执法局批准了意大利埃尼集团(Eni)在波弗特海(Beaufort Sea)的石油钻探申请。局长司各特·安热勒(Scott Angelle)认为,批准钻探有利于实现特朗普政府的"美国能源主导地位"的目标。②

---

① "The Senate's Sly Plan to Begin Drilling in Arctic Refuge," https://www.mensjournal.com/adventure/the–senates–sly–plan–to–begin–drilling–in–arctic–refuge–w510202.
② "Trump Administration Approves Oil Project in Arctic Waters," http://www.globaltrademag.com/global–logistics/trump–administration–approves–oil–project–arctic–waters?gtd=3850&scn=trump–administration–approves–oil–project–arctic–waters.

第二，特朗普政府对美国北极事务能力建设方面趋于保守。

无论是破冰船的数量，还是北极地区基础设施的建设，美国都落后于其他北极国家。因此，多年来，在北极地区的基本动员能力和保障能力不足，使美国难以成为一个真正的北极大国。特朗普执政以来，北极事务并未出现在新政府的优先议程之中。

海岸警卫队是维护美国北极安全以及确保美国在北极地区进行活动的主要力量，自奥巴马政府以来，海岸警卫队一直提议建造更多的破冰船来提升美国在北极地区的活动能力。加州共和党参议员邓肯·亨特（Duncan Hunter）在2017年2月致信特朗普，要求建造更多的破冰船，以增强美国在北极地区的能力和存在，并缩减与俄罗斯之间的能力差距。在信中邓肯·亨特写道："世界上最大的破冰船'北极号'（Arktika）已经在俄罗斯下水，美国应对此高度关注"，"俄罗斯不仅在破冰船生产和北极有效存在方面超过美国，而且俄罗斯正在确立破冰船的新标准，并获得了巨大的支持。美国应该对此有紧迫感"。在此之前的一周，邓肯·亨特还就同样的要求致信国防部部长詹姆斯·马蒂斯（James Mattis）以及国土安全部部长约翰·凯利（John Kelly），以期待共同促使特朗普政府加强对美国北极能力建设的支持。

但是在特朗普政府发布的2018财政年度预算计划草案中，海岸警卫队的预算被削减了13亿美元。这不仅使建造更多破冰船的诉求无望，而且给海岸警卫队在包括北极地区的近海搜救活动，甚至执行基本的国土安全保障任务都增加了困难。

在气候变化对北极地区的影响日益显著的背景下，加强北极地区的基础设施建设直接关乎美国的国家安全和地缘政治利益。但是，由于北极事务目前并不在特朗普政府的优先议程之中，加之当前较低的石油价格，对北极地区进行基础设施投资很难得到经济上的回报，因此，阿拉斯加北极地区所需的深水港口、公路、桥梁甚至是高速互联网的投资建设也就难以获得保障。

随着北极地缘态势的变迁，北极各国纷纷加强在北极事务上的战略存在，不可避免地触碰到特朗普政府的北极战略利益。美国外交关系委员会发表了题为"北极必要性:加强美国第四海岸战略"的报告。指出"美国需要增加对该地区的战略部署,保护北极地区的利益"①。2017年12月,特朗普政府首份《国家安全战略报告》聚焦美国国土安全问题,重视维护国土安全利益。对于如何维护美国的战略利益,特朗普主张"以实力求和平",加强北极地区军备建设,多途径维护美国在北极的安全利益。

第三,就国际层面的北极事务而言,特朗普政府从北极议程的引领者变成"摇摆者",甚至在一些议题上成为"拖后腿者"。

美国在2015—2017年担任北极理事会轮值主席国,这是奥巴马政府在国际层面"引领北极议程"的重要机遇。2017年5月美国作为北极理事会轮值主席国的任期结束,北极理事会轮值主席国由芬兰接任。早在2017年3月,美国也将北极海岸警卫队论坛的轮值主席国席位交由芬兰接任。在北极理事会轮值主席国以及北极海岸警卫队论坛轮值主席国交接之后,美国将作为北极理事会和北极海岸警卫队论坛的普通成员,不再拥有利用轮值主席的"特殊地位"来影响北极理事会议程的"特权"。

特朗普政府国际层面的北极政策也将秉承"美国优先"的原则,推动北极地区的资源开发以促进美国经济的发展是特朗普政府北极政策的优先考量。而在芬兰继任北极理事会轮值主席国之后,将应对气候变化和落实《巴黎协定》,以及实现联合国规定的可持续发展目标作为其任期内的优先事项。而从特朗普的气候政策来看,他对气候变化的态度具有很大的不确定性。因此,北极理事会以应对气候变化和落实《巴黎协定》为优先事项的做法与特朗普政府对气候变化持"怀疑论"的观点相左,因此特朗普政府可能会成为北极理事会应对气候变化问题方面的"拖后腿者"。

其他国家在北极事务中不断"崛起",尤其是近年来俄罗斯总统普京非常重视北极地区的经济开发与国际合作。2017年3月29—30日,在俄罗斯

---

① "CFR: US Should Increase Strategic Commitment to Arctic," http://www.globaltradmag.com/global-logistics/cfr-us-increase-strategic-commitment-arctic.

阿尔汉格尔斯克召开了第四届"北极-对话区域"国际北极论坛，来自40多个国家的官员、学者等人员参会，其中冰岛总统约翰内松、芬兰总统尼尼斯托和时任中国国务院副总理汪洋等高级别官员参会，俄罗斯总统普京也到会并发表主题演讲。在演讲中，普京强调，俄罗斯拥有北极地区面积的1/3，俄罗斯充分认识到在北极地区的特殊责任。普京还专门提到俄罗斯将推动在北极科学、环保和航道利用等方面的国际合作。这充分展示出俄罗斯有"引领北极议程"的趋势，这些使美国在国际层面的北极外交相形见绌。

## 二　中国参与北极事务的立场阐释

2018年1月26日，《中国的北极政策》由国务院新闻办公室发布。这是中国政府首次以白皮书的形式宣示对北极事务的基本立场和政策主张，向国际社会表明积极参与北极治理、共同应对全球性挑战的立场、政策和责任担当。白皮书的发布，在中国的北极事业发展中具有里程碑意义。但是从时间上说，在北极理事会12个正式观察员国之中，《中国的北极政策》白皮书并不是最早发布的。2013年同时获准成为正式观察员国的国家中，韩国于2013年一年内连续发布了《北极综合政策推进计划》和《北极政策基本计划》；日本于2015年10月发布《日本的北极政策》；印度于2013年6月发布《印度与北极》；意大利于2015年12月发布《意大利的北极战略》。而更早成为正式观察员国的英国，近期更新了2013年发布的名为《超越冰雪——英国的北极政策》的报告。上述正式观察员国均明确在官方报告中宣示了本国的北极政策立场。然而，相比之下，《中国的北极政策》白皮书的发布，其轰动效应前所未有。中国的北极立场一直遭遇北极地区以及西方国家的质疑。《中国的北极政策》白皮书的发布能否终结上述质疑，起到释疑解惑的作用呢？

单纯从地理意义上看，传统的北极国家只有在北极圈内拥有领土或者领海的八个国家，中国并不是传统意义上的北极国家。但近年来随着全球气候变化、经济全球化以及北极地区治理态势的变迁，北极地区的事务越

来越超出北极范围,包括中国在内的域外国家也加大了在北极事务中的参与力度,在北极地区的开发、经济机遇以及北极治理规则的制定等方面不甘落后。中国自20世纪90年代以来就加大了在北极事务中的参与力度,但近几年随着北极事务与域外事务越来越联系在一起,中国在北极事务中参与的力度、规模逐渐加大。作为最大的发展中国家,中国在北极事务中的参与引起了国际社会尤其是北极国家的关注。国外舆论最为关注的问题是:中国为什么要参与北极事务?与这一问题相关联的问题是:中国在北极事务中的参与将对北极地区带来什么影响?如何应对中国在北极事务中的参与?

中国在北极地区的科学考察活动在20世纪90年代就已经开始,并且在1999年7月组织了第一次北极科学考察,至今已有6次。2004年7月,中国北极科学考察站"黄河站"正式投入使用,成为中国在北极地区开展科学考察活动的固定场所。但是在北极地区冰融的背景下,北极地区迎来了"开发时代",包括北极航运、北极资源开发、北极渔业捕捞等商业机遇日益显现,这吸引了包括中国在内一批域外国家的关注和参与。在这样的背景下,中国对北极事务的参与引起了国际舆论的关注,对中国参与北极事务曲解与误读的声音不绝于耳,对中国在北极事务的主张盲目揣测,并曲解和断章取义地解读中国学者关于北极事务的观点。

在中国参与北极事务的进程中,围绕这些问题的讨论成为国际舆论的焦点。中国对北极事务的参与,也是中国参与全球事务进程中的重要一环,中国力图构建一个负责任参与者的形象。因此,中外舆论围绕这些问题展开了一场交锋与互动。中外舆论在这一问题上经历了从中国被动应对国外对中国参与北极事务的曲解到中国主动塑造与阐释中国作为北极事务重要利益攸关方的过程。

2011年初,挪威斯德哥尔摩国际和平研究所的研究员琳达·雅各布森撰写了《中国为无冰北极进行准备》的研究报告,反响巨大。这篇研究报告虽然不带有官方性质,但是从一定程度上被视为西方国家特别是北冰洋沿岸国家对中国的北极政策以及北极权益主张的代表性解读。琳达在报告中强调了中国对北极地区日渐增加的兴趣,指出有一些中国学者注意到了北极水域因海冰融解带来的商业和战略价值。她认为,中国正在小心翼翼地探索一条通向北极之路,"中国确实已经有了一个清晰的北极日程"。这份报告代表了当时北极地区国家对于中国的北极立场主张的"怀疑论",认为中国过度强调北极的"全球公域""人类共同财产"属性或者力主今后应当将北极定位于"全球公域""人类共同财产",从而使北极成为全人类的共同利益,中国当然要分享其中的一份利益;这份报告还认为中国过度扩大其在北极地区的权益范围,几乎将北极问题的全部因素都与中国的潜在利益相联系。

2012年11月,琳达又发表了题为《中国的北极期许》(China's Arctic Aspiration)的研究报告,对日趋积极的中国北极政策从经济、治理和法律等方面进行了分析。①而国外媒体在引用这一报告的时候,将其解读成为"中国对北极的野心",认为"中国故意表现出低调,实则虎视眈眈,欲获取相关利益"。《纽约时报》在2012年9月发表了题为《北极冰融北极露富引发竞争》的文章,认为中国已经成为北极地区极具进攻性的参与者,已经引起西方国家的警觉。② 这些研究报告和媒体报道都非常关注中国参与北极事务的目的,在无形中构建了一种"中国北极威胁论"的话语。

北极问题是最能触动加拿大人神经的问题之一,中国在北极事务中的积极参与,也引起了一部分加拿大学者和媒体的不安。对主权问题的担忧以及北极地区的经济发展是加拿大最为关注的问题,鉴于中国在北极事务中的参与以及中国学者对北极问题的研究,加拿大卡尔加里大学大卫·莱特(David Wright)教授在2011年发表研究报告《中国龙对北极虎视眈眈:中国北极政策论争》,他认为"中国力图'插手'北极事务,但不便于直说","尽管中国没有出台官方的北极战略或北极政策,但有自己的'北极议程',

---

① Linda Jakobson and Jingchao Peng, "China's Arctic Aspirations," http://books.sipri.org/files/PP/SIPRIPP34.pdf. 斜体为笔者所加。
② Elisabeth Rosenthal, "Arctic Resources, Exposed by Warming, Set off Competition," *New York Times*, September 19, 2012. http://www.nytimes.com/2012/09/19/science/earth/arctic-resources-exposed-by-warming-set-off-competition.html.

并从外交方面积极推进。"① 大卫·莱特于2011年3月在《卡尔加里先驱导报》上再次撰文,认为"面对中国日益增长的北极要求,加拿大必须奋起反击"。②

在这一段时间里,中国对北极事务的参与往往被以"中国野心""中国幽灵""阴谋""贪婪"之类的话语进行描述,这些话语将中国构建成为一个不受欢迎的、野心勃勃的北极事务外来者。

尽管在早期一些中国学者对北极事务的观点有些随意和感性,但中国学者的北极研究和观点总体上是谨慎的、理性的。而国外一些学者和媒体则对中国部分学者的观点进行断章取义的引用和曲解。例如中国海军少将尹卓在2010年3月在接受国内媒体访谈就北冰洋问题发表评论,认为"按照《联合国海洋法公约》,北极点及附近地区,不属于任何国家,而是全世界人民的共同财富。中国有十几亿人口,占全球人口五分之一,在北极开发中不可缺位,当然这要取决于中国的实力"③。而国外媒体很快就注意到尹卓的这一观点,章家敦(Gordon G. Chang)在总部位于日本东京的网络媒体"外交学人"网站发表题为《中国的北极大戏》的评论文章,将尹卓的观点断章取义地引用为"北极属于全人类,没有国家对北极拥有主权"④。在2011年8月大卫·莱特撰写的研究报告《中国龙对北极虎视眈眈:中国北极政策论争》对这一观点也进行了断章取义的引用,文中将尹卓的观点表述为"北极属于全人类,没有国家对北极拥有主权。中国人口占全球人口的五分

---

① David Wright, "The Dragon Eyes the Top of the World: Arctic Policy Debate and Discussion in China," *China Maritime Study*, No. 8. Newport, RI: U. S. Naval War College (Aug. 2011). http://www.usnwc.edu/Research - - - Gaming/China - Maritime - Studies - Institute/Publications/documents/China - Maritime - Study - 8_ The - Dragon - Eyes - the - Top - of -. pdf.

② David Wright, "We Must Stand up to China's Increasing Claim to Arctic," *Calgary Herald*, March 08, 2011.

③ 罗建文:《政协委员尹卓:开发北冰洋中国不可缺位》,http://news.xinhuanet.com/mil/2010 - 03/05/content_ 13103909. htm。

④ Gordon G. Chang, "China's Arctic Play", March 9, 2010. http://thediplomat.com/2010/03/chinas - arctic - play/.

之一，中国在北极开发中不可缺位。"①以上对尹卓观点断章取义的引用，都没有提及尹卓所说的"按照《联合国海洋法公约》"这一前提，并且尹卓所提及的是"北极点及附近地区"，而在这些国外媒体引用的时候，直接用"北极"进行表述。这样断章取义的引用具有非常大的"杀伤力"，因为这些言论使用英语发表，章家敦和大卫·莱特这样的能阅读中文的研究者毕竟是少数，对于那些不能阅读中文的研究人员来说，只有阅读英文文献来了解中国的北极主张。因此，对这些被曲解的中国关于北极事务的主张就会"深信不疑"。

更有甚者，即使是国外著名的北极研究学者，对中国在北极事务中的参与也缺乏一些基本的常识。加拿大不列颠哥伦比亚大学的著名北极研究者麦克·拜尔（Michel Byers）在其著作《国际法与北极》一书中谈及中国在北极事务中的活动时，引用了琳达·雅克布森的论文，将原文"中国自1984年以来组织了26次南极科学考察并在南极建立了3个科学考察站"②，错误地引用为"中国自1984年以来组织了26次北极科学考察并在北极建立了3个科学考察站"③。普通公众或者一些初涉北极事务的媒体记者缺乏这样的常识无可厚非，但如麦克·拜尔这样的著名北极研究学者再犯如此低级的常识性错误实属不该，因为他是北极研究的权威学者，他这样错误的引用会带来以讹传讹的效果。

2018年《中国的北极政策》白皮书发布，尽管白皮书阐述了中国与北极的关系、中国的北极政策目标、参与北极事务的主要政策主张，但外界的疑惑与不解仍未消解。俄罗斯学者比利亚瑟夫与我们座谈时抛出了一连串的

---

① David Wright, "The Dragon Eyes the Top of the World: Arctic Policy Debate and Discussion in China," *China Maritime Study*, No. 8. Newport, RI: U. S. Naval War College (Aug. 2011). http://www.usnwc.edu/Research ‐ ‐ ‐ Gaming/China ‐ Maritime ‐ Studies ‐ Institute/Publications/documents/China ‐ Maritime ‐ Study ‐ 8_ The ‐ Dragon ‐ Eyes ‐ the ‐ Top ‐ of ‐ . pdf.

② Linda Jakobson, "China Prepares for an Ice-free Arctic," http://books.sipri.org/files/insight/SIPRIInsight1002.pdf.

③ Michael Byers, *International Law and the Arctic*, Cambridge University Press, 2013, p. 254.

疑惑：中国为何自称"近北极国家"和"北极事务的重要利益攸关方"？北极气候变化真的影响到中国的农业、林业、渔业发展吗？为什么说北极资源是全球性的？北极全球治理依据何在？

白皮书将中国的北极政策目标确定为"认识北极、保护北极、利用北极和参与治理北极，维护各国和国际社会在北极的共同利益，推动北极的可持续发展"。从认识到保护、利用和参与治理北极，这四个方面反映出中国参与北极事务的历史轨迹，更体现了这一政策立场的内在逻辑联系。

早在1925年中国就加入了《斯匹次卑尔根群岛条约》，但真正介入北极国际事务是在20世纪90年代中期以后，当时的北极活动主要是科学考察，处于"认识北极"阶段。1996年，中国成为国际北极科学委员会成员国。从1999年起，中国以"雪龙"号科考船为平台，成功进行了多次北极科学考察。2004年中国北极"黄河站"建成后，中国逐步建立起海洋、冰雪、大气、生物、地质等多学科北极观测体系。2013年，中国成为北极理事会正式观察员国，中国的北极事业迈入新阶段。北极理事会的职能由原先单一的北极环境保护联盟扩大为促进北极地区的环境保护和可持续发展。同时被接纳为正式观察员亚洲国家包括中国、韩国、日本、印度和新加坡。五国在北极事务的参与中表现出了一定的共性。一方面，五国都开展了北极科学考察、建站并且中日韩三国都有破冰船投入使用；另一方面，五国的海运、港口都受到北极航运开通的影响，并可能从中获益。五国在船舶制造、科技研发、海事工程制造、人力资本输出等方面的资源优势也吸引北极理事会和北极国家的注意。中国自2013年之后进入保护与利用北极和参与北极治理的新阶段，北极活动已拓展至全球治理、区域合作、多双边机制等多个层面，涵盖科学研究、生态环境、气候变化、经济开发和人文交流等领域。"一带一路"倡议提出后，"冰上丝绸之路"将中国与北极国家的联系提升至"休戚与共"的层次。

"冰上丝绸之路"是指穿越北极圈连接北美、东亚和西欧三大经济中心的北极航道，主要包括经过俄罗斯海域的"东北航道"、经过加拿大海域的"西北航道"和穿越北冰洋中心海域的"中央航道"等。在气候变化以及经济全球化的影响下，北极航道的开通和商业性运营越来越成为现实。"冰上丝绸之路"的建设，将进一步助推欧亚经济体的融合。对中国而言，"冰上丝绸之路"主要体现为以下三个方面的价值。

第一，北极航线较之传统航线可以大大节省经济成本。北极航线相对于我国北方沿海地区来说，因海运航程短而具有时间和运费的经济成本优势。据估算，相比传统航线，中国沿海港口到俄罗斯摩尔曼斯克港平均缩短4000~7000海里，节省航程36%~55%；到冰岛雷克雅未克、德国汉堡及波罗的海沿岸港口缩短1370~4600海里；北美方向，我国沿海港口到加拿大圣约翰斯缩短航程3500海里，到波士顿和纽约缩短约2000海里。通常海运成本取决于航程时间成本、租船费、保险费用等。北极航行需增加特殊标准建造船舶费用、破冰服务费等，但无须支付因海盗滋扰所需的保险费和航路堵塞的滞期费等。根据预测，如果北极航线完全开通，我国每年可以节省533亿~1274亿美元的海运成本，有助于打破海上通道单一性局面，实现中国国际航运的多元化。

第二，北极航线为我国提供安全稳定的能源通道。我国能源需求对外依存度高，中东局势不稳，加之南部航线存在安全风险，加快建立稳定多元的能源供应渠道，对保障我国能源安全具有重要意义。北极地区及其洋底大陆架蕴含着丰富的石油、天然气和甲烷水合物，以及大量的矿藏，北极地区的资源开发有利于我国开辟新的海外能源基地。根据美国地质局发布的报告，北极地区未探明的油气资源占全世界未探明的油气资源的22%，其中包含了全球30%未被发现的天然气储量和13%的石油储量，且大部分在不足500米水深的近岸。其中天然气的储量是原油的3倍多，并主要集中在俄罗斯。另外，北极地区还拥有丰富的矿产资源和森林、渔业资源。北冰洋沿岸国家纷纷将北极能源资源开发纳入战略规划，并与我国开展油气资源的开发合作。除管道输送之外，北极航线为海上油气资源的运输提供了一条安全的海上通道，是北极资源开发利用的重要保障。

第三，北极航道开通直接影响我国沿海地区的经济发展布局。北极航道的开通对我国沿海地区的产业分工和布局产生影响。"一带一路"倡议带动我国南部、西南、西北地区的经济腾飞。北极航道的开通以及北极航运商业化运营的发展，将进一步加强中国东部沿海地区的经济优势地位，促进中国北方港口的经济和外贸发展，进一步刺激中国内地货源地的布局改革和规划更新，从而为内陆经济的发展带来机遇。

中国在北极事务中的国际合作稳步推进，涉及的领域包括环境保护、科学研究、经济开发以及治理机制的构建等。"冰上丝绸之路"的建设和推进，将为中国在北极事务中的合作增添新的活力和注入新的元素，成为中国参与北极事务和加强北极合作的新增长点。

目前在建设"冰上丝绸之路"的国际合作中，以中俄两国在北极"东北航道"方面的合作和推进最具代表性。早在2017年7月4日，国家主席习近平在莫斯科会见俄罗斯总理梅德韦杰夫时，双方就正式提出"要开展北极航道合作，共同打造'冰上丝绸之路'"。随后中俄两国在这一领域中的合作从共识到行动，一些重大项目不断展开。据报道，中远海运集团自2013年"永盛"轮首次航行以来，已经完成多个航次的在东北航道航行的任务，并积极探索中国商船在北极海域的常态化运行。中俄两国的交通部门也正在商谈中俄极地水域海事合作谅解备忘录，进一步完善北极开发合作的政策和法律基础，两国企业积极开展北极地区的油气勘探开发合作，并商谈北极航道沿线的交通基础设施建设项目，其中包括亚马尔液化天然气项目以及阿尔汉格尔斯克市的深水港改造项目等。中国商务部和俄罗斯经济发展部也牵头建立了专项工作机制，统筹推进北极航道的开发和利用。

"冰上丝绸之路"建设，也将进一步丰富中国和其他北极国家的合作。中国与冰岛等北欧国家在北极科学考察、经济合作以及学术研究等方面的合作已经展开，例如中国极地研究中心和冰岛北极研究中心在冰岛联合建立极光观测台，并接纳各国科学家进行使用。中国北欧北极研究中心也在2016年正式成立，在科学研究、学术交流等方面开展了务实合作。中国和冰岛两国企业就地热能源的开发和利用方面也达成多项合作的意向，中海油国际公司也已经获得批准在冰岛、挪威等海域进行石油勘探等。中美之间的北极合作也在逐步推进,尤其与阿拉斯加州在能源、渔业、旅游等相关领域的合作将进一步深化。

## 三 中国参与北极事务的身份定位和基本原则

中国参与北极事务的身份定位取决于中国与北极的关系,关系的确定归因于地缘联系、国际法依据以及经济贸易联系。《中国的北极政策》白皮书指出,中国在地缘上是"近北极国家",是陆上最接近北极圈的国家之一,是北极事务的重要利益攸关方。北极的自然状况及其变化对中国的气候系统和生态环境有着直接的影响,进而关系到中国在农业、林业、渔业、海洋等领域的经济利益。

广袤的北极大陆和岛屿的领土主权分属于北极八国。《联合国海洋法公约》《斯匹次卑尔根群岛条约》等国际条约和一般国际法规定,北冰洋海域相关海洋权益由沿岸国和各国分享。沿岸国拥有内水、领海、毗连区、专属经济区和大陆架等管辖海域。北冰洋中还有公海和国际海底区域。尽管北极国家之间仍存在领土、海洋划界、群岛水域、专属经济区与大陆架、北极航道等纷争,但彼此之间的纷争并未打乱他们是北极的主人这一身份的共识。2008年5月北冰洋沿岸五国丹麦、加拿大、美国、俄罗斯、挪威的外交部部长签署《伊卢利萨特宣言》,声明五国由于拥有在北冰洋大部分地区的主权、主权权利和管辖权,因而在解决北极面临的问题和挑战时具有"特别的"地位。此外,宣言接受《联合国海洋法公约》作为他们确定外大陆架划界、海洋环境保护、冰封区域、自由航行权、海洋科学研究和其他对海洋的使用等领域的国际法依据。

北极事务具有层叠交错的复杂系统特征,北极治理包括区域治理和全球治理问题。中国是北极事务的积极参与者、建设者和贡献者,《中国的北极政策》白皮书宣示了中国参与北极事务秉持"尊重、合作、共赢、可持续"的基本原则,以及坚持科研先导,强调保护环境、主张合理利用、倡导依法治理和国际合作,并致力于维护和平、安全、稳定的北极秩序等主要政策主张。这种积极和自信、有理有据的政策宣示,对外旨在发挥释疑解惑的作用，对中国参与北极事务将起到规范、指引的功效。

随着中国在北极治理进程中的进一步参与，中国已经成为北极事务和应对北极地区挑战不可忽视的重要力量，甚至在很多议题中已经在引领北极治理问题的理念与实践，中国正从过去的被动参与北极治理逐渐向主动塑造北极治理议程转变，从过去单纯的规则接受者逐渐转向建设性的规则制定者。2017年2月，习近平主席再次提出中国"要引导国际社会共同塑造更加公正合理的国际新秩序"①。在北极事务的参与进程中，中国必须积极主动地向国际社会传送"中国好声音"，拓展中国在北极事务中的国际话语权，进而提出北极治理的"中国方案"并引导国际社会共同推动北极地区善治的实现，《中国的北极政策》白皮书的发布，就是这一进程中的重要一步。

---

① 《习近平谈治国理政》第二卷，外文出版社，2017，第382页。

# 中国与北极治理篇
## China and Arctic Governance

B.2

《中国的北极政策》解读

宋晗 郭培清*

摘　要：通过《中国的北极政策》的发表，中国政府确认在"北极事务的重要利益攸关方"的身份定位下，逐步实现从"认识和保护北极"到"利用和参与北极治理"的政策目标，并以"尊重、合作、共赢、可持续"为中国参与北极事务的基本原则。中国在北极地区的身份地位、政策目标和参与原则都深刻表明中国是一个具有建设性的和负责任的北极参与者。然而，外媒对中国北极政策的认知却比较片面，进而导致对中国北极政策的误读。北极国家也对中国的北极政策有着差异化的态度和不合理担忧。针对外国学者的疑虑，中国学者应加深对北极的各方面研究，预备中国未来北极参与的潜在

---

\* 宋晗，女，中国海洋大学国际事务与公共管理学院国际关系专业2016级硕士研究生；郭培清，男，中国海洋大学国际事务与公共管理学院教授、博士生导师。

风险，促进中国北极参与的良好舆论氛围的构建。

**关键词：** 北极政策　北极事务　利益攸关方　北极治理

2018年1月26日，《中国的北极政策》白皮书由国务院新闻办公室发布，该文件就中国在北极地区的基本立场、政策目的和主要政策主张等内容进行了说明，在国内外引起广泛反响。本文将从"中国的北极政策解读""外媒对中国北极政策的基本认知""北极国家对中国北极政策的认知"以及"未来的北极研究建议"四方面进行深入分析，探索学术界在未来的北极研究上应努力的方向。

## 一　中国的北极政策解读

《中国的北极政策》白皮书是中国对外发布的首份北极政策文件，明确了中国作为"北极事务的重要利益攸关方"的身份定位，明确了"认识北极、保护北极、利用北极和参与治理北极"的政策目标，提出了"尊重、合作、共赢、可持续"四项北极参与基本原则，并阐释了五项具体的政策主张，是当前和今后一段时期指导中国参与北极事务的纲领性文件。① 该文件表明了中国在参与北极事务过程中不越位、不缺位，为北极地区的良好发展做贡献的态度。

"北极事务的重要利益攸关方"的身份定位是中国参与北极事务的基本出发点。② 身份是政治参与的必要前提，包含了各方对主体资格和相关权益

---

① 《外交部就国新办发表〈中国的北极政策〉白皮书等答问》，http://www.gov.cn/xinwen/2018-01/26/content_5261152.htm，最后访问日期：2018年5月30日。
② 《外交部副部长孔铉佑出席〈中国的北极政策〉白皮书新闻发布会并回答记者提问实录》，http://www.fmprc.gov.cn/web/wjbxw_673019/t1529358.shtml，最后访问日期：2018年5月30日。

的认可，立足于现实的政治进程及利益结构。中国对自己的北极身份定位经历了从"近北极国家"到"北极事务的重要利益攸关方"的演变历程。中国学者最早使用"近北极国家"这一身份定位，其目的在于强调中国虽然不是北极国家，但在地理上距离北极并不遥远，很容易受北极环境变化的影响。① 在"近北极国家"身份未提出之前，学界主要存在三种北极治理设想：第一种是依照"扇形原则"将北极瓜分后纳入北极国家的领土主权管辖范围；第二种观点是建立环北极国家间的共同管理机制；第三种即"全球共管北极机制"。② 纵观这三种北极治理机制，前两种实质上都主张由北极国家管理北极，把其他国家（包括深受北极气候变化影响的中国等国）排除在外，忽略了北极问题的"全球公共性"；第三种则忽略了环北极国家的主权，受到环北极国家的排斥，在实践上也不可行。"近北极国家"概念的提出给"地理上与北极接近，易受北极环境变化影响"的国家以恰当的身份。同时将"近北极国家"纳入北极治理机制，较好地平衡了北极地区"全球公共性"和"主权性"之间的矛盾，推动了原有的北极治理机制的进步。中国、日本、韩国等国凭借"近北极国家"身份得以被纳入北极治理机制当中。虽然"近北极国家"说明了中国与北极的关系，但该概念仍比较模糊，无法说明中国与北极的相互关系之深，不能表现在气候急剧变化的背景下，中国参与北极事务的合理性、影响力和紧迫性。③ 而"北极事务的重要利益攸关方"的身份定位相较于"近北极国家"，更好地解决了上述问题。故源于全球治理概念的"北极事务的重要利益攸关方"

---

① 阮建平：《"近北极国家"还是"北极利益攸关者"——中国参与北极事务的身份思考》，《国际论坛》2016 年第 1 期，第 47~53 页。
② 柳思思：《"近北极机制"的提出与中国参与北极》，《社会科学》2012 年第 10 期，第 26~34 页。
③ 厦门大学博士董利民在《中国"北极利益攸关者"身份建构》一文中通过对管理学界三位学者罗纳德·米歇尔（Ronald K. Mitchell）、布莱德利·阿格尔（Bradley R. Agle）以及唐娜·伍德（Donna J. Wood）的研究进行分析综合，提出了成为"利益攸关者"需要满足的三项标准：合理性、影响力以及紧急性。"北极事务的重要利益攸关方"的身份更进一步说明了中国与北极的相互关系之深，和中国参与北极事务的紧迫性。参见董利民《中国"北极利益攸关者"身份建构》，《太平洋学报》2017 年第 6 期，第 65~75 页。

这一新身份定位,被中国政府和学术研究者广泛使用。

中国是与北极地区密切相关的"利益攸关方"。作为距北极地区较近的北半球国家,中国的气候变化与北极息息相关。随着全球气候变暖、海冰消融,北极系统性变化对全球气候和生态安全产生重要影响。2013年英国科学家通过科学研究发现中国2013年冬季的超长时间雾霾与北极2012年秋季海冰流失有关。2013年中国政府采取减排措施却未取得理想效果,这是因为北极海冰创纪录的流失影响了风型,导致当年冬季中国大部分地区处于无风状态,影响了冬季空气中污染物的消散。[1] 另外,北极开发影响中国的未来经济发展。北极的自然状况及其变化关系中国在农业、林业、渔业、海洋等领域的经济利益。[2] 中国气象学家发现,如果北冰洋海冰偏少,我国东北北部地区、黄河和长江之间地区降水也明显偏少。[3] 而降水是影响农业、林业等产业发展的重要因素。作为有13亿人口的发展中国家,农业、林业等第一产业的发展对中国社会经济的发展具有重大影响。北极海水温度的升降,将改变各海域海洋鱼类的分布。航道利用和北极资源能源开发也与中国未来经济贸易有着直接关联。因此,中国的未来已经与北极的未来日益紧密地绑在了一起!作为深受北极地区影响的"北极事务的重要利益攸关方",中国出台《中国的北极政策》白皮书,表明了中国必须参与北极事务,也必将为北极地区负责任的参与态度。

中国在北极的政策目标是:认识北极、保护北极、利用北极和参与北极治理,维护各国和国际社会的北极共同利益,推动北极的可持续发展。其中认识是基础、保护是关键、利用是目标、参与治理北极是责任。[4] 中国是

---

[1] 《2013年中国"最严重"雾霾为何减排也没散 BBC:答案或在北极》,参考消息网,http://www.cankaoxiaoxi.com/china/20170317/1776836.shtml,最后访问日期:2018年5月30日。

[2] 《中国的北极政策》,新华网,http://www.xinhuanet.com/politics/2018-01/26/c_1122320088.htm,最后访问日期:2018年5月30日。

[3] 张若楠、孙丞虎、李维京:《北极海冰与夏季欧亚遥相关型年际变化的联系及对我国夏季降水的影响》,《地球物理学报》2018年第1期,第92页。

[4] 《中国的北极政策》,新华网,http://www.xinhuanet.com/politics/2018-01/26/c_1122320088.htm,最后访问日期:2018年5月30日。

"北极事务的重要利益攸关方",中国与北极地区命运与共,休戚相连。所以中国在设置北极政策目标时,以"认识北极"为基本,将"利用北极"和"参与北极治理"置于"保护北极"之后,"保护北极"成为中国北极活动的重中之重。"保护北极"需要以强大的北极科学研究为支撑。而从人文社科的角度讲,如何利用北极和参与北极治理是北极研究可承担的重点。对北极利用方式和北极治理机制的研究,就是为保护全人类的北极利益,为促进北极可持续发展贡献中国智慧。在推动北极可持续开发的目标上,中国具有资金、技术和科研优势;在完善北极治理机制的目标上,中国学者对此进行了广泛的研究,并积极致力于推动北极治理模式的优化完善。中国参与北极事务可帮助解决北极国家利益与人类共同利益之间的矛盾,促进北极地区的多层次治理;同时作为负责任的大国,中国也能够帮助提供北极治理所需的公共产品,促进北极地区更好发展。①

中国本着"尊重、合作、共赢、可持续"的基本原则参与北极事务。尊重是参与的基础,合作是参与的有效方式,共赢是参与的价值追求,可持续是中国在北极的根本目标。② 相互尊重、有效合作、互利共赢都建立在对适用于北极治理的国际法和国际条约,对各北极利益攸关方的利益的了解之上,唯此中国才能同所有北极利益攸关方一起,共同推动北极地区的可持续发展。作为负责任的大国,中国将坚持上述参与原则,积极采取与中国北极政策目标相辅相成的五项政策主张,以实现中国的北极政策目标。

## 二 外媒对中国北极政策的基本认知

一石激起千层浪!《中国的北极政策》一经发布,立即引起国际社会广泛反响。多家外国媒体对《中国的北极政策》内容进行分析并广泛传播。

---

① 杨剑:《北极治理新论》,时事出版社,2014,第71页。
② 《中国的北极政策》,新华网,http://www.xinhuanet.com/politics/2018-01/26/c_1122320088.htm,最后访问日期:2018年5月30日。

外国学者对中国的北极政策存在以下基本认知。

1. 中国此时出台北极政策是为了"增信释疑"

多数外国媒体认为此时中国出台《中国的北极政策》白皮书主要是为了增信释疑，营造中国参与北极事务的良好环境。长期以来，中国的北极活动频遭误解。2011年中国商人黄怒波向冰岛政府提出购买冰岛部分土地用于旅游开发。然而黄怒波的冰岛购地和租地协议却一再被冰岛单方面撕毁，原因是"担心中国可能把它变成港口用于北极航运"[①]。2017年4月，丹麦政府以避免使美国紧张为借口，拒绝了中国俊安集团收购格陵兰岛上的一座废弃军事基地。[②] 因此大多数外国学者从"塑造外部环境"的视角认识中国的北极政策，认为中国此时发布北极政策的目的在于增信释疑。如新加坡学者李明江认为，《中国的北极政策》白皮书旨在使北极国家对中国在北极地区的活动安心。他在接受记者采访时表示，"发表白皮书最重要的因素是中国自身意识到是时候为其在北极地区的存在和活动，提出清晰和综合性的规划了。"[③] 加拿大卡尔加里大学军事与战略研究中心学者休伯特（Rob Huebert）认为，中国方面显然希望通过该政策缓解北极国家对中国在该地区日益增长的兴趣的恐惧。[④]

毫无疑问，中国出台《中国的北极政策》白皮书有满足国际社会期待，与各北极参与方增信释疑的考虑。然而，中国选择此时出台北极政

---

① 转引自郭培清、孙凯《北极理事会的"努克标准"和中国的北极参与之路》，《世界经济与政治》2013年第12期，第134页。

② "Denmark Rejects Chinese Firm's Bid to Buy Abandoned Greenland Naval Base, to Avoid Upsetting US", *South China Morning Post*, April 7, 2017, http://www.scmp.com/news/world/europe/article/2085555/denmark-rejects-chinese-firms-offer-buy-abandoned-naval-base-and, 最后访问日期：2018年5月30日。

③ "China's Arctic Policy Seeks to Dispel Concerns over Its Activity in Region," https://www.straitstimes.com/asia/east-asia/chinas-arctic-policy-seeks-to-dispel-concerns-over-its-activity-in-the-region, 最后访问日期：2018年5月30日。

④ "China Unveils Its Arctic Ambitions, Declaring It's a 'near Arctic state'," http://nunatsiaq.com/stories/article/65674china_unveils_its_arctic_ambitions_declaring_its_a_near_arctic_state/, 最后访问日期：2018年5月30日。

策白皮书也是出于总结中国的北极实践，指导中国北极工作的需要。① 如果仅从外部视角认识中国的北极政策，外国学者和媒体不免有中国在出台北极政策后要更积极主动参与北极事务的"恐慌感"，同时也会对中国的北极政策苛刻以待，产生误读。只有综合中国的国内形势，才能更加全面地、客观地认识中国的北极政策，才能对中国的北极政策报以理性的态度。

2. 中国的北极利益主要是经济利益

对于中国在北极地区"利益攸关方"的身份定位，大部分外国媒体只是援引《中国的北极政策》中的相关论述，没有表示反对，亦未从根本上提出质疑。不过大多数国外媒体认为，中国在北极地区的利益主要是经济利益。《新加坡海峡时报》表示："中国出台其第一个北极政策白皮书，恰逢气候变暖在极地地区创造新的经济机会之时。中国在文件中谨慎措辞在北极地区的地位，称北极地区的环境变化严重影响了中国的林业、渔业等经济活动。"② 该报道认为中国以"利益攸关方"的身份定位为依托，实质上是为了参与北极经济开发。加拿大卡尔加里大学军事与战略研究中心学者休伯特（Rob Huebert）认为《中国的北极政策》白皮书抓住了"北极发展的历史机遇"，列举了中国在北极地区的未来拓展领域，这些领域有气候、科考、环保、生态、航线、资源、海底光缆、文化交流和能力建设等。而后休伯特以中国企业正在投资努纳武特西部地区的矿业、格陵兰岛的矿业和旅游业表明了中国对北极经济机遇的重视。③ 葡萄牙里斯本

---

① 2018年1月26日中国外交部发言人华春莹在外交部例行记者会上回答了中国为什么此时发布北极政策白皮书。华春莹表示中国此时出台北极政策白皮书"水到渠成"。首先，《中国的北极政策》白皮书的出台具有实践基础。其次，出台北极政策白皮书是中国北极工作的需要。再次，才是为了满足国际社会的期待。中国出台北极政策白皮书，首先是来自国内的需要，而后才是出于国际考虑。参见《2018年1月26日外交部发言人华春莹主持例行记者会》，外交部网站，http://www.fmprc.gov.cn/web/fyrbt_673021/jzhsl_673025/t1529342.shtml。

② "China Unveils Its Arctic Ambitions, Declaring It's a 'near Arctic state'," http://nunatsiaq.com/stories/article/65674china_unveils_its_arctic_ambitions_declaring_its_a_near_arctic_state/，最后访问日期：2018年5月30日。

③ "China Unveils Its Arctic Ambitions, Declaring It's a 'near Arctic state'," http://nunatsiaq.com/stories/article/65674china_unveils_its_arctic_ambitions_declaring_its_a_near_arctic_state/，最后访问日期：2018年5月30日。

东方研究所学者保罗·杜阿尔特（Paulo Duarte）在国际政策文摘网站刊文称，《中国的北极政策》白皮书的出台标志着中国将在北极地区采取更加积极的态度，以转移中国国内的经济产能过剩，寻找新的市场，满足中国日益增长的能源需求和中产阶级渐趋增长的消费需求。①

环境、科研、资源和航道是中国在北极地区的四方面主要利益。② 在中国出台北极政策白皮书之后，外国媒体对中国"北极事务的重要利益攸关方"的定位，大多只片面强调中国在资源和航道方面的经济利益，而忽视了中国在环境和科研方面的利益。外国媒体只强调中国在北极的经济利益的后果，就是塑造了中国在北极的"逐利者"形象。这样的北极形象掩盖了中国可给北极带来的从制度设计到可持续发展的有益效用，将中国参与北极事务的目的片面化、狭隘化，给中国的北极参与制造潜在障碍。而实质上，中国在发布的北极政策白皮书中，无论是"北极事务的重要利益攸关方"的身份定位，还是中国的北极政策目标，中国都把环境和科研利益放在首位，更为关注北极地区的环境变化和发展的可持续性。中国与北极唇齿相依，北极环境恶化将对中国未来发展产生严重负面效应。因此"认识北极、保护北极"一直被中国放在首位，而"利用北极"和"参与治理北极"继之其后。《中国的北极政策》白皮书深刻体现了中共十九大提出的"人类命运共同体"理念。③ 未来中国将在北极更多地扮演一个具有建设性的"参与者"的形象。

## 三　北极国家对中国北极政策的认知

在基本认知的基础上，北极国家的专家白皮书学者对《中国的北极政策》白皮书进行了积极的讨论。北极国家对《中国的北极政策》的态度因各自的北极利益不同，与中国的关系不同，而呈现出差异化特点。北极国家

---

① "China's Arctic Policy," https://intpolicydigest.org/2018/02/28/china-s-arctic-policy/，最后访问日期：2018年5月30日。
② 郭培清：《大国战略指北极》，《瞭望》2009年第27期，第62页。
③ 杨剑：《〈中国的北极政策〉解读》，《太平洋学报》2018年第3期，第2页。

对《中国的北极政策》白皮书的态度大体呈现出以美国、加拿大学者为代表的"谨慎态度",和以俄罗斯、芬兰为代表的"总体欢迎态度"。

1. 加拿大学者和美国学者对中国北极政策的谨慎态度

加拿大学者对中国参与北极事务态度复杂,既注意到中国参与北极开发给加拿大带来的经济机遇,也担忧中国的参与将改变北极地区的当前态势和规则。加拿大媒体认为虽然《中国的北极政策》白皮书一直强调尊重北极国家主权,尊重国际法,但不排除这是中国利用北极国家在国际法上的争端左右北极地区发展态势的战略。比如在加拿大视为内水,而美国视为国际海峡的西北航道争议上,加拿大认为中国没有清楚表态。加拿大拉瓦尔大学(Université Laval)学者拉塞尔(Lasserre)说:"我们不知道中国如何认识北极国家与国际法之间的次序,这令人苦恼。"[①] 加拿大作家詹姆斯·艾尔(James Ayre)也认为:"北京理解西北航道为国际海峡,这与渥太华长期坚持的立场相左,加拿大认为该航道依据国际法构成了加拿大内水。就这一点而言,北京方面的立场与华盛顿的立场没有什么不同,而渥太华和莫斯科则抵制把西北航道和北方航道作为国际航道。"[②] 另外,加拿大学者欢迎中国参与加拿大北极开发将带来的新投资、新机遇,但同时警惕中国参与加拿大北极开发对环境的长期影响。

美国学者班纳特(Mia Bennett)对《中国的北极政策》白皮书的分析也有失偏颇。对于中国参与北极事务,班纳特认为这是中国努力给北极打上自己的标志,并使全世界看到。对于中国"北极事务的重要利益攸关方"的身份定位,班纳特认为中国总是以气候变化如何影响中国为借口与北极接近,却从不强调作为世界头号排放国之一的中国如何影响气候变化。对于中

---

① "What does China's New Arctic Policy Mean for Canada?," http://www.cbc.ca/news/canada/north/what-does-china-s-new-arctic-policy-mean-for-canada-1.4506754,最后访问日期:2018年5月30日。

② "The Polar silk road: china plans deeper collaboration with Russia in the Arctic, but How Will This Affect Future Conflict over Arctic Resources?," https://cleantechnica.com/2018/02/02/polar-silk-road-china-plans-deeper-collaboration-russia-arctic-will-affect-future-conflict-arctic-resources/,最后访问日期:2018年5月30日。

国在北极地区"尊重、合作、共赢、可持续"的基本原则,班纳特却认为中国在北极地区只是"顾及"原住民利益,而非真正重视原住民利益。① 另一美国学者在评价中国对阿拉斯加州的投资时称:"美国应该警惕中国在阿拉斯加州的投资,以防对美国国家安全产生长期的负面影响。"对中国的北极参与,该学者认为,"美国必须更加关注中国的北极野心,否则中国将提高在北极的经济和战略地位,而这将以牺牲美国利益为代价的"②。美国学者对中国的北极政策,对中国的北极活动,总体上持担忧、怀疑态度。

仔细分析加拿大和美国学者的担忧,我们可以发现这些误读和担忧来自对中国北极参与的不信任。作为负责任的大国和国际秩序的维护者,中国尊重国际法在北极地区的权威,也尊重北极国家在北极享有的主权、主权权利和管辖权。争议问题需要各方谈判解决,若在此争议问题上强迫中国选边站,未免强人所难和不厚道。在北极开发和环境保护的平衡问题上也是如此。中国尊重北极国家的主权和管辖权,追求和北极国家的互利共赢,最终希望促进北极地区的可持续发展。中国企业是在受到北极国家邀请和获得北极国家批准的情况下进入北极地区的。中国的北极活动始终重视环保,尊重当地原住民利益,但北极地区长远的社会经济发展和环境监管是北极国家政府的责任。

2. 俄罗斯和芬兰的总体欢迎态度

与加拿大和美国学者的谨慎态度不同,俄罗斯和芬兰学者对中国的北极政策大多持正面的欢迎态度。

在中国出台北极政策白皮书之后,俄罗斯学者对《中国的北极政策》进行了积极探讨。俄罗斯学者们虽不乏对中国触碰俄罗斯北极领土主权的隐隐担忧,但表示愿同中国一道共同开发北极资源和北方航道的声音仍占据主流。俄罗斯从《中国的北极政策》中看到了机遇,希望能借助中国的资金

---

① "What Does China's Arctic Policy Actually Say?," https://www.maritime-executive.com/editorials/what-does-china-s-arctic-policy-actually-say#gs.dB_d42M,最后访问日期:2018年5月30日。
② "China's Arctic Ambitions in Alaska," https://thediplomat.com/2018/04/chinas-arctic-ambitions-in-alaska/.

和技术开发对俄罗斯未来至关重要的北极地区。比如俄新社表示，中俄两国在北极开发上是互补的，对于俄罗斯来说，中国参与北极航道开发具有吸引力，能够带来投资。① 俄罗斯北方与北极经济中心主任比利亚瑟夫认为，如果中国的北极政策不触碰到北方领土的归属权问题，那么对于俄罗斯来说，最明智的做法就是依靠中国的投资，加强主权。② 莫斯科国立国际关系学院世界经济系主任维亚切斯拉夫·卡拉卢索夫（Vyacheslav Karlusov）表示，中国在北极地区同俄罗斯有着共同的利益，中国参与北极开发对俄罗斯有利。③ 俄罗斯学者对中国的欢迎大多出于经济上的考虑，出于在北极开发过程中对中国资金、技术的需要。然而对中国参与北极治理机制，对中国更深入的北极参与可能仍存在疑虑。

芬兰对中国的北极政策态度与俄罗斯基本一致，也希望利用中国的资金技术促进北极开发。芬兰一直以来对中国参与北极合作持开放态度，④ 希望将中国声音纳入北极治理机制当中。2018年2月，在中国出台北极政策白皮书之后，芬兰邀请中国参与北极铁路建设。⑤ 芬兰的邀请得到了中国的回应。据人民网消息，中国正在考虑参与这一铁路建设。⑥ 2018年4月18日，中国和芬兰签署了建立北极空间观测和数据共享服务联合研究中心的协议。⑦ 中国出台北极政策白皮书后，芬兰频繁向中国伸出参与其北极项目的

---

① Дмитрий Лекух, "Россия и Китай создадут Полярный шелковый путь," https://ria.ru/analytics/20180129/1513490180.html, 最后访问日期：2018年5月30日。

② Андрей Петров, "Стратегический Север: инвестиции Китая в Арктику укрепят суверенитет России," https://rueconomics.ru/303225-strategicheskii-sever-investicii-kitaya-v-arktiku-ukrepyat-suverenitet-rossii, 最后访问日期：2018年5月30日。

③ ИА REGNUM, "Полярный шёлковый путь: Сделает ли Китай ставку на Арктику?" https://regnum.ru/news/2374175.html, 最后访问日期：2018年5月30日。

④ 《李克强会见芬兰总理：赞赏芬对我参与北极合作持开放态度》, http://www.gov.cn/guowuyuan/2014-10/17/content_2767218.htm, 最后访问日期：2018年5月30日。

⑤ 《欧洲智库推出北极铁路愿景》, http://www.polaroceanportal.com/article/1963。

⑥ "Breaking the Ice: China's Entry in the Arctic Region," http://en.people.cn/n3/2018/0402/c90000-9444831.html, 最后访问日期：2018年5月30日。

⑦ "China, Finland to Enhance Arctic Research Cooperation," http://www.xinhuanet.com/english/2018-04/18/c_137120011.htm, 最后访问日期：2018年5月30日。

橄榄枝，展现了对中国参与北极事务的欢迎姿态。

综上所述，我们可以发现，国际社会对《中国的北极政策》还存在认知误区，一些北极国家对中国的北极参与还存在疑虑。面对国外的负面话语，国内应在更广泛、更深入的北极研究基础上，积极向国际社会阐释和传达正面信息，进而能动性地塑造中国参与北极事务的良好国际舆论环境。① 就像中国和俄罗斯、芬兰正在北极地区开展的大规模合作一样，在相互信任、相互理解的基础上实现北极国家与中国的共赢。

## 四 对未来北极研究的建议

《中国的北极政策》白皮书清楚明确地表达了中国在北极地区的合理身份定位、目的、参与原则和政策主张。但国外学者的部分反应仍明显显示出对中国北极参与的戒心。中芬、中俄北极合作经验显示，良好的信任和理解才能实现中国与北极国家的共赢。为了给中国的北极参与营造良好氛围，中国的北极研究可在以下几个方面做出努力。

### （一）对各北极国家进行深度研究

北极由主权国家环绕。与北极国家的合作是中国参与北极事务的重要方式。然而，合作的前提是彼此间的理解、尊重、信赖。通过以上分析，我们发现，以加拿大、美国为代表的一些北极国家对《中国的北极政策》存在误读，而究其原因，是对中国的不信任造成的。为了更好地促进中国与北极国家的合作，增加与北极国家的互信，中国需要首先加强对各北极国家的深度研究。

对北极国家进行深度研究，首先要对北极国家的北极利益有所了解。北极国家有美国、俄罗斯、加拿大、挪威、丹麦、芬兰、瑞典、冰岛。作为霸

---

① 孙凯：《参与实践、话语互动与身份承认——理解中国参与北极事务的进程》，《世界经济与政治》2014年第7期，第42~62页。

权国家，美国将北极战略嵌入其全球战略之中。与其他北极国家相比，美国更多地从国家利益和全球战略出发，制定北极战略。① 俄罗斯 2013 年出台《俄罗斯联邦北极地区发展战略》，表达了对北极地区偏重于"开发"的政策偏好。而加拿大则基于中等国家视角，成为北极科研、环境保护、原住民利益维护等"低政治"领域的领头人。② 各个北极国家利益的多样化和差异化，使中国需要对每个北极国家进行个体化、差别化研究。另据对中国知网上涉北极问题的文章进行统计分析，发现学界对加拿大、芬兰、瑞典、挪威、丹麦、冰岛等北极国家的研究比较少。故对这些国家的北极利益、北极政策的研究可成为未来研究的重点。

### （二）加强对北极原住民的研究

国之交在于民相亲。根据《中国的北极政策》白皮书，中国是"北极事务的重要利益攸关方"，中国在北极地区的利益不仅在于经济利益，更在于环境利益。中国也将本着"尊重、合作、共赢、可持续"的基本原则参与北极事务。但部分外国媒体的逻辑却是，中国在北极地区的主要利益是经济利益，中国参与北极经济开发将对环境造成负面影响，进而影响原住民生活。这一逻辑将阻碍中国与北极土著居民关系的发展。因此，未来中国必须增加对北极土著居民的调研。

加强对北极土著居民的研究，一方面要以增加对北极土著居民社会历史、风俗习惯、经济发展情况的了解为基础。北极土著居民是北极地区原有主人，是中国北极参与过程中绕不开的对象。中国要妥善处理与土著居民的关系，了解和尊重土著居民社会历史、风俗传统，树立中国在北极地区的良好形象，以免授人以柄。同时随着中国企业进入北极地区投资增多，中国企业需要与越来越多的北极土著居民打交道，学术界可在此方面为进军北极的企业提供智力支持。另一方面，增加对北极地区土著居民的研究，加强对北

---

① 郭培清、董利民：《美国的北极战略》，《美国研究》2015 年第 6 期，第 48~65 页。
② 朱宝林：《解读加拿大的北极战略——基于中等国家视角》，《世界经济与政治论坛》2016 年第 4 期。

极土著居民社区的调研和学术交流,也是发展对北极地区的公共外交,促进与北极土著居民民心相通的重要形式。良好的北极公共外交将有助于抵消外国媒体"中国北极威胁论"的负面宣传,消除土著居民对中国可能存在的误解,理性客观传递"中国的北极声音"。①

### (三)深入对北极治理机制的研究

北极政策白皮书的出台使中国的北极活动有了政策指导。《中国的北极政策》白皮书指出北极域外国家根据《联合国海洋法公约》和一般国际法享有在北冰洋公海等海域的科研、航行、飞越、捕鱼、铺设海底电缆和管道等权利,在国际海底区域享有资源勘探和开发等权利。② 国际法赋予了中国参与北极事务的权利,是北极治理机制的重要组成部分,也是中国北极参与的重要依据。中国的北极政策主张也包括构建和完善北极治理机制。因此,为了更好地参与北极事务,中国需要深入对北极治理机制的全方位探索。

针对北极地区层出不穷的新议题,传统的北极治理模式越发显得能力不足,并在处理新兴议题时明显表现出滞后性、能力不足和安全机制缺失的问题。③ 随着北极航道逐渐投入使用,航道的主权归属纠纷和治理机制将成为中国北极参与过程中需要直面的问题。现阶段的北极治理机制迫切需要完善,中国可在对包括国际法在内的北极治理机制的研究基础上,参与北极治理机制的未来发展,更好地促进北极的善治。完善北极治理机制,促进北极可持续开发利用,是中国参与北极事务的目的和利益所在。

# 小 结

中国自20世纪90年代以来积极参与北极事务,广泛参与北极活动,逐

---

① 贾桂德、石午虹:《对新形势下中国参与北极事务的思考》,《国际展望》2014年第4期。
② 《中国的北极政策》,新华网,http://www.xinhuanet.com/politics/2018 - 01/26/c_1122320088.htm,最后访问日期:2018年5月30日。
③ 孙凯:《机制变迁、多层治理与北极治理的未来》,《外交评论》2017年第3期,第109~129页。

渐成长为北极大国。随着在北极开展活动的日益增多，参与的实体逐渐增加，中国迫切需要对国内的北极活动进行指导，《中国的北极政策》应运而生。《中国的北极政策》白皮书表明了中国在北极地区的身份定位、政策目标、参与原则和政策主张，是指导中国北极活动的纲领性文件。新生事物的成长总是伴随着质疑，外界的质疑也是新生事物成长的动力。面对外国媒体对《中国的北极政策》的误读和质疑，中国学者可以对此深入研究，以预备未来在北极参与过程中可能遇到的障碍。本文提出的研究建议可作抛砖引玉之见，意在表明伴随中国和北极关系的日渐加深，中国的北极参与可能遇到更多问题，而中国的北极学术研究应有所准备！

# B.3 "冰上丝绸之路"与大北极网络：作用、演化及中国策略

李振福*

**摘　要：** 在全球变暖的背景下，北冰洋冰层大量消融，使北极航线全线开通成为可能。俄罗斯2017年正式向中国提出共建"冰上丝绸之路"的邀约，中国对此做出积极回应，这表明中俄北极航线合作已提升到一个新的高度。可以预期，"冰上丝绸之路"的建设将对北极地区乃至更大范围的区域产生影响，而基于网络结构的大北极网络概念正是对以北极地区为中心的更大范围内的各种复杂关系的有力阐释。本文在界定"冰上丝绸之路"概念的基础上，分析在"冰上丝绸之路"的作用下大北极网络演化对我国带来的影响，并提出应对策略，以期为我国把握历史发展机遇、实现"强国梦"提供参考。

**关键词：** "冰上丝绸之路"　大北极网络　中国应对

随着全球变暖步伐的加快，北冰洋冰层也逐渐加速融化。北极冰层大量消融后，北极航线全线开通将成为可能，届时将改变海上运输路径和贸易路径，从而影响全球经济和人类社会发展。作为北极航线开通的直接受益者，俄罗斯一直在最大限度地开发和利用北方海航道，并将中国视为首要合作

---

\* 李振福，男，大连海事大学教授、博士生导师。

方。2017年，俄方正式向我国提出共建"冰上丝绸之路"的邀约，我国对此做出积极回应，这表明中俄北极航线合作已提升到一个新的高度。

自2015年《东北亚论坛》首发"大北极"相关论文以来，大北极概念受到各方关注，目前该文被引次数17次，相关观点入选2016年8月的国家社科基金《成果要报》。目前，我国已经正式发布了《中国的北极政策》白皮书，阐明了中国的北极政策主张，并且将中国定位为"近北极国家"和"重要北极利益攸关国"。虽如此，大北极概念与目前中国的北极政策定位并不冲突。北极历来就是一个地理概念，而非政治概念，中国目前的北极政策定位也是基于北极的地理概念确定的，这也说明了西方国家指责中国在北极政策上的做法是完全错误的；而大北极概念针对的是北极及北极航线的影响而形成的复杂网络，也不可以将其武断的理解成一个政治概念，大北极是在世界政治经济文化发展过程中互相联系和融通的条件下形成的，有一定的必然性。

可以预期，"冰上丝绸之路"的建设将对北极地区乃至更大范围的区域产生影响，而基于网络结构的大北极网络概念正是对以北极地区为中心的更大范围内的各种复杂关系的有力阐释，因此，二者必然产生关联。

在"冰上丝绸之路"的背景下，"冰上丝绸之路"将如何作用于大北极网络？大北极网络在"冰上丝绸之路"的影响下将呈现怎样的演变趋势？为此，本文在界定"冰上丝绸之路"概念的基础上，深入研究了上述问题，并分析了在"冰上丝绸之路"作用下大北极网络演化对我国带来的影响，提出了应对策略，以期为我国把握历史发展机遇、实现"强国梦"提供参考。

## 一 "冰上丝绸之路"与大北极网络

### （一）"冰上丝绸之路"的提出背景及其概念界定

2015年中俄总理第二十次定期会晤联合公报中明确提出中俄两国要"加强北方海航道开发利用合作，开展北极航运研究"，这表明了中俄合作建设北极航线的意愿。2017年5月26日，中国外交部长王毅与俄罗斯外长拉夫罗夫在莫斯科举行会谈时，俄方提出共同开发北极航线，建设一条新的"冰上丝绸之路"。2017年7月4日，习近平对俄罗斯进行国事访问，会见俄罗斯总理梅德韦杰夫时，对俄罗斯提出的共建"冰上丝绸之路"邀约做出回应，表示中方欢迎并积极参与俄方提出的共同开发建设滨海国际运输走廊的建议，希望双方共同开发和利用海上通道，特别是北极航线，打造"冰上丝绸之路"。至此，双方正式提出了"冰上丝绸之路"这一概念。2017年11月1日，习近平会见俄罗斯总理梅德韦杰夫时指出，共同开展北极航线的开发和利用，打造"冰上丝绸之路"。中俄双方再次确认了"冰上丝绸之路"的合作共建意向，将中俄北极航线合作提升到了一个新的高度。

关于"冰上丝绸之路"，尚不存在明确的概念，笔者认为，"冰上丝绸之路"概念有狭义和广义之分。狭义概念主要是基于俄罗斯提出的北方海航道范围。俄罗斯一直存在将北方海航道建设成为世界过境通道的愿景，并将其称为"冷丝绸之路"。[①] 俄罗斯表示希望以此和中国提出的"一带一路"对接，以振兴北方海航道，实现其北极地区发展的战略目标。因此，狭义的"冰上丝绸之路"是指：中俄为实现北方海航道的开发及沿线港口与腹地的发展，通过建立完善的政策法律制度，进行全面的航道及资源的开发利用以及基础设施建设和旅游、科考等一系列合作，共同建设中国经北冰洋连接俄罗斯西部地区的蓝色经济通道。

广义的"冰上丝绸之路"应该辐射到整个北极航线和北极区域，包括两层含义：一是俄罗斯认为的广义"冰上丝绸之路"，中国驻俄大使李辉通过翻译俄罗斯的"冰上丝绸之路"概念，认为"冰上丝绸之路"系指穿越北极圈，连接北美、东亚和西欧三大经济中心的海运航道。[②] 二是中国视域

---

[①] Nakanune. "Милитаризация" Арктики и круглосуточный Северный морской путь. Члены Госкомиссии обсудили реальное наполнение "холодного" Шелкового пути. https://www.nakanune.ru/news/2015/12/7/22422398/，最后访问日期：2017年11月20日。

[②]《中国驻俄大使：打造"冰上丝绸之路"对中俄均有重要意义》，中国新闻网，http://www.chinanews.com/gj/2017/11-15/8376615.shtml，最后访问日期：2017年11月22日。

下的"冰上丝绸之路",此时的"冰上丝绸之路"不仅回应了俄罗斯的愿景,也包含符合中国发展愿景的更大战略构想,即扩展"冰上丝绸之路"的内涵和外延,实现"一带一路"向北方的更大延伸。因此,中国视域下的广义"冰上丝绸之路"是指以中国为始发地,为实现北极航线的开发及沿线港口与腹地的发展,与经由北极航线区域的国家和地区开展经济、政治、文化的合作,共同建设中国经北冰洋连接欧洲与北美地区的蓝色经济通道。

2018年1月26日国务院新闻办公室发布的《中国的北极政策》白皮书中指出,中国愿依托北极航道的开发利用,与各方共建"冰上丝绸之路"。这表明我国参与"冰上丝绸之路"的建设是基于更大的战略构想,致力于以"冰上丝绸之路"建设为契机,实现我国与北极地区的互联互通。并且,拓展性的"冰上丝绸之路"也更符合中俄两国的长远战略利益考量。因而,"冰上丝绸之路"是一个具有长期规划性质的问题。本文倾向于用发展的眼光来看待"冰上丝绸之路",应该看到"冰上丝绸之路"所具有的广阔的战略发展前景,即本文所研究的"冰上丝绸之路"是指广义的"冰上丝绸之路"。(如未特殊说明,后文的"冰上丝绸之路"均指广义的"冰上丝绸之路"。)

### (二)大北极网络概念阐释及其发展现状

鉴于北极地缘空间呈现向全球扩散的趋势,[①] 大北极网络概念界定的战略意义在于打破了地域局限,将北极问题的研究视角从北极地区扩展到更大范围,涵盖了国际上与北极问题相关的主要国家,有利于北极及北极航线相关问题在更广阔的地缘政治和地缘经济视角中得到关注和解决。[②]

1. 大北极网络概念阐释

要系统解决北极海冰融化所带来的北极权益争夺等问题,不能只局限于

---

[①] 邓贝西、张侠:《俄美北极关系视角下的北极地缘政治发展分析》,《太平洋学报》2015年第23(11)期,第38~44页。

[②] 李振福:《大北极视角下的泛东北亚》,《中国船检》2016年第8期,第26~28页。

环北极八国地区或是北极理事会组织，需将北极放在更大的环境与范围内来考量，从而引申出了大北极概念。① 大北极国家构成的外围界线的向北范围，直至北极点的区域称为大北极。大北极国家将国家面积50%以上在北纬30°以北的国家作为备选条件，基于七种距离指标（空间距离、交通距离、人文距离、经济距离、政治距离、资源距离、H－F距离）选取出的国家集合构成了大北极国家网络②，大北极国家构成了大北极政治网络、经济网络的节点。因而所谓的大北极网络是指在大北极国家网络的基础上由大北极国家之间的政治网络、经济网络、交通网络、文化网络、科技网络等各种子网络联合构成的表示大北极地区复杂关系的复合型网络结构。需要指出的是，现有的大北极网络是在一定时期之内划分的，随着大北极网络中各种影响因子的作用及时间的推移，大北极网络将呈现动态性的发展演化趋势。

2. 大北极网络发展现状

由于恶劣的自然环境的限制以及北极航线尚未完全通航，北极地区仍未获得大规模开发，所以当前大北极网络处于初期发展阶段，围绕大北极所展开的关系主要集中在政治、经济方面，文化、旅游等领域联系较少，网络联系构成较为单一。得益于地缘优势，大北极地区更多的还是体现环北极八国之间的政治、经济关系，环北极国家关系构成大北极网络的主体。当然，随着北极国家对非北极国家参与北极事务限制的放宽以及非北极国家自身的努力，非北极国家在大北极网络构建中的地位正在不断提升。

（1）环北极国家关系构成大北极网络的主体

北极战略地位的提升已引起国际政治格局的深刻变化，并发展出新的和复杂的国家关系，这些国家关系的实质在于多方政治势力对北极这一新的价

---

① 李振福：《大北极趋势中的泛东北亚地缘格局——影响世界政治经济的新区域》，《人民论坛·学术前沿》2017年第11期，第24~35页。
② 李振福：《大北极国家网络及中国的大北极战略研究》，《东北亚论坛》2015年第2期，第31~44页。

值洼地的争夺,而其争夺的三大国际关系的焦点则在于:北冰洋主权的争夺、海洋资源与战略通道的角逐以及军事战略的较量。[①] 因而在北极地区拥有地缘优势的八个环北极国家成为北极政治舞台中的主要"参演人员",其北极关系构成了大北极网络的主体。近年来,围绕北极的各种权益争夺,八国之间既有对抗又有联合,国家关系日趋复杂。

作为北极地缘政治博弈的主角,俄美两国的北极关系一直是推动北极国家关系发展的主导型力量。在过去的20多年中,尽管时有矛盾冲突,但俄美两国一直小心翼翼地维系着表面上的和平局面,直至2013年乌克兰危机爆发,双方之间脆弱的平衡被彻底打破,此前有节制的"暗争"已演化为赤裸裸的"明斗",陷入"新冷战"格局的俄美之间剑拔弩张,其北极关系趋于紧张。而特朗普上台后,随着新一届美国政府能源政策的逐步明朗,俄美在北极地区发生冲突的可能性进一步增加,两国的北极关系不容乐观。加拿大是重要的北极大国,虽然其在国际事务上表现"温和",然而在北极问题上却一直是坚定的利益捍卫者。加拿大在北极问题上的坚决态度使其与俄罗斯、丹麦等环北极国家产生利益冲突:加俄两国在谁拥有从北冰洋沿岸到北极极点部分地区主权问题上一直存在争议;加拿大与丹麦一直未能解决北极汉斯小岛的主权归属问题。这些行为源于北极切实关系到其国家主权和利益。因而,尽管在北极美俄之争中加拿大始终站在美国一方,但加拿大仍会与美国在波弗特海的海洋边界划分等问题上纠缠。

俄罗斯、美国、加拿大三个大国之间的北极争夺打得火热,北极其他五国之间的利益纠纷也从未停歇。挪威、丹麦、芬兰、冰岛和瑞典五国对于北极的争夺由来已久。由于国力所限,在北极争夺中五国与其他三个大国相比实力悬殊,因而其他五国之间多采用联合的方式争取北极权益。然而,这五国分属不同的国际组织和地区组织,集体利益和个体利益诉求交织在一起,各国之间存在着不同程度的利益纠纷。

---

[①] 刘中民:《北冰洋争夺的三大国际关系焦点》,《海洋世界》2007年第9期,第38~43页。

当然,北极国家之间不只有竞争还有合作,以加拿大为例,2014年加拿大外长贝尔德在接受加拿大新闻社采访时强调,尽管加拿大和俄罗斯两国间就一系列政治问题存在分歧,但加拿大和俄罗斯"能够和必须在北极进行合作";① 同年,加拿大与挪威、丹麦、俄罗斯和美国共同达成了北极禁止捕鱼协议;2015年,加拿大与瑞典在瑞典首都斯德哥尔摩达成协议,在北极开展科考合作,包括在北冰洋进行测绘。

总之,由于北极地区的变化以及多方利益集团之间的牵制,当前北极国家之间的国家关系呈现整体冲突加剧、竞争与合作并存的态势。

(2) 非北极国家及国际组织在大北极网络构建中地位上升

近十几年来,全世界的目光正不断聚集到北极地区,不只北极国家,越来越多的非北极国家和国际组织也开始关注北极的战略价值并逐步加强其在北极地区的政治和经济存在,以求在北极权益争夺中分得一杯羹。除我国外,韩国、日本和欧盟是非北极国家中积极争取北极利益的代表性国家。

韩国虽然不是北冰洋沿岸国家,但由于经济规模小型化、自然资源短缺和战争威胁隐患等原因使得韩国在北极有着诸多利益诉求,因而韩国一直密切关注北极地区的变化。韩国的极地活动始于1986年11月正式签署《南极条约》之后,真正开始构建本国的北极战略则始于21世纪初。韩国北极战略的具体实施步骤主要由四大任务组成:一是扩大与北极国家的合作基础;二是增强北极科学考察和研究活动;三是创造一套新的北极商业模式;四是加快北极法律和管理机构建设。② 日本作为一个海洋国家近年来一直密切关注北极问题,并且通过一系列举措提升其在北极问题上的存在感:2012年日本货船首次实现了通过北极航线从欧洲到日本的货物运输;2013年4月,日本内阁会议确定"海洋基本计划",重点推进涉及北

---

① 《加拿大与俄罗斯能够和必须在北极进行合作》,http://sputniknews.cn/radiovr.com.cn/news/2014_01_12/259004998/,最后访问日期:2017年11月22日。
② 肖洋:《韩国的北极战略:构建逻辑与实施愿景》,《国际论坛》2016年第18卷第2期,第13~19页,第79页。

极的数个重要研究课题；2013年5月，日本成为北极理事会正式观察员国，同年7月日本政府设置"北极相关诸课题各省厅联络会议"，囊括内阁官房；2015年10月16日，内阁综合海洋政策本部第14次会议的内容正式出台了日本的官方北极政策。① 欧盟高度重视北极地区的发展，其在北极地区的利益诉求主要有航运利益、能源及矿产资源利益和环境利益。近年来欧盟的北极政策不断升级，由最初的粗糙笼统向具体明细转变，关注点逐步落实到解决北极问题的实际步骤与方法，其出台的《欧盟与北极地区》文件中包括积极参与北极事务、增加参与北极事务的合法性以及利用科技能力参与北极治理等内容，体现了欧盟对承担北极地区"国际责任"的看重。② 此外，印度、德国、新加坡等国也采取行动积极参与北极事务。

经过不懈的努力，由北极八国所主导的北极理事会已于2013年接纳意大利、中国、印度、日本、韩国和新加坡成为理事会正式观察员国，表明非北极国家正逐渐从北极事务"边缘人"的角色向"可协商者"的角色转变。并且当前北极国家之间的权益纷争也为非北极国家争取北极战略空间提供了机会。传统上，北极八国对非北极国家一直采取"一致对外"的态度，对非北极国家涉足北极事务存有顾忌，而近年来，这种态度有所转变，北极八国已逐渐接纳甚至主动拉拢非北极国家以建立北极合作关系，本次中俄共建"冰上丝绸之路"就是一个很好的例子。出现这种情况的原因在于，一方面，虽然环北极八国试图将北极问题划为内部事务，排斥非北极国家，但碍于自身实力以及八国之间复杂的利益牵扯，北极八国需要借助外在力量支持自己的北极利益；另一方面，包括中、日、韩等国在内的非北极国家具备强劲的经济实力和坚实的北极科研基础，具有足够的能力为北极国家提供经济和科技支撑。可以预期，随着非北极国家与北极国家之间合作交往的加深，非北极国家在北极地

---

① 万晓梦：《剖析日本北极政策的新发展》，《改革与开放》2017年第2期，第17～18页。
② 戈佩玉：《欧盟北极外交实践：利益诉求与战略规划》，《中国集体经济》2016年第6期，第165～166页。

区的政治、经济地位将持续提升。这也说明北极问题必将走上一条广泛的全球化治理的道路。

## 二 "冰上丝绸之路"对大北极网络演化的作用

大北极网络的建立基于由北极而引发的跨区域性的国际政治、经济等关系的联系,而处于初期阶段的大北极网络中北极关系体现的并不明显,国家边界较为模糊,且演化进程缓慢,这不利于对北极战略价值的挖掘以及对北极地区地缘政治经济格局的全局掌控,而"冰上丝绸之路"的建设则将会给大北极网络的发展演化带来契机。

### (一)"冰上丝绸之路"促成大北极网络的清晰化

北极极具潜力的战略价值已获得世界各大政治经济势力的瞩目,中俄两国分别是非北极国家和北极国家中的代表性国家,两大巨头的北极合作必然会引起各国的关注。一方面,北极融冰所带来的广阔的经济发展前景,与普京这一代领导人的"俄罗斯复兴之梦"产生了历史性的重叠,俄方邀请中国共建"冰上丝绸之路",显示了其力图控制北极的野心。这一举动必将引起其他北极国家的警惕,尤其对美、加两个北极大国而言一定不会放任俄罗斯独占北极权益,必然会采取一系列有针对性的北极政策措施来与俄罗斯在北极权益争夺中抗衡。另一方面,对非北极国家而言,近年来,域外国家对北极的利益诉求日益强烈,都试图从不同层面来逐步参与北极事务进而获取北极利益。中国率先与北极大国合作共同开发建设重要的北极海上通道,对日韩等具有强烈北极利益诉求的域外国家而言无疑是一个刺激,必将通过各种方式拓展参与北极事务的渠道。

此外,现阶段,"冰上丝绸之路"建设的主体是中俄两国,但"冰上丝绸之路"的建设涉及东北航线沿线的众多港口、城市及广袤的海向和陆向腹地,其辐射范围横跨亚欧两大区域,其建设过程中法律政策的构建、基础设施的建设、资源的开发利用等无一不需要与沿线国家进行协商沟通、互动交流，在这个过程中相关国家之间的联系将逐步增强，围绕北极所展开的经贸往来、政治交往将不断增多。

所以，无论对于北极国家还是非北极国家，中俄共建北极重要海上通道必然会激起各国的应对反应，真正围绕北极所展开的政治交往、经贸往来、文化交流等将从广度和深度上得到提升，从而促进大北极网络边界的清晰化。

### （二）"冰上丝绸之路"引导大北极网络的演化方向

事物的发展会受到多种因素的影响，而其中能够发挥显著性作用的因素往往能够引导事物的发展方向，这种现象在事物的发展早期体现得更为明显，因而处于初期发展阶段的大北极网络的演化方向较易受到具有显著性影响因子的作用。作为一条极具潜力的北冰洋蓝色经济通道，"冰上丝绸之路"的建设无疑会给大北极地区的政治、经济、交通等带来深刻影响，在当前北极地区缺乏其他刺激性影响因素的情况下，"冰上丝绸之路"将成为大北极网络初期阶段具有显著性作用的影响因素，能够在一定程度上引导大北极网络的演化方向，使其向着跨区域化和复杂化的方向发展。

北极国家向来对非北极国家介入北极事务存有戒心，因而双方之间的北极合作往往流于表层，缺乏深度。而此次中俄共建北冰洋的重要海上通道，既表明俄罗斯践行了其在2017年5月公布的《俄罗斯联邦2030年前经济安全战略》中要扩大国际合作的决心，更是体现了北极国家对非北极国家接纳程度的提高，代表了北极国家与非北极国家跨区域北极深度合作的实质性迈进。如果中国能在本次共建合作中平衡好自身利益与不侵犯北极国家权益之间的关系，无疑将对未来北极国家与非北极国家的广泛性合作起到一个良好的示范作用，利于引导北极合作向跨区域化的方向演进，形成一种更为开放的双边甚至多边合作格局。

并且，"冰上丝绸之路"的建设不仅使中俄两国的政治、经济联系加深，其建设过程以及建成投产后也会辐射到沿线的众多区域和国家，围绕

"冰上丝绸之路"所形成的政治、经济、交通、旅游等的联系将逐步展开，引导大北极网络向复杂化的方向发展。

### （三）"冰上丝绸之路"推进大北极网络的演化进程

鉴于其可期的运输价值与经济贸易价值，"冰上丝绸之路"建设完成后，将成为大北极网络演化的重要驱动因素，且主要表现在推进大北极政治网络、经济网络和交通网络的演化进程上。

首先，对大北极政治网络来说，"冰上丝绸之路"的利用，将有效提升北极地区在全球的航线战略地位和资源能源地位，围绕北极将展开日趋激烈的权益纷争，如果国家站位摇摆不定，大北极国家之间的联系交往将呈现交叉性、动态性的特点，但整体上国家关系会更加突出"竞争中的合作和冲突中的融合"的特点。大北极国家之间的联系增多，将导致大北极政治网络总体上趋于复杂化、动态化和立体化。

其次，对大北极经济网络而言，中俄共同打造的"冰上丝绸之路"致力于成为中国经北冰洋连接欧洲的蓝色经济通道，说明其建造的主要目的是服务于中俄两国在北极地区的经贸往来需求。该通道建成后，不仅可以带动沿线城市及腹地的经济发展，而且将成为沿线各国进行经贸往来的桥梁，从而促进更频繁的经贸活动，推动大北极经济网络中网络联系的流量和流速的增加。

最后，在大北极交通网络方面，"冰上丝绸之路"的建设过程需要加强沿线的基础设施建设，从而生成新的交通点和交通联系并取代原有的老旧交通点，使交通网络中的节点和连线发生变化。并且，未来的"冰上丝绸之路"将成为连接东北亚与北美、北欧的海上运输走廊，以最短海上距离直接连接世界主要生产市场和消费市场，逐步弱化世界传统航线的航运地位，世界航线布局将向北扩散，大北极国家间的贸易运输的路径选择将更加多样化，逐渐形成货物流向和流量的均衡配置，使大北极交通网络的发展更为均衡。

总之，"冰上丝绸之路"将在一定程度上"扰动"大北极地区现有的政治、经济、交通等的格局，新的节点和连线在顺应格局变化的情况下产生，而部分节点和连线将在新的格局下被边缘化甚至淘汰，整个大北极网络中节点和连线的更新迭代速率提高，网络演化进程加快。

## 三 "冰上丝绸之路"作用下大北极网络的演化趋势

"冰上丝绸之路"建设完成后将进一步凸显北极的战略价值，各国对北极权益的追逐造成利益划分摇摆不定，国家关系错综复杂，变数增多，整个大北极网络将一直处于动态的变化之中。但总体上，大北极网络的范围将扩大，且呈现出网络构成更为复杂、网络向多极化方向发展、网络传输效率提高以及网络动态性增强的演化趋势。

### （一）大北极网络的范围扩大

由于北极的战略价值仍有待挖掘，对远离北极的地区吸引力不足，所以当前大北极网络划分的外围基础边界限制在北纬30°以北的地理范围内，而"冰上丝绸之路"的建设将打破地理局限，吸引更多远离北极的国家利用北极的航线和资源，从而使大北极网络的范围扩大。这一点主要是基于俄罗斯开发"冰上丝绸之路"的战略目的。

北极极具潜力的战略价值已获得世界各大政治经济势力的瞩目，尤其对于北极大国俄罗斯而言，北极更是具有极其重要的意义。北极航线通航在即，届时将深刻改变国际航运以及能源贸易格局，作为北方海航道的实际控制者，俄罗斯将会成为航道开通的最大受益方。因而此次俄罗斯力邀中国共建"冰上丝绸之路"是基于深远的战略考量，必将充分利用其航运价值以获取最大化利益，助力本国复兴。以往俄罗斯将北方海航道视为本国内河，对境外船只来往设有诸多限制，而近来俄罗斯正逐步放宽对北方海航道的控制。"冰上丝绸之路"建成后，考虑到传统航线的地位在短时期内依然稳固，为吸引更多货源通过"冰上丝绸之路"运输，俄罗斯必将在保证本国权益的前提下对"冰上丝绸之路"制定更

为宽松的管理政策，保证"冰上丝绸之路"在更大范围的合作交流，才能将其逐步打造为国际交通运输走廊。在此条件下，越来越多的国家的货物运输会倾向于选择"冰上丝绸之路"，国家联系将逐渐打破地域限制，跨区域的合作、交往和联系不断延伸，尤其是原本与北极地区交往较弱的网络南部边缘国家甚至非大北极网络国家将不断试图增强与北极的跨区域联系，从而促使超长网络连线的生成，大北极网络的覆盖范围将再次扩大。

### （二）大北极网络的网络构成更为复杂

"冰上丝绸之路"的建设不仅使中俄两国政治、经济和交通的联系增加，而且将带动整个大北极网络中新的政治、经济和交通等节点和连线的生成。

在大北极政治网络方面，从经济利益角度出发，"冰上丝绸之路"发展成熟后，必然不会局限于中俄两国的合作利用，未来将成为连接北美、东亚和西欧三大经济中心的重要海运航线并为北极地区的能源开采和运输提供便利，因而运输路线相关国家以及靠近能源开采地的国家在大北极政治网络中的地位将提升，其他国家为了保证进出口贸易运输的经济性与稳定性和获取北极能源将会改善与这些具有地缘优势国家的关系，加强与这些国家的政治往来。

在大北极经济网络方面，在大北极地区整个中亚地区与欧洲之间的贸易往来密切，进出口贸易额度大，作为北欧、东欧及西港地区连接东亚的最短航线，"冰上丝绸之路"将使大北极国家通过商品、要素、服务以及技术等方面的贸易往来更为顺畅、频繁，国家之间的双边贸易量将会大幅提升，经济联系更加密切。

在大北极交通网络方面，"冰上丝绸之路"战略必然引发北冰洋沿岸国家加强对港口、道路、仓储、管道等大型配套基础设施的建设，使北极地区的各种资源和能源得以开发利用，并使大北极范围内的资源储备点增加，从而促进交通运输网络中新节点和新线路的开发和形成，增加网络的复杂性。

各国除政治、经济和交通联系日益加强外,在"冰上丝绸之路"的作用下,大北极地区科技、旅游、文化等的交流也会逐渐兴起,从而促进已有的子网络的新增线路以及其他衍生网络的生成,整个大北极网络的节点和联系增多,密度增大,网络结构将更为复杂。

### (三)大北极网络向多极化方向发展

在"冰上丝绸之路"开通的背景下,欧亚大陆的核心地区将成为经济发展的活跃区域,各种国际政治经济力量必将在北极进行复杂博弈和激烈争夺,原有的利益分配格局将被打破,权力中心将重新整合排序,大北极政治经济网络的多极化发展趋势将愈发明显。

在大北极网络中,美国虽然还是"唯一超级大国",但其实力已今非昔比。近20年来可谓美国的多事之秋:对内公共债务与财政赤字尾大不掉,经济增长低位徘徊,国防预算面临削减,民主与共和两党内耗不已;[①] 对外金融危机、伊拉克战争、中国崛起等大大消耗了美国内力,在美国世界霸主地位动摇之际,"冰上丝绸之路"则为美国的老对手——俄罗斯带来发展机遇。"冰上丝绸之路"的建设将引起大北极地区运输和能源结构的调整,提升大北极各国对俄罗斯航道和能源的依赖程度,也将促使俄罗斯在大北极网络中政治经济地位的提高,增加与美国对抗的筹码。除俄罗斯外,部分东北亚国家也将得益于"冰上丝绸之路",提升国际地位。

纵然北极的巨大战略价值将使俄美两国倾力在北极地区展开激烈争夺,但美国实力下滑、俄罗斯国力衰微已成事实,双方都无法凭一己之力独占北极权益,因而日益强盛、具有重要地缘战略地位的东北亚国家必将成为俄美两国拉拢的对象,包括中国、日本、韩国在内的多个东北

---

[①] 陈向阳:《国际格局:"新一超多强"阶段来临》,《时事报告》2014年第1期,第28~30页。

亚国家的战略和外交地位将大为提升。此外，越来越多与北极距离遥远的国家也希望参与"北极馅饼"的瓜分，如印度、澳大利亚等国也在逐渐加入北极事务。

综上，美国的霸权地位有进一步衰落的趋势，而其他几个重要国家在"冰上丝绸之路"的建设背景下如俄罗斯、中国、日本等国力量在不断上升，新的势力平衡关系尚未形成，大北极政治经济网络的多极化趋势将更为明朗。

### （四）大北极网络的传输效率提高

"冰上丝绸之路"建设将开辟出亚、美、欧三大洲间商品往来的新航道，欧、亚和北美三个大陆间的联系更加方便、迅速和安全，网络联系更加频繁，网络传输效率将不断提高。

目前世界主要航道主要集中在太平洋、大西洋和印度洋海域，传统的国际航道主要包括三条，第一条是苏伊士运河航道，第二条是巴拿马运河航道，第三条是绕过非洲好望角的航道。其中，苏伊士运河航道是连接亚洲与欧洲的主要航道，巴拿马运河航道是连接东亚与北美之间的主要航道，两条航道是世界海运网络也是大北极交通网络中的主体海洋交通运输线。当前大北极交通网络存在连接不够紧密、网络流通不够顺畅的缺陷，原因在于现有的海运航线布局存在绕航现象严重、运输成本高、贸易周期长等问题，如苏伊士运河的通过能力有限，导致大吨位船舶无法通过和严重的拥堵现象，而且受到日益猖獗的海盗和频繁发生的战争的威胁。并且陆上交通线路的作用也有限。"冰上丝绸之路"的北极航线全线开通后，得益于其没有船舶吨位限制、安全性高且航运距离短的优势，将会分担传统航线货源，降低其在世界航运中的分量和地位，改善大北极交通网络的状况，加强网络内部的紧密性和连贯性，届时大北极运输网络的效率和效益都将得到很大提高。

在"冰上丝绸之路"的建设背景下，大北极经济网络也会产生更高的运作效率。首先，交通网络效率的提高将节省运输时间，从而减少隐性成本，产生更多的经济效益。其次，适应极地环境的新型航运技术的研发使运输过程更为快速、安全和便捷。然后，创新的贸易模式可以摆脱传统经贸模式的弊端，有效提高贸易效率。此外，"冰上丝绸之路"的建设可以实现整个区域内经济要素的有序流动，实现资源的高效配置，进一步实现区域经济合作，促进区域经济一体化的形成，促进大北极国家之间的贸易流动更加畅通。

### （五）大北极网络的动态性增强

"冰上丝绸之路"的发展与大北极地区的运输线路、能源结构和利益格局的变化息息相关，围绕"冰上丝绸之路"所引起的权益纷争，大北极地区的国家关系将呈现动态性的变化过程。

随着北极地区资源勘探与北极科考的不断深入与扩展，各国对北极的关注度持续上升，北极地区的航线战略价值、资源能源等相关北极权益问题已成为影响大北极国家间政治关系的重要因素，"冰上丝绸之路"的建设将进一步扩大北极问题对国家关系的政治影响力。当前在大北极地区存在以美国和俄罗斯为首的两大政治阵营，不同阵营的成员之间存在明显的政治边界，而"冰上丝绸之路"对北极战略价值的提升将激化未来在北极地区的权益争夺，国家之间的利益逐渐交融和渗透，相互依赖程度加深，对北极权益的逐利行为使国家阵营边界逐渐打破。在"冰上丝绸之路"的建设背景下，俄罗斯无疑是最大受益方，鉴于其掌控的航道和能源价值，加拿大、韩国、日本等原属于美方阵营的国家会抛弃成见，与俄罗斯加强政治联合与经济交往，欧盟也将与俄罗斯继续保持友好关系。中国、韩国等非北极国家地位的提升会吸引美国、俄罗斯、冰岛等环北极国家就北极问题等进行深入的探讨和交换意见。其他大北极政治网络中的国家在进行战略决策时也会重点关注俄罗斯、美国等国的北极政策走向。

总之，国家行为的逐利化倾向将使得大北极国家站位摇摆不定，政治交往中"非敌非友"的混合特征越发突出，大北极网络的动态性增强。

## 四 "冰上丝绸之路"作用下大北极网络演化对中国的影响及中国的应对措施

在大北极网络演化的背景下,围绕北极将会带来一系列世界地缘政治格局、经济贸易格局与资源能源格局的变化,作为大北极网络中的重要国家,中国必然会受到大北极网络演化的影响。"冰上丝绸之路"作用下的大北极网络的演化对中国来说机遇与挑战并存,因而清醒地认识到网络演化对中国的影响有利于我国规避风险、把握历史发展机遇。

### (一)"冰上丝绸之路"作用下大北极网络演化对中国的影响

1. 大北极网络演化使中国的国际政治环境变数增多

大北极网络演化下,国家之间的联系更为紧密,北极地区权益纷争加剧,大北极国家阵营划分的不确定性增加,这为中国带来更大的国际政治生存空间,并且大北极政治网络的多极化发展趋势也能在一定程度上遏制霸权主义,缓解中国的政治压力。但值得警惕的是,作为一条未来将"扰动"整个国际航运格局的黄金水道,"冰上丝绸之路"的建设将牵扯到众多国家的利益,对环北极国家来说尤其如此。中国以非北极国家的身份参与北极地区重要航道的建设,必会引起环北极国家对我国北极行为的猜忌,诸如"南海的今天可能就是北冰洋的明天"这样的论调已经出现。在政治集团站位波动不定的情况下,"冰上丝绸之路"建设的政治敏感性会造成大北极国家与我国外交关系的持续动态化发展,我国的国际政治环境变数增多。因而如何在确保自身利益的前提下协调好对外关系,是我国政府亟须解决的问题。

2. 大北极网络演化为我国经贸发展带来机遇

目前大北极地区的经贸往来主要集中在欧美、北美和亚洲的高纬度地区和发达地区,而在世界产业转移浪潮中,"冰上丝绸之路"驱动下的大北极网络的演化将促使北极地区跨区域的经济交往更为频繁，发达国家与发展中国家的商贸往来将逐渐增强，发展中国家将逐渐成为大北极地区经贸增长的重要驱动力量。作为国际经贸大国和世界商品加工中心，中国在大北极网络演化中将可能承接更多由发达国家向亚洲发展中国家转移的产业。另外，借助"冰上丝绸之路"的建设契机，中国将与沿线各国以及北部发达地区产生更多的贸易机会，在石油和天然气等原材料进口、初中级产品出口以及高附加值产品进口等领域进行深度经贸合作，从而进一步发展加工贸易，提升我国经贸地位。

3. 大北极网络演化促进我国相关产业的变革

大北极网络中交通网络的演化会缩短东亚、欧洲和北美市场之间的地理距离，引起国际分工和产业布局的变化，进而带动中国沿海地区产业结构和布局的优化。在此背景下，中国沿海诸多港口尤其是北方高纬度港口有机会加快发展进程，深化与国际市场的合作关系，还将有力推动中国航运市场以及船舶建造、港口建设、仓储转运服务和海洋信息服务等相关产业在沿海地区的发展。"冰上丝绸之路"恶劣的航行环境和对船舶吨位的无限制性以及能源运输比重的增加也将带动我国冰级船舶和大型船舶的制造，增加巨型油轮和液化天然气船的市场要求，以及钻井船、海底铺管船等高技术、高附加值产品的生产。此外，北极脆弱的生态环境对我国的运输业和造船业等提出了更高的环保要求，节能环保产品的研发将成为趋势。

4. 大北极网络演化使我国受到更多的国际规则约束

国际交往必然会受到国际规则的约束，交往越频繁受到的约束也就越多。大北极网络的演化密切了各国之间的交往，中国在融入大北极网络的过程中，会进入由发达国家和先发展国家所建立的政治、经济体制中，其所遵循的交往准则和市场规范本质上服务于发达国家和先发展国家，对中国来说具有明显的不公平性，大北极网络的演化进一步加剧了这种不公平性，而当前我国还不足以成为规则的制定者，所以必然需要受到更多的国际规则的约束。并且，各国各地区也都有与国际法律相冲

突的国内法律,这也为我国在"冰上丝绸之路"的建设和利用以及与沿线国家的交往带来更多的限制。

## (二)中国的应对措施

大北极网络联系紧密度的增加为中国提供了一个更为开放的国际交往环境,利于中国通过多元化的对外交往提升国际影响力,树立一个立体化的大国形象。然而,国际局势风云变幻,对外交往的增多也大大增加了我国受到外界环境羁绊的风险,如若没有强大的国力作为支撑,国家命运极易受到外界摆布,且无法抓住历史发展机遇、在国际风云变幻中立稳脚跟,这对中国强化自身、准确判断国际局势、找准定位提出了更高的要求。

### 1. 强化自身以应对环境变化

为应对大北极网络的变化,我国需强化自身,尽可能地规避风险、把握历史发展机遇,其中交通、产业和经贸领域是强化重点。在交通领域,国家应当致力于构建完善的综合交通运输体系,落实各种运输方式的优化,偏重于资源配置,强调各种运输方式的整体优化和组合效率。在产业领域,中国需将沿海地区产业分工和布局所受到的影响转化为进一步发展的动力,推动中国产业结构优化和资源整合,促进定位准确、分工合理、重点突出、运营高效的沿海产业布局的形成。在经贸领域,为有效应对贸易市场的变动,中国需加快自身发展,广泛开展企业互动联盟,通过集中优势产业凸显核心竞争力,通过扩大生产规模发展规模经济。通过国内企业联盟、国内与国际企业联盟以及企业跨行业跨区域联盟的方式实现我国的贸易企业联盟,提高中国贸易的产业竞争力。

### 2. 妥善处理好对外关系

美国、加拿大包括韩国、日本等国家在内一直对中国参与北极事务抱有警惕心理,而"冰上丝绸之路"的政治敏感性无疑会加深误解。为消除国际社会对我国的政治疑虑,更好地融入大北极网络,中国应以和平发展为主题,以《中国的北极政策》白皮书中指出的尊重、合作、共赢、可持续为北极事务参与原则，秉承亲诚惠容理念，深化经济外交及政治外交，开拓中国外交视野，维护和拓展我国的海外空间。① 中国还要处理好与美国、日本、韩国等国际性或区域性大国的关系，就"冰上丝绸之路"建设展开多方位合作，增强各国在"冰上丝绸之路"建设中的利益归属感，增信释疑，互利互惠，共同发展。

3. 采取开放性的对外发展策略

大北极网络的演化加强了各国在交通、经贸等方面的联系，国家交往日益密切，世界经济一体化趋势加速。为适应国际环境变化，中国应采取开放性的对外发展策略，加深与其他各国在多领域和多区域的国际合作，形成步调协调、共同发展的局面。在多领域合作方面，中国应充分利用好建设"冰上丝绸之路"的机会，与沿线国家在航运、能源等领域展开长期合作，服务领域也应是我国把握全球产业转移契机、对外开拓的重要领域。在多区域合作方面，中国必须与大北极地区内的其他区域形成广泛深入的合作，尤其是与东北亚、东盟等较近区域的合作，包括扩大投资规模、加强金融合作以及解决热点问题等，以提高我国的区域竞争力。

4. 建立完善的保障体系

首先政策制度保障是前提。应对大北极网络演变、实现中国的强国梦离不开有力的政策支持和有效的监管机制。中国应抓住机遇，及早制定相关的政策法规，设立有效的行业监管机制，鼓励、支持、引导和规范各行业发展。同时，在构建起完善的内部政策管理制度的前提下，积极参与《联合国海洋法公约》《极地规则》等国际法规的制定，提高在国际机制构建中的主动权。其次，充足的资金支持对我国的发展至关重要。国家需解决融资问题，通过构建金融保障体系引导机构对北极开发的相关企业开展投融资业

---

① 李振福、王文雅、刘翠莲：《北极丝绸之路战略构想与建设研究》，《产业经济评论》2016年第2期，第113~124页。

务，开展多元渠道和更多国家参与的融资模式，保障资金运行流畅；① 并设立专项基金，有针对性地打造针对北极的国际金融合作平台，深化金融合作，整合金融资源，创新金融方式，保证资金流通、融资渠道畅通。最后，构造先进的技术和人才保障。我国需做好技术提升准备，深化科技人才培养工作，整合科研力量，培养高端人才，保障"冰上丝绸之路"的开发建设和后续利用。

---

① 李振福、王文雅：《中俄北极合作走廊建设构想》，《东北亚论坛》2017年第1期，第53~63页。

# B.4 北极安全治理中国的角色定位与策略选择

孙凯 吴昊[*]

**摘 要:** 随着气候变化、经济全球化以及地缘政治的发展,北极地区的政治、经济、环境和社会等方面都发生了巨大的变化,并产生了一系列的新问题,北极事务治理也在经历新一轮的"态势变迁"。作为世界新兴大国以及"北极利益攸关方",中国参与北极事务已成为在新形势下保障国家利益、参与全球治理、树立国际形象的重要组成部分。中国在北极地区存在能源安全、生态安全、军事安全、科技安全等诸多安全利益,中国参与北极安全事务既是维护本国北极安全利益的需要,又是推动北极安全稳定的必要。为此,中国需要在《中国的北极政策》白皮书的原则与目标的指导下,寻求中国在北极安全事务中的角色定位与策略选择,创造性地参与北极安全治理。

**关键词:** 北极安全治理 安全利益 中国北极政策

近年来,北极地区正经历着新一轮的变化,这些变化主要是由全球气候变化造成的。气候变化对北极地区的影响是巨大的,使北极地区从"冰封"

---

[*] 孙凯,男,中国海洋大学国际事务与公共管理学院副院长、教授,泰山学者青年专家,主要研究方向为国际关系、北极治理;吴昊,男,中国海洋大学国际事务与公共管理学院国际关系专业2015级硕士研究生,主要研究方向为国际关系、北极治理。

到"冰融",导致北极地区的经济、社会和政治出现重大变化,主要包括北极航道通航和商业化运营可能性的增大,北极地区原住民生活方式的改变,以及北极地区在地缘政治方面重要性的提升等。① 在此情形下,作为世界新兴大国以及"北极利益攸关方",中国参与北极事务已成为在新形势下保障国家利益、参与全球治理、树立国际形象的重要组成部分。国务院新闻办公室于2018年1月26日发布《中国的北极政策》白皮书,向国际社会系统介绍了中国参与北极治理的政策目标、基本原则和重要主张,提供了我国政府参与北极治理的新视角、新理念和新路径。明确指出"中国与北极的跨区域和全球性问题息息相关,特别是北极的气候变化、环境、科研、航道利用、资源勘探与开发、安全、国际治理等问题,关系到世界各国和人类的共同生存与发展,与包括中国在内的北极域外国家的利益密不可分"。②

国家利益在国家的国际战略中的地位是极为突出的。③ 明确中国的北极安全利益与角色定位,可以为中国参与北极安全治理提供依据和指向。中国积极融入北极现有的治理体系并接受相应的制度规范,能增加北极国家对中国的好感、改变他国对中国的身份认同。中国参与北极安全治理体系的建构与实施对于中国维护中国北极安全利益、推动北极安全稳定的秩序构建与完善等都有着非常重要的战略意义。

## 一 中国在北极地区的安全利益

2015年7月1日第十二届全国人民代表大会常务委员会第十五次会议通过了《中华人民共和国国家安全法》,第三十二条规定:国家坚持和平探索和利用外层空间、国际海底区域和极地,增强安全进出、科学考察、开发利用的能力,加强国际合作,维护我国在外层空间、国际海底区域和极地的

---

① 孙凯:《机制变迁、多层治理与北极治理的未来》,《外交评论》2017年第3期,第111页。
② 《中国的北极政策》,新华网,http://www.xinhuanet.com/2018-01/26/c_1122320088.htm。
③ 门洪华:《中国国际战略导论》,上海人民出版社,2017,第10页。

活动、资产和其他利益的安全。这实质上是以法律形式认定中国在极地空间存在众多的国家利益,对中国参与北极事务具有重大的推动作用。在北极地缘格局新变化的背景下,北极地区安全态势呈现出新的特征,作为"北极利益攸关方",北极安全与中国国家安全密切相关,中国需要有效地维护北极地区的安全利益。按照总体国家安全观的指导,中国在北极的安全利益主要包括能源安全、生态安全、军事安全、科技安全这四个相互联系的重要方面。

## (一)中国在北极地区的能源安全利益

油气资源是一国拓展国际战略空间,维持国际秩序稳定的重要资源依托。波斯湾石油安全状况的改变,推动美国对北极能源的开发。国际秩序建立在制衡(balance)、统制(command)和赢得同意(consent)的基础之上。① 从长远看来,全球层面的权力格局更多地依赖于物质实力,② 丰富的能源可以为本国"统制"力量的增强提供充足的物质实力;在全球能源形势日渐紧张之际,拥有越多的能源就意味着可以向国际社会提供更多的公共物品,便可以通过提供能源的方式尽可能地"赢得同意",可以在国际秩序格局中掌控更多的话语权。丰富的油气资源和稳定的油气供应可以在很大程度上弥补中国国内油气资源的相对不足,从而可以为中国国际话语权的增强提供物质保障。据美国地质调查局的探测数据显示,北极地区拥有世界上未探明常规石油资源储量的13%,未探明常规天然气资源储量的30%,北极地区潜在的资源储量很可能在21世纪将这一地区转变成经济急速发展的前沿地带。③ 拥有充足油气资源储量的北极地区,其能源开发关系到中国国家

---

① 〔美〕约翰·伊肯伯里:《自由主义利维坦:美利坚世界秩序的起源、危机和转型》,赵明昊译,上海人民出版社,2013,第33、41页。
② 〔英〕巴里·布赞:《美国和诸大国:21世纪的世界政治》,刘永涛译,上海人民出版社,2007,第148页。
③ "Circum-Arctic Resource Appraisal: Estimates of Undiscovered Oil and Gas North of the Arctic Circle", USGS Fact Sheet No. 2008 – 3049, U. S. Geological Survey, 2008, https://pubs.usgs.gov/fs/2008/3049/fs2008 – 3049.pdf;张胜军、李形:《中国能源安全与中国北极战略定位》,《国际观察》2010年第4期。

战略发展的稳定性与持久性。

美国特朗普政府的北极政策和实践的新转向给中国参与北极经济开发提出了新要求。美国总统特朗普于2017年4月28日正式签署一项旨在开放北极油气开发的行政令。① 6月1日，特朗普宣布美国将退出《巴黎协定》（Paris Agreement），并于8月4日向联合国递交了申请退出《巴黎协定》的正式文件。② 美国土地管理局8月7日宣布，将考虑允许在目前受保护的阿拉斯加州北坡的国家石油储备区进行适当的石油开发活动。③ 可见，开发美国北极地区的油气能源将成为特朗普政府能源政策的关键环节，这将引起北极地区一系列的变动。中国应如何搞好与美国在北极地区的双边关系，如何在北极安全新态势的背景下灵活且深入地参与北极经济开发成为中国在新时期新形势下必须要考虑的问题。

## （二）中国在北极地区的生态安全利益

北极环境既可以被视为安全关注的对象，也可以被视为一种安全风险。近些年，在全球气候变化的影响下，北极地区的冰川融化和环境恶化正在不断加速。2004年，北极理事会和国际北极科学委员会共同进行的"北极气候影响评价"项目发布研究报告，提出，"1974~2004年间，北极地区的年平均海冰量下降了约8%，面积减少了近100万平方公里，冰层融化导致全球海平面平均上升近8厘米"④。美国气象学会（American Meteorological Society，AMS）发布的2015年气候状态报告发现，在长期的全球变暖和最强

---

① "Trump Signs Order Aimed at Opening Arctic Drilling"，28 Apr 2017，NEWSMAX，http：//www.newsmax.com/Politics/US - Trump - Offshore - Drilling/2017/04/28/id/787093/.

② Robinson Meyer，"Trump and the Paris Agreement：What Just Happened?"，The Atlantic，Aug 4，2017，https：//www.theatlantic.com/science/archive/2017/08/trump - and - the - paris - agreement - what - just - happened/536040/.

③ Elizabeth Harball，"Trump Administration Signals it Could Open More of the Arctic to Drilling"，Alaska Public Media，August 7，2017，http：//www.alaskapublic.org/2017/08/07/trump - administration - signals - it - could - open - moreof - the - arctic - to - drilling/.

④ Arctic Climate Impact Assessment，"Impacts of a Warming Arctic"，Synthesis Report，Cambridge：Cambridge University Press，2004，pp. 2 - 3.

的厄尔尼诺事件的综合影响下，2015年成为自19世纪中期以来最热的一年。① 美国国家冰雪数据中心（National Snow and Ice Data Center，NSIDC）指出，2016年度的海冰覆盖最低值约比1981至2010年的平均值小1/3。② 北极海冰的融化可能会导致北美洲南部发生洪涝灾害，同时导致北美洲西南部发生干旱。③ 北极海冰融化也加剧了海浪力度以及海岸侵蚀程度，北极低洼地带沿岸的基础设施因而遭受威胁。④ 环境变化对于北极地区脆弱的自然环境的影响是极为深远的。环境污染会导致人畜共患疾病，威胁全人类健康。海冰的迅速减少会导致北冰洋不冻航线的紧张并引发对资源的争夺，导致北极地区紧张因素的持续增加，不利于北极地区的安全与稳定，不利于北极地区的可持续发展。环境变化对全球安全构成了严重威胁，这直接威胁到了我们的国家安全。⑤ 北极环境变化不仅与北极国家的安全利益密切相关，更是事关全人类未来的生存与发展。

生态环境问题对国家安全的威胁分为直接威胁和间接威胁两种情况。直接威胁是指生态环境问题导致关键生存资源的改变，间接威胁是指环境问题导致环境状况的改变，即引起国家生存空间质量的改变。⑥ 北极地区的环境变化对于中国国家安全影响更具有直接性，北极气候变化对中国农牧业生产的负面影响已经显现，增加了农业生产的不稳定性、局部干旱高温危害日益

---

① "State of the Climate in 2015", Bulletin of the American Meteorological Society, Vol. 97, No. 8, August 2016, http://www.ametsoc.net/sotc/StateoftheClimate2015_lowres.pdf.

② Yereth Rosen, "Arctic Sea Ice Hits Second-lowest Extent in Satellite Record", Alaska Dispatch News, September 15, http://www.adn.com/arctic/2016/09/15/arctic-sea-ice-hits-second-lowest-extent-in-satellite-record/.

③ Thomas F. Pedersen, "Why the Arctic Matters Beyond Its Borders", https://www.newsdeeply.com/arctic/op-eds/2016/07/27/why-the-arctic-matters-beyond-its-borders.

④ Charles Emmerson, Glada Lahn, "Arctic Opening: Opportunity and Risk in the High North", https://www.chathamhouse.org/sites/files/chathamhouse/public/Research/Energy%2C%20Environment%20and%20Development/0412arctic.pdf.

⑤ "Remarks by the President at the United States Coast Guard Academy Commencement", https://www.whitehouse.gov/the-press-office/2015/05/20/remarks-president-united-states-coast-guard-academy-commencement.

⑥ 余晓泓：《生态环境安全与国家安全》，《东北亚论坛》2000年第3期，第86页。

加重、因气候变暖引起农作物发育期提前而加大早春冻害、气象灾害造成的农牧业损失等。① 北极冰盖融化引起海平面上升，将淹没中国东部沿岸的大片地区，② 这些地区的城市人口众多、经济发达，对于中国社会发展意义重大。这样的直接威胁对于中国的国家安全和生态发展具有深远的不利影响，中国的可持续发展目标必须要采取有效措施处理好这些问题。并且，随着北极环境变化的不断加剧，北极国家越来越重视北极地区的环境保护工作，特别是在美国担任北极理事会轮值主席国期间，美国对于北极气候变化的重视直接推动应对气候变化成为北极治理的中心议题。③ 所以，应对北极气候变化是中国全球治理议程中非常重要的一环，中国的北极生态安全利益是中国全球战略的重要组成部分。

### （三）中国在北极地区的军事安全利益

随着北极地缘政治经济的战略价值不断凸显以及北极争夺方式的多样化发展，北极国家之间的安全关系正发生新的变化。自俄罗斯科考队于2007年8月2日在北极点插上俄罗斯国旗后，北极国家纷纷采取各种行动，使"北极争夺战"不断升温。④ 在全球气候变暖的影响下，北极地区发生了一系列的深刻转变，使得其周遭国家陷入了难以解决的领土争议中，也将其金融风险推向更高处。⑤ 2016年9月初，丹麦和格陵兰岛联合向联合国大陆架界限委员会递交主权宣示申请，针对的是格陵兰岛近海大陆架，贯穿格陵兰岛南部、东北部和北部一线的区域。丹麦政府聚焦北极，不但增强了在北极的军事实力和投放无人侦察机，还增加了格陵兰岛和法罗群岛之间的船舶数

---

① 《中国应对气候变化的政策与行动》，http://www.gov.cn/zwgk/2008-10/29/content_1134378.htm。
② 夏立平：《北极环境变化对全球安全和中国国家安全的影响》，《世界经济与政治》2011年第1期，第130~131页。
③ 郭培清、董利民：《美国的北极战略》，《美国研究》2015年第6期，第59页。
④ 吴慧：《"北极争夺战"的国际法分析》，《国际关系学院学报》2007年第5期，第36~42页。
⑤ Ian Birdwel, "Rival Claims to a Changing Arctic", http://www.maritime-executive.com/article/rival-claims-to-the-changing-arctic.

量。丹麦国防部长彼得·克里斯滕森（Peter Christensen）指出，丹麦政府拟在北极各领域再增加1.2亿丹麦克朗（约1850万美元）的资金投入。他在对格陵兰岛的访问中说道："无论是现在还是将来，北极都会是政府的首要考虑，政府希望巩固其在北极的地位。"① 特朗普主张"以实力求和平"（Vigorous Peace Through Strength），加强北极地区军备建设，通过多种方式维护北极安全利益成为其优先选项。② 北极地区的安全局势正在变得逐渐多层次化和复杂化，中国参与北极安全事务所需要注意的因素正在不断增多。

近些年，俄罗斯一直致力于成为北极地区的大国，不断加强其在北极地区的军事力量，意图为本国的国际战略稳定奠定牢固的北方格局。俄罗斯逐步在北极、波罗的海、黑海等地区更具侵略性，并且不断增强其网络、太空探测、海军及空军实力。③ 俄罗斯在北极的摩尔曼斯克西北部地区增加了6000名永久性军事人员，还有新的核动力潜艇和破冰船在北极海域巡逻。俄罗斯也将其军事开支保持在33%左右，即使是在其经济低迷时。④ 大笔的军事开支被用于更新俄罗斯地面部队的设备，以及它的海军和空军的新技术，并结合到北极的领土扩张上来。⑤ 俄罗斯在北极地区不断增加军事力量，导致北极国家之间的安全关系变得逐渐复杂，北极安全治理的难度不断提升。

### （四）中国在北极地区的科技安全利益

近些年，在气候变化的影响下，北极地区的航道、资源、战略、环境等

---

① "Denmark Stakes on Drones and Greenlanders to Back its Arctic Claims", Sputnik News, https://sputniknews.com/europe/20160901/1044846086/denmark-greenland-arctic-claims.html.
② 杨松霖：《特朗普政府的北极政策：内外环境与发展走向》，《亚太安全与海洋研究》2018年第1期，第100页。
③ Jim Garamone, "Putin Pushing Russia's Foreign Policy Boundaries, DoD Official Says", http://www.defense.gov/News/Article/Article/879561/putin-pushing-russias-foreign-policy-boundaries-dod-official-says.
④ "Could the U.S. Lose its Arctic Energy War to Rivals?" http://www.americanthinker.com/articles/2015/04/could_the_us_lose_its_arctic_energy_war_to_rivals.html.
⑤ "Here are the High-Tech Weapons Russia is Buying with its Record Military Budget", http://www.businessinsider.com/russia-record-defense-budget-military-equipment-2015-2.

全球性影响力与重要性在不断提升。在科学技术高速发展的当今时代，北极地区的科技逐渐与地缘、安全、政治等多重因素紧密联系。北极科技发展现状与北极国家科技力量的对比情况已成为北极地缘格局的关键性因素。北极国家往往是基于现实主义的视角，不断凸显科学技术对拓展国家利益的支撑作用，北极地缘科技的战略性不断提升。① 2017 年 5 月 11 日，在阿拉斯加费尔班克斯举办的第十届北极理事会部长级会议上，美国、加拿大、丹麦、芬兰、冰岛、挪威和俄罗斯签署了《加强北极国际科学合作协定》，目标是打破科学研究和探索的障碍，积极促进北极科学合作。这是在北极理事会主持下谈判达成的一项具有法律约束力的协议，确保八个北极国家的科学家进入各国已确定的北极地区，协议内容包括：人员、设备和材料的进出；获得基础研究设施；以及进入研究区域。该协议还呼吁各方加强对参与北极研究的科学家的教育和培训。协议自签署日生效。②

实施北极考察是中国参与北极事务最为切实可行也是成效最为显著的实践活动。中国的北极科考始于 20 世纪 90 年代，先后于 1999 年、2003 年、2008 年、2010 年、2012 年、2014 年、2016 年和 2017 年进行了八次北极科考，并建立了黄河站，逐渐形成了"科考船 + 科考站"的中国北极科考模式。2013 年 5 月 15 日，北极理事会接纳中国成为北极理事会正式观察员，中国制度性参与北极事务的合法性不断提升。并且中国也一直积极在斯瓦尔巴德群岛上建立新的科考站，力图为中国更加深入的拓展北极科考提供更为全面的支持。中国积极地参加北极经济开发活动以及北极理事会开展的北极活动，为北极治理贡献中国智慧与中国力量。

## 二 中国参与北极安全治理的战略环境

研究中国参与北极安全治理的战略环境，可以全面地考察中国在参

---

① 肖洋：《地缘科技学与国家安全：中国北极科考的战略深意》，《国际安全研究》2015 年第 6 期，第 120 页。
② "Agreement on Enhancing International Arctic Scientific Cooperation", U. S. Department of State, May 11, 2017, https：//www.state.gov/e/oes/rls/other/2017/270809.htm.

与北极安全事务中所存在的主要问题,分析北极国家对中国参与北极安全治理的态度,从而可以为中国全面的北极安全战略的制定和实施提供借鉴。

## (一)中国自身国家发展的现实状况

在全球化时代,国内治理与国际治理越来越表现出高度的依存性、渗透性和互动性。① 国家实力是国家制定对外战略的内在基础,战略性资源的多少对于国家战略的实施影响极为深远。因此对于中国自身国家发展的现实状况我们应该有一个清晰理性的认识,这样有助于我们更好地参与北极安全治理。

经济新常态已推动中国经济有了长足发展。在 2015 年 11 月初召开的中央财经领导小组第十一次会议上,习近平总书记指出,要在适度扩大总需求的同时,着力加强"供给侧结构性改革",着力提高供给体系质量和效率,增强经济持续增长动力,推动我国社会生产力水平实现整体跃升。② 十八大以来,习近平总书记在多次讲话中都不断强调,要"统筹国内国际两个大局,夯实走和平发展道路的基础"。十九大政治报告又提出要"深化机构和行政体制改革。统筹考虑各类机构设置,科学配置党政部门及内设机构权力、明确职责"。③ 中国政府大力推动科技进步,以互联网改造传统制造业,提高要素利用效率,同时以经济体制改革为重点,加快体制机制完善,促进新常态下中国经济实现可持续性增长。④ 但是,对于中国国内发展中所面临的挑战与不足,我们要有一个清楚的认识。从国内发展情况来看,中国面临

---

① 蔡拓:《全球治理与国家治理:当代中国两大战略考量》,《中国社会科学》2016 年第 6 期,第 8 页。
② 《习近平主持召开中央财经领导小组第十一次会议》,新华网,http://news.xinhuanet.com/politics/2015-11/10/c_1117099915.htm。
③ 习近平:《决胜全面建成小康社会 夺取新时代中国特色社会主义伟大胜利——在中国共产党第十九次全国代表大会上的报告》,http://cpc.people.com.cn/19th/n1/2017/1027/c414395-29613458.html。
④ 邵宇:《供给侧改革——新常态下的中国经济增长》,《宏观经济》2015 年第 12 期,第 15 页。

着经济转型、"中等收入陷阱"、人口红利消失、自主创新能力缺乏、环境恶化等严峻挑战。并且,中国在参与北极安全问题中也存在科研能力不足、参与力度有限等问题。

中国北极科研能力不足主要体现在两个方面:一是北极科学考察的能力不足;二是北极学术研究的能力不足。中国的北极科学研究主要集中在北极气候变化对东亚气候和中国气候的影响,北冰洋海－冰－气相互作用过程研究以及北极日地物理、生态、冰川变化长期观测与研究等三大方面,但对北极地区的生物和水道航运等方面的资源潜力缺乏足够的关注和重视。由于至今没有形成稳定的极地科技研究经费渠道,难以吸引高科技人才投入极地事业,无法形成稳定的高层次、高质量的极地专业化人才队伍,这是影响未来中国极地科技发展和资源开发利用的一大隐忧。① 中国的极地研究存在"重理轻文"的特点,国内极地人文社会科学研究的经费划拨尚未制度化,② 发展过程中面临的阻力不少。当前国内学界有关北极安全和北极治理的研究仍处于起步阶段,尚未形成系统性的理论成果,研究的理论化程度不够成熟。并且,现有研究没有对中国尤其是十八大以来的北极外交进展做过专门论述,仅是在宽泛的中国北极活动范畴内有所提及,关于"科学外交""经济外交"等的讨论大都流于概念运用,并不完备,也不深刻,③ 对于推进中国北极外交的实际作用不大。由此可见,在北极问题多样化、复杂化、全球化的背景下,中国的北极科研存在不足。

### (二)中国参与北极事务的国际环境

在中国参与北极安全事务这一问题上,我们需要明确北极地区安全局势的现状及未来发展趋势、北极国家安全关系的基本情形、北极国家对于中国参与北极事务的态度以及中国参与北极事务的基本情势等,这对于中国更加

---

① 北极问题研究编写组:《北极问题研究》,海洋出版社,2011,第369~376页。
② 北极问题研究编写组:《北极问题研究》,海洋出版社,2011,第286页。
③ 徐庆超:《北极全球治理与中国外交:相关研究综述》,《国外社会科学》2017年第5期,第4~16页。

从容、更加有效地深度参与北极事务是很有必要的。随着中国参与北极事务的日渐深入，相关问题已引起国内外学者的热烈探讨。国外学者往往关注中国参与北极事务的意图和可能带来的影响，并大致形成了"恐慌论"和"机会论"两种基本论调。①

北极国家对于中国参与北极事务的态度是不一样的，有的国家（比如美国、加拿大）对于中国参与北极事务持不反对态度，有的国家（比如北欧国家）对于中国参与北极事务持欢迎态度。北欧国家在北极事务中，面对俄罗斯、美国、加拿大等大国的战略竞争，自身实力和战略力量显得十分不足；从战略平衡的角度出发，从北欧国家各国的北极利益的维护与北极权利的构建的目标出发，对于以中国为首的域外国家参与北极事务，北欧国家是持支持态度的。希望借助中国强大的国际政治影响力和在世界中的战略优势，来适当平衡一下北极政治的权重比例，当然，对于参与北极事务，北欧国家希望中国部分地参与、有限度地参与和良性地介入。

北极国家对于中国参与北极事务存在矛盾心理。一方面，北极国家希望中国参与北极事务，更多的是希望借助中国雄厚的经济实力来为北极的经济开发、技术设施建设、科学考察活动提供大量的人力、物力、财力，而对于中国参与北极的制度建设、规则更新与安全合作等则持保留态度。另一方面，北极国家对于中国的经济参与也是持疑惑态度，害怕中国通过经济活动在北极事务中逐渐占据重要的战略地位和话语分量，更是害怕中国在北极地缘政治上有所图谋。甚至有的外国学者提出"北极中国威胁论"的说法，认为随着中国北极利益的不断增加，中国对北极的关注正在不断提升，中国会拓展北极军事战略；为了维护中国广泛的北极经济利益，中国海军会开展更加有深度和广度的北极海上行动。② 可见，北极地区的国家和民众对于中

---

① 孙凯、王晨光：《国外对中国参与北极事务的不同解读及其应对》，《国际关系研究》2014年第1期，第31~39页。
② Dr. Sarah Kirchberger, "China's Maritime Interests in the Arctic Region: Military Capabilities and Possible Intentions," in Sebastian Bruns, Adrian J. Neumann (eds.), *Maritime Security Challenges: Focus High North: Papers from the Kiel Conference 2016*, Kiel: ISPK, 2016, pp. 34 - 45.

国参与北极事务是比较关注的,且态度是不同的,中国参与北极安全事务的战略环境比较复杂。

## 三 中国在北极安全治理中的角色定位

国际定位通常是指一国在国际社会中的身份、角色、地位、作用的确认。① 中国国务院副总理汪洋于2017年3月29日在第四届"北极-对话区域"国际北极论坛开幕式上发表演讲时表示,"中国是北极事务重要的利益攸关方,是北极事务的参与者、建设者、贡献者,中国有意愿也有能力为北极地区发展贡献中国力量与中国方案"。② 这对于中国明确在北极安全事务中的角色定位具有非常重要的指导意义。

### (一)中国是北极安全事务的重要参与者

中国在北极地区存在诸多安全利益,而且中国享有参与北极安全事务的充分法理依据,作为《斯瓦尔巴德条约》的缔约国,中国有进出该群岛地区从事科研及条约允许的相关权利;作为《联合国海洋法公约》的缔约国,中国有权进入北极公海地区进行科研等活动,并享有北极公海地区和区域的相关权利。③ 故而北极地区的安全形势变化与中国的国家安全密切相关,参与北极安全事务是中国国家发展的必要。《中国的北极政策》也明确提出:"中国尊重北极理事会通过的《海空搜救合作协定》《北极海洋油污预防与反应合作协定》和《加强北极国际科学合作协定》"。④

---

① 蔡拓:《当代中国国际定位的若干思考》,《中国社会科学》2010年第5期,第121~123页。
② 《汪洋出席第四届国际北极论坛》,中国网,http://news.china.com/news100/11038989/20170330/30374900.html。
③ 刘惠荣、董跃:《海洋法视角下的北极法律问题研究》,中国政法大学出版社,2013,第4页。
④ 《中国的北极政策》,新华网,http://www.xinhuanet.com/2018-01/26/c_1122320088.htm。

并且，中国与北极国家的安全关系是紧密且复杂的。乌克兰危机之后，俄罗斯在北极地区不断增强军事力量，引起了其他北极国家的警惕，以美国为首的其他北极国家开始对俄罗斯实施大规模的制裁，北极国家之间的安全关系变得紧张且复杂。中国与北极国家之间的外交关系是密切的，北极国家之间安全关系的紧张，对于中国参与北极事务的影响是深刻的。中国与俄罗斯是全面战略协作伙伴关系，与美国是互相尊重、互利共赢的中美合作伙伴关系，与加拿大是战略伙伴关系，与欧盟是全面战略伙伴关系。[①] 并且随着北极油气资源在中国能源战略中的地位不断提升，中国参与北极安全事务的力度将不断提升。2017年12月8日，中俄能源合作重大项目——亚马尔液化天然气项目在俄罗斯境内的北极圈正式投产，该项目也被誉为"北极圈上的能源明珠"。这是中国的"一带一路"倡议提出后，实施的首个海外特大型项目，也是目前全球最大的北极 LNG（液化天然气）项目。由此可见，北极安全局势的发展对中国国家发展有着直接影响。所以为了更好地维护中国的北极安全利益、增强中国在北极事务中的话语权，中国将继续长久地参与北极安全治理。

## （二）中国是北极安全机制的重要建设者

中国与相关国家的交流合作更加频繁和深入，如2013年12月，来自中国和北欧五国的10家北极研究机构在上海成立了中国-北欧北极研究中心；2015年底，中俄两国领导人就北极能源开发、北极航道利用等事项达成了一系列重要共识；2016年4月，中、日、韩三国宣布启动北极合作谈判机制并在首尔举行了首轮谈判等。在继续深化科研、环保等传统合作领域的同时，中国也紧紧抓住北极经济开发的契机，如2013年8月至9月，中远集团所属的"永盛"号货轮经东北航道成功到达欧洲，率先探索其商业利用价值；2015年7月至10月，"永盛"轮再次穿越东北航道抵达欧洲并原路

---

① 《中国对外"伙伴关系"盘点》，http://www.sdfao.gov.cn/art/2016/6/2/art_54_107535.html。

返回,顺利完成了"再航北极、双向通行"的战略任务。①

中国积极推动北极地区安全合作机制的构建与完善。随着北极国家间共同安全利益的不断增多,建立各国在北极地区更为广泛的共同利益,构建北极安全利益共同体是各国发展的需要。各国应该突破各种阻碍,建立北极安全论坛,开展广泛的安全合作。② 中国提出六点意见来积极促进北极安全论坛的建立与运行。第一,中国希望进一步参与勘探北极,以期更好地理解和保护该地区。第二,中国支持和保护北极及其资源的合理使用和运输路线的稳定。第三,中国试图尊重固有的北极国家和原住民的权利。第四,中国倡导各国尊重非北极国家、国际社会的整体利益。第五,合作机制应该包括全球范围内的广泛参与,促进所有行为体的"双赢"。第六,呼吁各国要尊重国际法,包括《联合国海洋法公约》和《斯瓦尔巴德条约》。③

### (三)中国是北极安全治理的重要贡献者

随着气候变化、经济全球化以及地缘政治的发展,北极地区的政治、经济、环境和社会等方面都发生了巨大的变化,并产生了一系列的新问题,北极事务治理也在经历新一轮的"态势变迁"。④ 并且,随着北极地区环境恶化的不断加剧,北极国家在生态环境保护等问题上有着越来越多的共识,彼此之间进行合作的需要和必要不断增多,北极安全问题"去安全化"的倾向不断凸显。当前的北极地区"去安全化"的趋同趋势越发明显,中国要想更好地参与北极安全治理,发挥中国北极事务的参与者、建设者、贡献者的作用,我们就必须要为推动北极"去安全化"提供更多的公共产品、理

---

① 王晨光:《对中国参与北极事务的再思考——基于一个新的分析框架》,《亚太安全与海洋研究》2017年第2期,第67页。
② Marc Lanteigne, "Arctic co-operation Reconsidering security", http://arcticjournal.com/opinion/2337/reconsidering-security.
③ Arctic Journal, "China: Respect, co-operation and win-win", http://arcticjournal.com/opinion/1911/respect-co-operation-and-win-win.
④ Arctic Governance Project, "Arctic Governance in an Era of Transformative Change: Critical Questions, Governance Principles, Ways Forward", 2010, p.3, http://www.arcticgovernance.org/.

论支撑和实践动力。如何确立何种安全议题应该被"去安全化",如何推动更多的具有能动性的安全行为体更加积极理性地参与到"去安全化"的进程中来,这成为"去安全化"的理论研究者和政策制定者及实施者必须要考虑和解决的根本性问题。通过在北极地区推进一种"理性辨识"的过程,建立一种高契合度和高信任感的双边互动机制,从而推动北极安全治理的深入发展,争取早日实现北极善治。

## 四 中国参与北极安全治理的策略选择

在参与北极安全治理的过程中,中国必须明确以下三点:第一,中国必须在北极体系中谋求自己的伙伴,壮大自己在北极事务中的话语分量。尽管中国已经在北极理事会中获得正式观察员的地位,但中国的参与权利和机会还是比较小的,因为当前北极治理机制是以北极八国为首的西方国家确立的。中国与这些机制的理念和原则之间必然存在一定的差异,中国需充分认识到这一现状,并且通过有效的方式弥补这一差异。第二,中国可以成为北极治理体系的改革推动者。目前的北极治理机制缺乏强制性,其安全事务实施的有效性存在不足。北极理事会存在的主要问题是协调能力不够。[1] 北极理事会的"努克"标准,成为限制理事会发挥效用的一大障碍因素,也不利于北极事务的进一步发展。[2] 为此,中国应努力成为推动北极理事会改革的积极力量,使其机制化、开放化、法制化、民主化,努力促进新型北极安全合作全球性机制的构建。第三,中国未来必然将成为北极治理体系的顶端力量,在北极安全治理这一问题上,中国力量和中国话语将发挥不可替代的重要作用。为此,中国应理性地参与北极事务,以一个负责任的大国形象去参与北极合作,推动北极安全合作全球性机制的构建。

---

[1] Kevin McGwin, "Arctic Council: Mr. Consistency", October 6, 2016, http://arcticjournal.com/politics/2605/mr-consistency.

[2] 郭培清、孙凯:《北极理事会的"努克标准"和中国的北极参与之路》,《世界经济与政治》2013年第12期,第118~139页。

## （一）中国参与北极安全治理的基本目标

战略目标是一段时期内国家在国际社会中为维护国家利益的安全而达到的全局性结果，但不一定是最终结果；战略目标是国家大战略的标志性要素，对于维护国家利益的安全与稳定、保证国家战略的明晰化与长久化的意义重大。①

### 1. 维护中国在北极地区的安全利益

北极地区的安全局势是世界战略格局的缩影，其重要性不言而喻。随着北极地区新安全问题的不断出现，北极安全新态势不断增强。作为"北极利益攸关方"，中国在北极享有广泛的安全利益。总体国家安全观倡导我们重视新型安全问题，北极安全与中国的能源安全、生态安全和国家安全密切相关，为保障中国国际战略环境的稳定，中国必须采取必要的手段来维护中国的北极安全利益。中国在维护本国合理的北极安全利益的过程中要注意自己负责任的大国形象，考虑北极国家、北极原住民和北极各相关方的利益关切，积极做北极安全合作的推动者。

在北极军事竞争日益加剧的大趋势下，中国有限的军事开支是不利于中国在北极地区开展有效的军事行动的。为此中国应适当增加北极军事部署和军费开支，增强其开放性、透明性。可以在国家安全委员会下设立针对北极安全问题的相应机构，统一部署北极的安全维护行动，为北极安全利益维护提供国家顶层支持与指导。中国维护本国合理的北极安全利益不能仅仅依靠实力，更要灵活地运用国际机制，密切关注和适应北极相关的国际机制和规范，积极利用国际制度和规范来构建综合性的安全保障体系，有效地维护本国合理的北极安全利益。

### 2. 强化中国在北极地区的有效存在

在北极地区态势变迁持续深化的背景下，中国应充分认识到北极安全与中国国家安全的密切联系。基于中国长期发展的战略需求，制定中国参与北极事务的阶段性任务和长远目标，秉承"负责任大国"的理念，整合中国

---

① 周丕启：《国家大战略：目标与途径》，《现代国际关系》2006年第10期，第47页。

的北极政治经济等综合资源，加强与包括北极国家和非北极国家在内的"利益共同体"的建设，"构建多主体、多领域、立体式、双向度的北极外交实践模式"。① 通过环境监测体系的建立、国际安全互动的加强、综合性安全保障体系的构建，最大限度地实现与拓展中国在北极地区的合法权益，增强中国在北极地区的有效存在。

北极安全治理的现状与未来趋向给中国参与北极事务提供了良好的机遇，也带来了迫切的挑战。中国参与北极安全合作需要正视这些挑战与威胁，不断地为维护本国北极安全利益积攒力量、创造条件，通过合理有效的方式保障北极安全。中国应与新兴国家一起积极维护北极地区与国际社会的和谐关系，采取有目标、有步骤的行动，推动北极问题的理性解决。北极的和平与安全符合中国的战略需要，也是实现国际社会共同利益的需求。中国将不断增强本国参与北极安全问题的能力，在国际法的合理规范下积极参与北极安全合作，在北极安全问题上发挥建设性作用。②

3. 维护北极地区安全秩序平衡稳定

在全球化的世界里，安全是相互关联的。③ 合作是全球化时代的基本生存方式，全球化时代的安全观将是多种行为体的共同安全。北极安全行为体应该加强合作安全的意愿和政策实践。北极地区安全秩序稳定、北极国家安全关系均衡发展的基础是北极安全事务行为主体拥有的共同的价值观。北极国家或次国家行为体应该形成一种共同身份，即北极价值观。价值的实现过程具有层次性、实践手段具有多样性、内容结构具有差异性。因此，北极安全行为体应该树立一种协同性的北极安全目标，对于北极安全合作的机制建设和未来走向有一个比较明确的规划。北极国家在北极安全合作的过程中，应尽可能地培养共同的北极安全关切，开展维护北极安全的集体行动。

---

① 孙凯：《中国北极外交：实践、理念与进路》，《太平洋学报》2015 年第 5 期，第 37~45 页。
② 孙凯、吴昊：《北极安全新态势与中国北极安全利益维护》，《南京政治学院学报》2016 年第 5 期。
③ Rodrigo Tavares, "Understanding Regional Peace and Security: A Framework for Analysis," *Contemporary Politics*, Vol. 14, Issue 2, 2008, pp. 107 – 127.

## （二）中国参与北极安全治理的基本原则

战略是讲求原则的，争取和保持主动权的原则是国家战略的关键。① 因此，中国参与北极安全治理的主要原则就是在维护中国北极战略利益与权益的过程中，适度均衡考虑和评估多重因素，努力拓展中国北极外交的战略空间、增强中国的北极话语权、谋求中国北极外交与实践的主动性。

1. 保证本国与国际社会北极安全利益的平衡

利益认知是中国参与全球治理中必须考虑和理性把握的重要环节。在利益认知上，中国不会也不应该完全以自我利益为中心，而是应该更多地将本国人民利益与各国人民利益和人类共同利益联系起来，全面合理地判断利益，进而以负责任和合作的态度处理全球性问题。② 北极的和平与安全、稳定与可持续发展对于全世界来说都是至关重要的，这符合国际社会的共同利益。中国在参与北极事务的过程中，要注意将自己的国际利益与国际社会的共同利益相结合，避免二者的冲突。中国要在维护和发展国际社会共同利益的基础上，积极谋求本国的北极利益。中国处理同北极国家和北极社会关系的基本立足点，是为了保障中国在北极地区的合理和有限的利益，保障中国对北极相关事务的参与权；中国处理同北极国家和北极理事会的关系的基本途径是合作。③ 中国谋求自身利益的行动应得到北极国家的支持与响应，在国际氛围上为自己谋求更多的话语空间。所以中国要加强与北极国家、北极原住民组织的政治互信和安全方面的密切合作。中国需要寻求本国北极利益与国际社会共同利益的交集，培育共同利益和相互依存。

2. 实现拓展安全权力与承担应当责任的兼顾

通过总结中国参与北极事务的历程、分析北极国家对待中国的态度，我们可以发现：在参与北极事务中，"中国北极威胁论"和"中国北极责任

---

① 周丕启：《国家大战略：概念与原则》，《现代国际关系》2003年第7期，第59页。
② 苏长和：《中国与全球治理——进程、行为、结构与知识》，《国际政治研究》2011年第1期，第39页。
③ 陆俊元、张侠：《中国北极权益与政策研究》，时事出版社，2016，第326页。

论"是相互交织并行存在的，北极国家对于中国的依赖与疑虑是并存的。所以，中国要想更加深入地参与北极事务、加强在北极地区的有效存在，我们就应该对自身的安全权力与应当责任统筹兼顾。维护地区和国际社会的战略安全环境，为国际安全与世界和平做出中国贡献已成为中国外交的基调。中国参与北极事务必须遵循的原则就是尊重和理解北极国家在北极事务中的主权、主权权利和管辖权，不损害北极八国的基本权益，能够保证其在北极理事会的决策权。[①] 维护北极地区资源开发与环境保护的平衡、保障原住民的生存发展权益、为北极地区发展提供更多相关的公共产品等是符合中国十九大外交基调的中国北极外交实践的基本方向。在处理国际舆论方面，中国应对国际社会针对中国北极威胁论的说法保持淡定；中国应该举起道义和责任的旗帜，以人类共同利益为口号，以环境保护为先导，以科学研究为途径，把握中国北极外交的道德主动权。

3. 统领安全治理机制的构建与安全规范设计

合作可以通过国际机制的作用而得到促进与加强。[②] 北极安全问题能够得以善治必须依靠安全治理机制效用的充分发挥。推进全球治理体制的变革，并不是推翻现有体制，而是要对其进行创新和完善，使该体制能够更好地反映国际格局的变化。[③] 中国在参与北极安全事务、维护本国北极安全利益的进程中，已经逐渐认识到北极地区相应的安全治理机制和规范的重要性，已经学会积极地利用安全机制和安全规范来实现中国北极安全利益的稳定、拓展中国北极外交战略空间。

中国在参与北极安全治理的过程中需要明白，适用于北极地区且具有强制力与执行力的北极安全治理机制需要相应的规范设计。根据玛莎·芬尼莫尔和凯瑟琳·斯金克的国际规范"生命周期"论，国际规范的生命周期可

---

① 孙凯、吴昊：《北极安全新态势与中国北极安全利益维护》，《南京政治学院学报》2016年第5期。
② 〔美〕罗伯特·基欧汉：《霸权之后：世界政治经济中的合作与纷争》，苏长和、信强、何曜译，上海人民出版社，2012，第50页。
③ 高奇琦：《全球治理、人的流动与人类命运共同体》，《世界经济与政治》2017年第1期，第40页。

分为"规范兴起""规范普及"和"规范内化"三个阶段。① 自1991年北极环境保护战略（AEPS）实施以来，北极地区治理规范的建设便开始了。随着国际北极科学委员会、巴伦支欧洲－北极理事会、北方论坛等北极治理机构的相继成立，北极地区的安全规范已经进入内化和革新的新阶段。中国要想更好地参与北极安全治理，拓展中国的北极话语权就需要了解北极安全规范的发展周期、妥善利用并提供有效的公共物品推动其优化。

## 五 中国参与北极安全治理的路径

通过前文的分析，我们对于中国在北极地区的安全利益已经进行了全面的梳理，对于中国参与北极安全治理的战略环境进行了客观的分析，对于中国参与北极安全治理的基本原则与目标进行了系统的诠释，所以我们接下来便需要对中国深入参与北极安全治理、全面推行中国参与北极安全治理的路径进行研究。

### （一）增强国家实力与提升国际话语权力

国家实力的大小是决定一国在全球治理体系中作用强弱的关键因素。② 所以，中国要想更好地维护中国北极安全利益、更好地参与北极安全事务，必须努力增强本国的国家硬实力。2016年3月16日，十二届全国人大四次会议表决通过了《中华人民共和国国民经济和社会发展第十三个五年规划纲要》，为国民社会经济发展设置了"经济发展""创新驱动""民生福祉"和"资源环境"等四大主要指标，要求我们保持经济高中速增长，维持国民经济的稳定新常态；必须牢固树立创新、协调、绿色、开放、共享的发展理念，促进国民经济增长与环境保护的和谐，从容地应对国内国外因素给我

---

① 玛莎·芬尼莫尔、凯瑟琳·斯金克：《国际规范的动力与政治变革》，载〔美〕彼得·卡赞斯坦、罗伯特·基欧汉、斯蒂芬·克拉斯纳编《世界政治理论的探索与争鸣》，秦亚青等译，上海人民出版社，2006，第295~332页。

② 胡键：《中国参与全球治理的制约性因素分析》，《学术月刊》2015年第11期，第68页。

国环境安全带来的各种影响。随着经济议题在中国对外关系中地位和作用的增加,十八大以来新成立的中央全面深化改革领导小组、中央网络安全和信息化领导小组,对于加强在经济和安全领域的全局统筹、协调与合作也将发挥重要作用。① 在十九大上,习近平总书记明确提出:"中国将继续发挥负责任大国作用,不断贡献中国智慧和力量。"② 只有实现了国内创新能力的大提升,我们才可以实现北极科考设备和基础设施的完善与发展,不断追赶其他北极科考大国的技术,才能为维护我国北极安全利益提供技术和物质上的支持。

提升话语质量、增进话语认同是中国获得国际话语权的关键。中国要想在北极事务中占据更大的主动权、拓展更大的话语权,中国必须加强国内北极人文社会科学体系的建设。中国的海洋研究人员和相关学者应努力推动中国的海洋话语,从"学术话语"向"行动话语"转变、从"知识话语"向"实践话语"转变。③ 中国参与北极事务,要努力建立起中国涉北极的政治话语分析框架,进而探讨中国北极政策体系。

## (二)深化北极地区安全事务的国际合作

随着世界多极化、经济全球化的深入发展,各国利益在共同的国际事务中日益紧密相连。"我们生活在一个相互依赖的时代",④ "零和博弈、冲突对抗早已不合时宜,同舟共济、合作共赢成为时代要求"。⑤ 随着地缘政治的新发展、新变化,国家利益往往与国际利益是共生共存的。因此北极地区

---

① 张清敏、杨黎泽:《中国外交转型与制度创新》,《外交评论》2017年第6期,第52页。
② 习近平:《决胜全面建成小康社会 夺取新时代中国特色社会主义伟大胜利——在中国共产党第十九次全国代表大会上的报告》,http://cpc.people.com.cn/19th/n1/2017/1027/c414395-29613458.html。
③ 孙凯、吴昊:《关于构建中国海洋话语权的思考——以南海"981"钻井平台事件为例》,《中国海洋大学学报》(社会科学版)2017年第1期,第26页。
④ 〔美〕罗伯特·基欧汉、约瑟夫·奈:《权力与相互依赖》,门洪华译,北京大学出版社,2012,第3页。
⑤ 《习近平在第八轮中美战略与经济对话和第七轮中美人文交流高层磋商联合开幕式上的讲话》,http://news.xinhuanet.com/world/2016-06/06/c_1118997076.htm。

的各利益相关方,应该摒弃原有的地缘政治安全观,主权、资源、权力的彼此争端应该限制在一定范围和程度内。尽管领土争端仍然存在,但所有北极国家不断重申其对和平解决北极地区争端的所有承诺,① 这样的承诺对于北极安全问题的解决是非常有利的。中国应积极推动北极国家合作观念的强化,尽量避免环北极国家北极军事存在的过度加剧,避免在北极全球战略格局中的"零和博弈";在环境和生态等新因素的激励下,中国应积极推动国际社会努力寻求一种"博弈安全",② 为北极地区安全合作创造一种良好的意愿环境。

通过认识北极、保护北极、利用北极和参与治理北极,中国致力于同各国一道,在北极领域推动构建人类命运共同体。③ 作为新时期中国外交工作的指导原则,正确义利观在认识和分析北极治理相关事务上具有很强的适用性,中国已在深化北极参与、推动北极善治的进程中予以积极践行。④ 在北极所面临的气候变化、环境污染等紧迫性问题上,中国应努力推动多边协调与国际合作,不断推动国际社会达成新的国际标准,在现存的北极治理架构的基础上和适用的范围内,推动北极治理的合理化、完善化、机制化和透明化。同时,也希望其他国家承认和尊重中国依据国际法所享有的参与北极事务的合法权利和基本主张,并且能够以积极的态度与中国展开全面有效的安全合作,相信并愿意与中国在北极建立多层次、全方位、宽领域的合作关系。中国应不断推动中欧战略伙伴关系的良性发展,积极重视并良好利用北欧国家的力量,将其作为中国参与北极事务的一个重要战略支撑点,不断推动中国与北欧五国在北极事务中的支持与合作,加强北极国家对中国的信任与依赖。中国应加强与北极原住民的文化交流、经济合作和话语互动,为中

---

① Wilfrid Greaves, "When the Ice is Gone," https://www.opencanada.org/features/when-the-ice-is-gone/.
② 夏立平:《博弈理论视角下的北极地区安全态势与发展趋势》,《同济大学学报》(社会科学版) 2013 年第 4 期,第 33 页。
③ 《中国的北极政策》,新华网,http://www.xinhuanet.com/2018-01/26/c_1122320088.htm。
④ 丁煌、王晨光:《正确义利观视角下的北极治理和中国参与》,《南京社会科学》2017 年第 5 期,第 58 页。

国参与北极事务和维护北极安全利益创造良好的国际战略环境。①

中国应推动北极安全行为体培养相当程度的共同体认同,建立紧密的经济相互依存和社会联系,努力使北极安全行为体拥有广泛的共同利益、共同责任和高度的相互信任及对和平的可靠预期。在中国的推动下,北极各方努力构建以共赢为目标的多层次北极合作框架,走一条互利合作、多元共赢的北极安全合作新路。中国与美国在北极地区存在大量的利益交叠,双方在海洋环境保护、海洋安全、渔业开发、气候变化、科学考察、航道开发与利用等方面进行了卓有成效的合作,并取得了相当的成果。②在北极安全新态势的背景下,中国应继续加强与美国在北极地区的全方位、多领域、深层次的合作;加强与特朗普政府的深入互动,加强两国政府、企业以及民众在北极事务上的信任与彼此需要,推动中美北极合作的新发展。在北极安全格局新变动的背景下,通过适时更新中国的北极安全战略,努力为实现北极安全治理的协同性和法制化,为促进北极安全稳定、实现北极善治贡献中国方案与中国力量。

### (三)拓展北极科考以实现真正认识北极

认识北极是中国的北极政策的首要目标,提高北极的科研水平、拓展综合能力,加深对北极科技发展现状与趋势的认知,明晰北极发展变化的客观规律是中国认识北极的重要内容。③ 随着北极地区科技竞争格局的不断深入变化,中国要想更好地参与北极科技竞争、维护中国北极战略的稳定,就必须审视北极科技竞争关系的攻守态势。中国要高度重视北极地缘科技竞争的国家利益属性和国家安全属性,加强与北极国家的科技合作。④

---

① 孙凯、吴昊:《北极安全新态势与中国北极安全利益维护》,《南京政治学院学报》2016 年第 5 期。
② 孙凯、杨松霖:《中美北极合作的现状、问题与进路》,《中国海洋大学学报》(社会科学版) 2016 年第 2 期,第 18~24 页。
③ 《中国的北极政策》,新华网,http://www.xinhuanet.com/2018-01/26/c_1122320088.htm。
④ 肖洋:《地缘科技学与国家安全:中国北极科考的战略深意》,《国际安全研究》2015 年第 6 期,第 106~131 页。

在北极能源开发利用的现状下，中国要想在北极寻求更稳定的能源供应，就必须实施符合自身切实利益需求的北极能源安全战略。这一能源战略要做到能源安全战略与环境安全战略相结合、能源安全战略与维护整体安全利益相结合、能源安全战略与国家能源外交相结合。中国的北极能源安全战略一方面要保障中国的能源供应安全，另一方面要保障能源使用安全。为此中国应增强可持续管理北极可再生和不可再生资源的能力；建立与北极能源国家稳定的能源关系，建立双边和多边的能源供应网；建立国内的石油和天然气等能源战略储备应急机制；开展积极有效的能源外交活动，建立对话机制，实现能源来源的稳定与多元化；加大中国在北极科研、生态、环保、航道等领域的参与力度，不断加强中国在北极关键领域的参与力度和话语强度，为中国北极能源供应创造稳定的国际环境和战略空间。

北极环境监测与保护体系是北极区域可持续发展的需要，也是全球范围内应对与适应气候变化的共同需要，更是中国保护本国生态稳定和环境和谐的现实需要。建立北极环境监测与保护体系，一方面需要加强针对北极地区的自然科学研究，自然科学主要是针对北极地区的大气、地质地理、生物生态的研究，不断加强针对北极生态生物等与中国国内生物、粮食、生态、水文、气候等各方面的联系与影响的研究，积极掌握两方存在的必然联系，总结出可持续性的规律，为中国的生态环境的良性发展提供可持续性的保障。另一方面要加强针对北极地区的社会科学研究，首先应加强中国北极智库的构建与发展，发挥智库在我国北极政策和北极规划上的作用，与外国北极智库建立密切的交流与合作机制；其次应加强北极问题相关的人才培养，主要包括气象保障人才、航行驾驶人员和政策规划人员等，适当增加人文社会科学的人才比例，及时改变"重理轻文"的现状，不断积极地把握北极治理形势的未来走向，掌握北极问题的大势与趋向，为国家政策与行动提供合理有效的建议与可行的策略。

## （四）构建北极综合治理机制和安保体系

随着能源资源开采的便利性加强、新航线的不断开通，北极地区环境威胁日益显著，对搜寻和救援的需求也呈猛增态势。① 为应对北极冰川快速融化和未来的北极活动可能带来的各种挑战，北极国家正积极加强他们在高北海域的海上安全工作。北极国家间联合搜救行动的开展以及北极海岸警卫队论坛（ACGF）的建立是北极国家海岸警卫队加强北极安全合作的突出案例。② 中国要想更好地维护本国北极安全利益，需要加强与北极国家海岸警卫队的北极安全合作，增强彼此之间机动性，通过联合搜救行动的有序开展，拓展中国参与北极安全事务的领域与深度。中国要加强与国际北极科学委员会（IASC）、北极圈论坛（ACF）、北极研究管理者论坛（FARO）、国际北极社会科学协会（IASSA）、北方论坛（NF）和北极海岸警卫队论坛等北极安全组织的有效合作。在北极安全新态势和中国北极安全利益新变化的基础上，应充分利用金融、技术与市场优势与北极八国建立双赢关系，构建包括军力、法理、制度、规则等在内的综合性安全保障体系。

俞可平用全球治理的绩效来判定全球治理的目标，并认为"全球治理的绩效，集中体现为国际规制的有效性"。③ 在北极安全治理全球化多元化的趋势下，需要加强北极安全治理机制的有效性。需要增强《联合国海洋法公约》的北极针对性，推动具体的修改案的制定与实施，增强国际性硬法在北极地区的具体有效性。"人们在讨论生态或者环境问题的时候所特别关注的东西，并不是国家间的相互合作或者个人的权利与义务，而是人类应该如何团结起来以共同应对某些生态或者环境方面的挑战。"④ 所以应该避免北极环境公约的"孤立作战"，整合其法律约束力，不断增强北极环境保

---

① The Arctic Journal, "Future of the Arctic: Daunting Challenges, Big Opportunities", http://arcticjournal.com/press-releases/2538/future-arctic-daunting-challenges-big-opportunities.
② 孙凯、吴昊:《北极国家海岸警卫队合作与北极安全维护》，载刘惠荣主编《北极地区发展报告（2016）》，社会科学文献出版社，2017，第192页。
③ 俞可平主编《全球化：全球治理》，社会科学文献出版社，2003，第18页。
④ 〔英〕赫德利·布尔:《无政府社会：世界政治秩序研究》（第二版），张小明译，世界知识出版社，2003，第67页。

护法的强制力。

非北极国家是应对北极挑战不可或缺的力量,在现有北极相关安全治理机制的基础上,通过北极安全行为体之间的广泛互动合作,不断完善、拓展与创新,形成一套更为合理、有效、公平的北极安全治理机制。中国愿与北极域内域外国家建立健全工作机制,加强政策对话,为开展各领域的交流合作提供保障。2017年5月北极理事会开始了芬兰的轮值主席国任期,中国应在意愿和行动上做好充分的准备,加强与芬兰的北极事务合作。促进北极理事会机制和能动性的提升,推动北极治理的全球化与协同性,共同做好处理北极问题的各项准备。

## 结 论

北极地区正在经历新一轮的"态势变迁",北极安全问题的治理领域在不断拓展、治理难度在不断提升,北极安全行为体正在变得全球化和多元化。而现有的北极安全治理机制,对于现有的北极安全问题的治理强制力不足,对于未来可能发生的北极安全问题则是缺少相应的考虑;北极地区构建新型安全治理机制的阻力重重,不仅面临北极国家的多重阻力,也面临北极安全机制与法律之间的多项冲突。北极安全问题的治理需要国际事务主体的深入有效参与。近些年,中国参与北极安全事务的力度和深度在不断拓展,中国力量与中国方案在北极安全治理中的重要性在不断凸显。参与北极安全治理已成为中国全球治理格局中非常重要的组成部分。

中国在北极地区存在能源安全、生态环境安全、军事安全和科技安全等诸多安全利益,中国参与北极安全治理是本国发展与实现北极善治的需要和必要。在明确中国自身发展的现实状况和中国参与北极安全事务的国际形势的基础上,中国应当适时提出中国的北极安全战略,明确中国参与北极安全治理的目标与原则,并凭借一系列切实有效的途径来贯彻实施。明确中国在北极安全治理中的角色定位与策略选择,可以为中国北极安全政策的制定与实施提供科学参考和理性依据，为中国对北极事务的参与能力、贡献能力等相关能力建设提供指向。中国与北极国家一道积极地维护北极安全与稳定，努力增强彼此信任的意愿、构建安全治理机制，通过合作来增强北极行动能力，通过互助实现北极可持续发展，从而促进北极善治的早日实现。

# B.5
# 中国北极话语权及其提升路径研究

张佳佳*

**摘　要：** 话语权是国际关系中行为体权力、权利和能力的体现。主体、议题和机制是话语权的重要组成部分，分别体现了"谁说""说什么"和"在哪说"三个方面。在北极问题上，各主体在构建其北极话语权上颇为着力，以期增强其在北极治理中的影响力并实现其主张，因此北极话语权呈现出主体多样化、议题复杂化和机制碎片化的特点。作为北极治理的参与者、建设者和贡献者，中国已通过努力经赢得了一定的北极话语权。但作为北极治理的"后来者"和"外来者"，中国的北极话语权还存在国际、国内两个维度的阻碍。今后一段时期，中国北极话语权的提升路径应从"话语性话语权""结构性话语权""制度性话语权""道义性话语权"四个维度展开。

**关键词：** 话语权　北极治理　中国北极话语权　提升路径

话语权是国际关系领域的重要概念之一，其意义在于对世界秩序的整理。话语权对包括北极在内的"战略新疆域"来说尤为重要，因为这些地区人类涉足较晚，还没有形成相应的规则秩序和制度安排。在此背景下，各国围绕北极地区的战略部署依次展开，争取北极治理话语权的

---

\* 张佳佳，女，武汉大学中国边界与海洋研究院国际法学专业2018级博士研究生，国家领土主权与海洋权益协同创新中心研究人员。

主动权和制高点也成为各国博弈的重要内容。目前，国际话语权"西强东弱"的格局也体现在北极治理问题上，这在很大程度上影响着中国对北极事务的参与。

拥有强大的话语权是中华民族伟大复兴的应有之义。作为北极事务的重要"利益攸关方"，中国在北极事务上依法享有一定的话语权，但是国际社会对中国参与北极治理的话语评价不一。随着中国参与北极治理的不断深入，以及在"十三五"规划中明确提出要提升全球治理的制度性话语权，全面认识话语权的构成要素和分类、评估中国北极治理话语权的现状，进而探讨中国提升北极治理话语权的路径就显得颇具现实意义。

## 一 国际关系中的话语权

国际话语权并非新鲜概念。随着中国对全球治理的参与能力、贡献能力、影响力加大加深，学界对国际话语权已经进行了相应的深入研究，但是对话语权的定义还存在分歧，主要有权力说、权利说和能力说三种观点。权力说认为，话语是权力的一种载体和表达方式，话语权就是说话权和发言权，亦即说话的资格和权力。[①] 权利说则认为话语权即话语权利，是以国家利益为核心，就国家事务和相关国际事务发表意见的权利，它综合体现了知情权、表达权和参与权等。[②] 能力说将话语权总结为一种塑造国家形象、影响国际舆论的能力，这种能力分为政治操作能力和理念贡献能力两类，前者主要体现为议题设定、规则制定能力以及国际动员能力，后者主要体现为提出并推广新思想和新观念的能力。[③]

大多数时候，国际话语权不仅仅指权力、权利或能力，而且是三者的融

---

① 张国祚：《关于"话语权"的几点思考》，《求是》2009年第9期，第43~46页。
② 梁凯音：《中国拓展国际话语权的思考》，《中共中央党校学报》2009年第3期，第109~112页。
③ 徐进：《政治操作、理念贡献能力与国际话语权》，《绿叶》2009年第5期，第71~75页。

合。因此国际话语权指向这一定义：一国在国际社会说话的有效性和影响力。它包含对国际议程的设置能力和操作能力，对国际舆论的主导能力与理念贡献能力，对各种国际标准和游戏规则的制定能力等，涉及政治、经济、军事、文化、外交、传媒等多个方面，本质上体现的是一国在国际社会权力结构中的地位。① 根据这一定义我们将话语权的要素进行分析并在此基础上进行分类，构成本文分析的理论框架。

## （一）国际话语权的要素

拉斯韦尔的传播学 5W 研究，即"谁（who）、说了什么（say what）、通过什么渠道（in which channel）、对谁（to whom）、取得了什么效果（with what effect）"② 为我们分析国际话语权的要素提供了有益借鉴。具体来看，国际话语权主要包括以下三个要素。

一是话语主体，即谁（who）说。话语权主体既是话语施行者，也是话语听众。将话语权放置于国际关系研究中可以发现，国际话语权的主体与国际关系的主要行为体是重叠的，主要包括国家、国际组织、企业和个人等三个方面。"话语权力论"的鼻祖米歇尔·福柯强调，话语的真理和权力的栖息之所不在于被谈论什么，而在于谁在谈论它和它是怎样被谈论的。③ 可见，分析国际话语权，主体是首要问题，因为他们能够对话语内容进行搜集、整理、选择、加工，在国际事务中，能否控制话语内容和话语机制，是国际话语权力是否有支配性的决定因素。首先，随着全球化进程加速，国家之间的国际交流日益紧密频繁，国家成为国际话语权最重要的主体。国家拥有的国际话语权和其综合国力、在国际社会中的地位、希望得到的若干权利与承担的全球治理责任等都有高度的正相关。其次，国际组织可以确定重要

---

① 陈正良、周婕等：《国际话语权本质析论——兼论中国在提升国际话语权上的应有作为》，《浙江社会科学》2014 年第 7 期，第 78～83 页。
② 〔美〕哈罗德·拉斯维尔：《社会传播的结构与功能》，何道宽译，中国传媒大学出版社，2013。
③ 萧俊明：《文明的困惑——关于文明冲突论的断想》，《国外社会科学》2002 年第 3 期，第 4～12 页。

问题，决定哪些问题可以放在一起处理，①是国际话语权的另一重要行为主体。再次，掌握实际操作经验和资金优势的企业以及掌握知识的个人也逐渐成为全球治理中重要的"发声"者。

二是话语议题，即说什么（say what）。话语议题即话语内容，反映了行为体在政治、军事、经济、文化等方面所关注的与自身利益、责任、义务相关的事务，话语议题具有利益导向性。具体到国际事务中，议题丰富多样，哪些议题会出现在公众视野被行为体们所关注，除了与各行为体利益关切有关，还与媒体的议程设置功能有关。议程设置作为传播学的重要概念，强调大众传媒具有为公众设置"议事日程"的功能。大众传媒越是突出报道和强调某个命题或事件，公众就越关注和相信这个命题或事件。②议程设置作为一种解释范式，能够明显地引导国际舆论走向，例如历史终结论、修昔底德陷阱等概念之所以能够引起世人的瞩目，在很大程度上是由于一些有影响力的学者或媒体不断地重复和强调。正如美国政治学家科恩指出的那样："传媒设置议题的作用不仅在于告诉受众注意什么，而且更重要的是告诉他们该考虑什么，即诱导他们由媒体的视角和立场观察、解释和评价世界。"③

三是话语渠道和话语机制，即通过什么说（in which channel）。话语权机制即话语渠道，是指话语凭借何种载体或渠道被表达以期实现表达者的权利。④也就是说，话语得有地方说，而且说出的话语还能传播出去。媒体和国际制度为各话语主体讨论各议题提供了这样的平台。按照新自由制度主义代表人物罗伯特·基欧汉的解释，国际制度是指"规定行为角色、限制行为和塑造预期的一系列持续存在的和相互关联（正式和非正式的）的规则"。从构成要素上看，"国际制度包括正式的政府间和跨国性组织、国际

---

① 〔美〕罗伯特·基欧汉、约瑟夫·奈：《权力与相互依赖》，门洪华译，北京大学出版社，2012，第34页。
② 杭孝平：《传播学概论》，中国书籍出版社，2012，第226页。
③ 戴元光：《传播学研究理论与方法》，复旦大学出版社，2003，第47页。
④ 梁凯音：《论国际话语权与中国拓展国际话语权的新思路》，《当代世界与社会主义》2009年第3期，第110~113页。

机制和国际惯例"。① 基欧汉的上述定义在有关国际制度或国际机制的文献中被广泛使用,并得到各派学者的广泛认同,在此也成为我们分析国际话语机制的重要理论来源。

### (二)国际话语权的分类

按照不同的分类标准,国际话语权可以被分为不同的类别。有学者根据不同领域将国际话语权分为国际军事话语权、国际政治话语权、国际文化话语权、国际经济话语权、国际环境话语权。② 但随着国际形势的深刻变化,按照简单的领域分类不能从根本上体现国际关系领域话语权的内在机理。本文在把握国际关系与话语权相关理论的基础上,拟采用张志洲老师的分类方法,即以话语言说和表达为载体的"话语性话语权"、基于实力地位而形成的"结构性话语权"、通过制度设计和制度认同而带来的"制度性话语权"、建立在正当性和道义制高点基础上的"道义性话语权"。③

以话语言说和表达为载体的"话语性话语权"。话语性话语权就是通俗意义上讲的、从传播学领域嫁接而来的话语权,即发言权。它主要强调了话语的言说、表达功能,主要指行为主体在国际社会的"发声"情况,包括国家媒体或个人对他国的评价认知或对国际事件的舆论导向。"概念塑造"是话语性话语权的第一个显著特点。国际关系中的诸多概念都是通过话语表达塑造的,许多国际机制的创建也是概念先行,比如"G2""金砖国家"概念的提出都是很好的例子。"利益表达"是话语性话语权的第二个特点。国际行为体在国际社会中发声都是围绕"利益"展开的,利益表达是其发声的根本动力,如2017年的韩国"萨德"部署事件,美韩朝中等国家官方和媒体都围绕各自的国家利益进行解说或报道。"舆论导向"是话语性话语

---

① Robert O. Keohane, "The Analysis of International Regimes: Toward a European-American Research Programme," in Volker Rittberge (ed.), *Regime Theory and International Relations*, Oxford: Clarendon Press, 1993, pp. 28 – 29.
② 吴贤军:《中国国际话语权构建:理论、现状和路径》,复旦大学出版社,2017,第119页。
③ 张志洲:《金砖机制建设与中国的国际话语权》,《当代世界》2017年第10期,第38~41页。

权的第三个特点。通过话语的议程设置功能,国际话语权可以有选择性地进行舆论导向。比如,针对中国提出的"一带一路"倡议,有西方国家将之解读为中国版的"马歇尔计划",就是试图通过这种话语权的舆论导向功能混淆视听,阻碍中国和平崛起的步伐。

第二,基于实力地位而形成的"结构性话语权"。国际话语权与权力密不可分,从现实主义的理论视角出发,"权力是人对他人心灵和行动控制的能力",① 权力既可以是有形的物质性权力资源,也可以是无形的非物质性因素。由于国际社会的无政府性质,加上以追求利益为导向,国家通常会最大限度地增强"硬实力"。而一国在国际社会中的地位和作用以及能在多大程度上实现国际利益,往往也由其硬实力的强弱来决定。但赤裸裸的硬实力扩张毕竟会遭到其他利益主体的防备和国际舆论的声讨,所以为了使自己的行动合法化,强权国家还常常提出一套蕴含自身利益和价值取向的话语体系来粉饰自己的行为,为自己的霸权做法披上外衣。因此,强权所至之处,往往是张扬自己话语、排斥和压制异己话语的历史过程。② 长期以来,西方国家借助工业文明所积累的优势,用资本、武力等不断征服其他地区,并借此将西方文化传播到全球各地。作为西方文明载体的各种西方语汇,亦随之扩散传播,形成了如今的"西方话语霸权",③ 这就是一种典型的结构性话语权。

第三,通过制度设计和制度认同而带来的"制度性话语权"。制度性话语权,是指一个国家在国际组织运行、国际规则制定、国际道义维护、国际秩序组织方面的引导力和影响力。④ 从自由制度主义的视角出发,制度性话语权的提出有其深刻的国际背景,随着全球化的不断发展,有越来越多人类

---

① 〔美〕汉斯·摩根索:《国家间政治》,徐昕等译,中国人民公安大学出版社,1990。
② 张殿军:《硬实力、软实力与中国话语权的建构》,《中共福建省委党校学报》2011 年第 7 期,第 60~67 页。
③ 陈正良、周婕等:《国际话语权本质析论——兼论中国在提升国际话语权上的应有作为》,《浙江社会科学》2014 年第 7 期,第 78~83 页。
④ 苏长和:《探索提高我国制度性话语权的有效路径》,《党建》2016 年第 4 期,第 28~30 页。

面临的问题需要各国携手合作、共同解决,国际组织不断增加。截至 2015 年,全球共有大约 6.8 万个国际组织,并且以每年大约 1200 个的速度增加。① 国际多边机制是当今世界政治和经济秩序的重要组成部分,② 因而以制度的形式固化话语权是不可避免的趋势。制度性话语权是国家权力博弈的舞台。国际机制本质上仍然是国家为维护各自利益进行磨合的制度安排,大国之间围绕全球治理体系结构的斗争,其实质是主导权之争,也就是旧的制度如何调整,新的制度按照谁的意愿构建。目前,国际制度性话语权的博弈主要体现在守成大国竭力通过既有国际制度来维护自身利益,新兴大国则要在全球治理转型过程中通过改变旧的制度或创设新的制度来进一步争取发展成果。

第四,建立在正当性和道义制高点基础上的"道义性话语权"。道义性话语权有三方面的含义:一是政治、经济、文化发展等处于优势地位的国家将其"话语"上升到国际层面形成普世价值。如西方国家提出的"法治""民主""人权"等概念就引领了人类社会的发展,现已占据道义制高点,成为文明、进步的象征。不过,如仰仗话语霸权,以道义为名行干涉之实,如美国打着"保护人权""推翻专制"的口号出兵阿富汗、伊拉克,这是对道义性话语权的反动。二是新兴大国或处于弱势地位的国家、国际组织等从正当性和道义制高点出发,创造新的话语,打破固有的话语权格局。如中国提出的"人类命运共同体""共商、共建、共享"等理念,日渐得到世界其他国家的回应并被载入联合国决议,正成为国际人权话语体系的重要组成部分。三是国际话语权并不完全按照国家实力的大小来分配。虽然大国通常拥有比小国更多的话语权,但就具体的国际议题而言也存在小国掌握话语权的特例。如北欧一些小国在气候、环境问题上处于领先,比中国、印度甚至美国这样的大国更加"理直气壮"。③

---

① Union of International Associations, *The Yearbook of International Organizations*, http://www.uia.org/yearbook.
② 袁征主编《国际多边机制下的中美互动》,中国社会科学出版社,2015,第 60 页。
③ 梁凯音:《中国拓展国际话语权的思考》,《中共中央党校学报》2009 年第 3 期。

## 二 中国的北极话语权评估

北极问题中的话语权是指各参与主体所具备的国际舆论影响力，北极政策的执行力以及在国际体系、地区架构中所扮演的角色，也称为议题设定权。① 随着"插旗事件"发生和全球气候变暖，北极地区正经历着自然环境和治理机制的双重"态势变迁"，② 主权国家、国际组织、企业和个人等行为主体为表达利益诉求而纷纷通过一系列战略安排和行动以争夺在北极治理中的话语权。北极治理议题扩展到科研、气候、经济、安全等方面，而北极治理的话语机制也囊括了全球、多边、双边各个层面。这使得北极话语权呈现出了主体多样化、议题复杂化、机制碎片化等特征。

### （一）中国在北极治理中的话语性话语权

在北极话语性话语权方面，中国政府针对参与北极事务不断发出声音。2010年1月，中国驻挪威大使唐国强在参加"北极前沿"举办的研讨会时，发表了以"中国对北极问题的看法"为主题的演讲。他表示，中国尊重北极地区国家的主权、主权权利和管辖权，愿与各方加强合作特别是北极科研合作，欢迎各国科学家继续参加中国北极"黄河站"的科学观察和中国组织的北极科考。③ 时隔不久，继任的中国驻挪威大使赵军也在2013年的"北极前沿"大会上再次强调，中国有意在北极事务中扮演负责任参与者的角色，愿意与北极国家深化合作交流，以中国解决北极突出问题的能力和实力促进北极地区的良好发展。④ 2013年3月，北极理事会在瑞典首都斯德哥

---

① 赵隆：《北极治理范式研究》，时事出版社，2014，第58页。
② Arctic Governance Project, "Arctic Governance in an Era of Transformative Change: Critical Questions, Governance Principles, Ways Forward," http://www.Arcticgovernance.org/.
③ 《唐国强大使在挪威北极问题研讨会上发表演讲》，中华人民共和国驻挪威王国大使馆，http://www.fmprc.gov.cn/ce/ceno/chn/xnyfgk/t654695.htm。
④ Zhaojun, "'China and the High North' Speech at the Arctic Frontiers Conference," January 21, 2013.

尔摩召开春季高官会议，与会的中国代表高风重申，中国有实力也有主动性配合北极理事会相关工作，促进北极地区的善治。① 2013年10月，在加拿大北极理事会秋季高官会议上，中方代表表示，北极科研及与北极国家的合作仍将是未来中国参与北极事务的重点。

2015年7月，维护太空、深海、极地等新领域的安全被纳入《国家安全法》，这使北极事务被纳入了国内立法范畴并上升到国家安全的高度。② 2015年10月，在冰岛举行的第三届北极圈论坛大会开幕式上外交部部长王毅以视频方式发表致辞，正式提出了中国参与北极事务的三大理念，即尊重、合作与共赢。③ 同时，外交部副部长张明率团参与了此次会议，并在以"中国贡献：尊重、合作与共赢"为主题的中国国别专题会议上发表了"中国的北极活动与政策主张"的主旨演讲。张明进一步介绍了中国在北极领域的主要活动和所做的贡献，阐释了中国的北极政策秉持尊重、合作与共赢三大政策理念，坚持六项具体政策主张，主要侧重点在于探索北极、认识北极、保护北极、合理开发北极，尊重北极国家和北极土著人，加强合作，维护现有的以国际法为基础的北极治理体系等方面。④

2016年3月，《"十三五"规划纲要》指出要积极参与网络、深海、极地、空天等领域的国际规则制定；⑤ 2016年9月，习近平同志在中共中央政治局第三十五次集体学习时再次强调要"加大对网络、极地、深海、外空等新兴领域规则制定的参与"，⑥ 这使北极事务在中国政府政策议程

---

① 《北极理事会春季高官会中国代表团团长：为北极可持续发展作贡献》，人民网，http：//finance.people.com.cn/n/2013/0323/c70846-20891288.html。
② 《聚焦新国家安全法五大亮点》，新华网，http：//news.xinhuanet.com/legal/2015-07/01/c_1115787097_2.htm。
③ 《王毅部长在第三届北极圈论坛大会开幕式上的视频致辞》，中华人民共和国外交部，http：//www.fmprc.gov.cn/web/wjbzhd/t1306854.shtml。
④ 《外交部副部长张明出席第三届北极圈论坛大会并发表主旨演讲》，中华人民共和国外交部，http：//www.fmprc.gov.cn/web/wjbxw_673019/t1306849.shtml。
⑤ 《"十三五"规划纲要（全文）》，新华网，http：//www.sh.xinhuanet.com/2016-03/18/c_135200400_9.htm。
⑥ 习近平：《加强合作推动全球治理体系变革 共同促进人类和平与发展崇高事业》，新华网，http：//news.xinhuanet.com/politics/2016-09/28/c_1119641652.htm。

中的重要性再次上升。2017年3月,国务院副总理汪洋出席在俄罗斯举办的第四届国际北极论坛开幕式并发表致辞演讲,对中国的北极参与以及共创北极美好未来作出阐释。① 2018年1月26日,国务院新闻办发布《中国的北极政策》白皮书,这是中国政府首次针对北极事务发表政策文件。白皮书进一步阐释了中国在北极问题上所持的基本态度和立场、开发利用北极的基本原则和主要政策主张等,②使中国参与北极事务迈上了新的起点。

### (二)中国在北极治理中的结构性话语权

在北极结构性话语权构建方面,中国也一直做着不懈的努力。首先,综合国力的提升为中国参与北极事务提供了物质基础。目前,中国的综合国力已经稳居世界第二,经济质量也逐步提高,这使中国对世界经济的贡献开始由量变转到质变,对全球治理的贡献更多地体现在公共产品的提供和国际责任承担方面。其次,北极科研科考为中国参与北极事务提供了科技支撑。截至2017年,中国已经开展了八次北极科考,搜集了大量的数据和信息,科技实力的提升为中国在结构性话语权分布中取得优势提供了保证。再次,发展与北极国家的合作关系为中国和平参与北极事务提供了良好的国际环境。中国不断拓展与北极国家的北极合作范围和议题,在这一过程中改变了许多国家对中国的看法,使之从客观角度了解中国的真实意图,潜移默化地提升了中国的结构性话语权。

### (三)中国在北极治理中的制度性话语权

在制度性话语权构建方面,中国积极加入北极治理相关机制并在制

---

① 汪洋:《共同开创北极新未来》,人民网,http://world.people.com.cn/n1/2017/0330/c1002-29180506.html。
② 《〈中国的北极政策〉白皮书(全文)》,中华人民共和国国务院新闻办公室,http://www.scio.gov.cn/zfbps/32832/Document/1618203/1618203.htm。

度允许范围之内积极参与了涉北极国际规则的制定。2013年中国正式成为北极理事会观察员国,此外还加入了北极研究之旅、国际海事组织、国际北极科学委员会、新奥尔松科学管理委员会、北方论坛等涉北极国际组织或论坛。在全球层面,中国积极加入北极航行和环境生态保护的国际条约。中国加入的涉北极国际多边条约包括《联合国海洋法公约》《联合国气候变化框架公约》《国际捕鲸管制公约》《濒危野生动植物物种国际贸易公约》《保护臭氧层维也纳公约》《生物多样性公约》《巴黎协定》等。①

2017年11月30日,在美国华盛顿举行的第六轮北冰洋公海渔业磋商会议的最后一天会议上,来自美国、俄罗斯、加拿大、挪威、丹麦、冰岛、中国、日本、韩国和欧盟10个国家和国际组织的政府代表就《防止北冰洋中部公海无管制渔业活动协定》的文本达成一致,这是北极国际治理和规则制定的重要进展,对于有效防范北极公海可能出现的不受管制的捕鱼活动具有重要意义。谈判进程启动以来,中国政府始终高度重视,积极参与了全部六轮磋商,发出中国声音、提出中国方案,为协定的最终达成发挥了重要作用。中方提出的制定协定目标条款、北冰洋沿岸国和非沿岸国地位一律平等、保持科研自由、北冰洋渔业治理"分步走"等主张均在最终案文中得到采纳或体现。

### (四)中国在北极治理中的道义性话语权

中国不主张在北极地区的领土主权,尊重北极国家和原住民在北极地区的主权权利和管辖权。中国在参与北极治理的过程中尊重原住民的利益和习惯,为人类和平、环境美好、经济发展而建言献策。以2017年1月生效的《极地水域航行船舶强制性规则》为例,中国就充分体现了大国的责任和担当。在其酝酿、草拟和制定过程中,中国的专家代表始终秉持保障船只在北极地区的通航安全和谨慎保护北极环境为出发点,综合评估现有的技术支持

---

① 杨剑:《北极航运与中国北极政策定位》,《国际观察》2014年第1期,第123~137页。

和可持续发展的需要，妥善考虑域内外不同主体的不同关切点，客观公正地提出具有可行性的合理建议，为谈判的顺利开展贡献了中国智慧和中国方案。①

## 三 中国提升北极话语权面临的国际环境

2015年，中国俊安集团（General Nice）从英国伦敦矿业公司（London Mining）手中接管了格陵兰岛价值20亿美元的伊苏亚（ISUA）铁矿石项目。这是中国在北极地区首个全资拥有的资源项目，引起了国际社会的关注，其中不乏诸如"中国人要买下格陵兰岛""部分国家对中国'北极雄心'倍感警惕"等报道。② 可见，国际社会对作为崛起大国的中国持矛盾心态：一方面想利用中国的资金和技术展开合作，另一方面又把中国视为不确定因素和竞争对手。

### （一）国际社会对中国参与北极事务的负面解读

国际社会尤其是北极国家对中国参与北极事务的负面解读主要包括"资源攫取论""环境破坏论"甚至"中国北极威胁论"。"资源攫取论"的代表人物是大卫·莱特，他通过分析一些中国学者针对北极事务的文章、观点，认为北极地区丰富的油气资源、前景可观的航道资源是中国参与北极事务的战略目标所在，中国可能想在北极事务上表达资源利益诉求甚至攫取北极资源。大卫·莱特甚至认为，中国深入参与北极事务将对加拿大的北极主权产生威胁，因而对中国"日益增长的北极利益诉求，加拿大有必要进行反击"。③ 美国海军学院的安德鲁·埃里克森也持类似的立场，认为中国参

---

① 王晨光：《北极治理法治化与中国的身份认定》，《领导科学论坛·国家治理评论》2016年第1期，第76~85页。
② 《中国企业进军北极背后的"暗战"》，中国日报网，http://www.chinadaily.com.cn/interface/toutiao/1138561/2015-1-26/cd_19409961.html。
③ David Wright, "We must Stand up to China's Increasing Claim to Arctic," *Calgary Herald*, March 08, 2011.

与北极事务意在获取能源。[①]

"中国北极威胁论"的代表人物是加拿大学者罗伯·休伯特,他认为北极地区会上演大国地缘政治博弈的悲剧,中国的参与打破了北极的地缘平衡状态,使北极地区原有的地缘结构发生改变。[②]美国华盛顿北极研究所的玛尔塔·哈姆波特和安德斯·拉斯波特尼克也认为,尽管中国可能觊觎北极丰富的资源,但中国参与北极事务的醉翁之意不在此,而是干涉北极的地缘政治局面,包括通过加强与北极国家的双边、多边合作来间接提升其在北极事务中的发言权。[③] 2016年10月,挪威《晚邮报》发表题为《美防务专家声称:中国将在北极地区成为挑战挪威的邻居》的文章,美防务专家米格利在文中炮制所谓的"中国北极威胁论",称中国觊觎北极油气和渔业资源,[④]试图挑拨中挪关系,阻挠中挪北极合作。

## (二)北极国家对中国参与北极事务的"刁难"

为了削弱中国在北极地区的话语权和影响力,北极国家在中国实质参与北极事务的过程中出了不少难题。首先,北极国家对中国北极科考进行"刁难"。如2012年"雪龙"号在途经斯瓦尔巴德群岛北侧海域时收到了挪威的警告,俄罗斯更是多次要求在经过北方海航道时不能实施任何形式的作业或大洋调查。[⑤] 2013年我国曾计划与俄罗斯远东海洋研究所合作开展海洋考察,中方派遣一定比例的考察人员参加,在科考过程中租用俄罗斯的考察船进行,但是该计划最后遭到俄罗斯安全部门的拒绝。另外,西方国家对很多重要的数据信息、技术装备等进行封锁,使

---

[①] Andrew Erickson and Gabe Collins, "China's New Strategic Target: Arctic Minerals", *China Real Time Report*, *Wall Street Journal*, January 18, 2012.
[②] "China Enters the Arctic Equation," Nunasiaq Online, http://www.nunasiaq online.ca/stories/article/65674china_enters_the_arctic_equation/.
[③] Malter Humpert and Andreas Raspotnik, "From Great Wall to Great White North: Explaining China's Polices in the Arctic", http://europeangeostrategy.ideasoneurope.eu.
[④] 《驻挪威使馆在挪主流媒体撰文驳斥美国专家所谓的"中国北极威胁论"》,中华人民共和国驻挪威王国大使馆,http://www.fmprc.gov.cn/ce/ceno/chn/zjsg/sgxw/t1406913.htm。
[⑤] 刘惠荣主编《北极地区发展报告(2016)》,社会科学文献出版社,2017,第261页。

中国在一些关键技术领域无法顺利实现自主化,并遭受西方科技标准霸权的制约。

其次,中国企业在"进军"北极地区的过程中也遇到了不少阻力。2011年,中坤集团的董事长黄怒波在冰岛买地事宜引起广泛关注,他表示,正是看中北极地区的资源价值,希望中国企业"走出去"能增强国家在北极地区的话语权才投资北极。但这一举动受到国际社会的误读和冰岛国内势力的反对而最终未能成功。对此,挪威特罗姆瑟大学教授拉斯姆斯在接受澎湃新闻采访时说,一个公司想要在北极地区进行投资,人们往往想知道这个公司的独立性、透明度如何,以及除经济利益之外是否还有其他意图。现在中国在北极投资布局的公司大多是国有企业,在独立性、透明度等方面存在很多的不确定性。[①]

## 四 中国提升北极话语权的国内制约因素

除了国际环境的阻碍之外,中国提升北极话语权还面临一系列国内自身的阻碍因素,包括话语传播不明确、北极话语议题产生匮乏、组织建设不足等,只有充分挖掘这些"绊脚石",才能将阻力变为提升的动力。

### (一)顶层设计不足,话语传播不明确

中国参与北极事务缺乏相应的顶层设计,严重制约了中国北极话语权的提升。从1999年组织开展首次北极科考算起,中国对北极事务的实质性参与已有近20年的历史。但直到2018年1月中国政府才公布《中国的北极政策》白皮书,不仅远逊于北极8国,也落后于英国、德国、日本、韩国等域外国家。顶层设计不足极大地影响了中国北极话语权的提升。

第一,中国的北极政策出台较晚,还未转化为被国际社会信服的话语。

---

① 《中国企业投资北极地区,为何引发西方疑虑?》,中国网,http://sl.china.com.cn/2015/0805/1411.shtml。

据统计，在中国的北极身份定位上，中国媒体、学者等在对外传播时采用的说法有"域外国家""近北极国家""北极利益攸关方"等。2018年1月，中国政府发布《中国的北极政策》白皮书，才最终确定中国是北极事务的重要"利益攸关方"。北极政策的出台更偏重对外层面以及参与北极事务"轮廓"的描述，并没有具化的顶层设计。从中国北极政策发布后的国际反应看，并未完全打消国际社会的疑虑。如美国CNN记者就提问道，"但是随着中国实力的增长，媒体也报道中国有成为极地强国的说法，所以在国际上有一些对中国在北极政策上是否有任何战略和军事意图这样的质疑或者戒备，包括中国在相关国家投资的增加造成影响力的增加，最终是否会成为战略的实力？"这表达了美国媒体对中国成为"极地强国"的意图的担心。①如何用9000字左右的北极政策指导中国的北极实践，媒体如何更好地将北极政策解读传播出去从而被国际社会信服是中国提升北极话语权面临的重要问题。

第二，顶层设计尚不完备，导致在资源整合上难以将现有的北极研究成果转化成一套完整的、权威的话语体系传播出去。从组织管理看，由于缺乏牵头单位，国土资源部下属的国家海洋局是当前中国极地事务的主管部门，具体事务则由国家海洋局两个直属公益性事业单位——极地考察办公室②和中国极地研究中心③承办，并由两个包括多方力量的咨询机构，即中国极地考察工作咨询委员会和中国极地科学技术委员会提供咨询。此外，其他行政部门也涉及对极地事务的管理，如国家发改委、财政部负责对极地考察进行审批和拨款，科技部、教育部、国家自然科学基金委员会负责极地研究的立项工作等。从研究力量看，北极研究的力量分散在中国科学院、国家测绘地

---

① 《中国要成极地强国？有军事意图？中方用这四点回复CNN》，环球网，2018年1月26日，http://china.huanqiu.com/article/2018-01/11557282.html。
② 极地考察办公室由原国家南极考察委员会办公室更名而来，是中国极地考察工作的职能部门，负责对极地考察工作进行组织、协调和管理。参见国家海洋局网站，http://www.soa.gov.cn/zwgk/bjgk/jsdw/gjhyjjdkcbgs/。
③ 中国极地研究中心成立于1989年，是中国唯一专门从事极地考察的科学研究和保障业务中心。参见国家海洋局网站，http://www.soa.gov.cn/zwgk/bjgk/jsdw/zgjdyjzx/。

理信息局等政府机构,武汉大学、中国海洋大学、同济大学等高校以及中石油、中石化、中远集团、五矿集团等企业,涉北极研究力量之间缺乏沟通渠道,难以实现科研成果的有机整合和快速转化,[①] 在对外传播的时候都只能是基于自己的研究和理解而"你一言,我一语"。

### (二)中国北极话语议题产生匮乏

中国在北极地区提升话语权面临的另一棘手问题是多种话语议题的提出和引导能力差,在大多数场合都是被北极国家的话语焦点"牵着鼻子走"。2013年5月,中国被北极理事会接纳为正式观察员国,这对于中国参与北极事务意义重大,但中国的北极话语议题生产能力并没有提升。在成为北极理事会正式观察员国之前,由于身份原因,中国在北极问题上拥有较小的发言权。但是中国成为正式观察员国之后拥有的发言权、项目提议权等依然有限,且中国未能充分利用这一优势,导致在北极问题上还是处于被动。首先,在国际场合,中国未能制造关于北极治理的引导性议题。纵观北极治理发展历程,在某一议题领域拥有话语权的国家无不是制造出引导性话语议题的国家。在北极环境保护这一议题上,加拿大一直主张的"冰封条款",最终在《联合国海洋法公约》第234条体现,增强了加拿大在北极问题上的话语权和影响力。其次,北极治理在中国的国际战略中处于边缘。相比于南海问题、"一带一路"等问题的热度和重要性,北极事务虽然被列入四大战略新疆域之一并纳入新《国家安全法》,但在中国政府、媒体、学界当中的位置依然边缘,产生北极话语议题的意愿和能力都有限。

### (三)中国北极参与组织建设不足

除了国家政府以外,社会组织、媒体、企业也是提升北极话语权的重要力量,但是中国国内的上述力量在提升北极话语权的过程中还面临参与能力

---

[①] 肖洋:《地缘科技学与国家安全:中国北极科考的战略深意》,《国际安全研究》2015年第6期,第106~131页。

低、方法不得当等一系列问题。

首先,中国非政府组织参与北极事务的能力较低。不同于绿色和平组织、世界自然基金会等活跃于北极事务的国际非政府组织,中国的非政府组织更关注国内问题,在北极问题上几乎没有发声。客观上讲,中国非政府组织参与国际事务的比例较小。据2012年民政部发布的统计报告显示:2012年全国共有国际及涉外非政府组织44个,占当年度49.9万个社会组织总数的0.11%。究其原因,主要是中国的社会组织在组织建设上存在天生的"缺陷"。一是中国的非政府组织参与国际事务缺乏相应的政策依据。在中国现有的相关法律法规及管理条例中,均没有给非政府组织在海外设立分支机构或办事处提供政策依据,审批程序也不完整。二是政府双重管理体制限制非政府组织国际化。由于历史原因,中国的很多非政府组织与政府关系密切,有的甚至是事业单位或者政府的下属机构,采取与政府一致的管理模式和要求。例如,相关工作人员出国审批手续烦琐,且每年只能出国一次,一次只能去两三个国家等。①

其次,中国媒体报道、传播北极议题的意愿较低。传媒力量被称为"软力量",本质上是指媒体通过信息传播手段在无形中改变人们的认知的力量。这种力量与军事打击、经济封锁、外交孤立等"硬力量"相比,不但毫不逊色,相反,在全球化的今天,"媒体在国家本体与国家形象的提高方面有极为重要的作用"。②从中国参与北极事务的历程可以发现,由于中国曾长期不关注北极,中国媒体在对外传播特别是面对北极国家时"小心翼翼",过于专注其他热点话题,在北极话语议题引导方面缺乏动力。例如,在《中国的北极政策》白皮书发布时,很多媒体才第一次关注并报道北极事务及中国的参与。这导致在面对"中国北极威胁论"等西方话语冲击的时候,中国媒体不知该如何有效回应。

再次,中国企业参与北极事务由于方法不当而招来质疑。随着中国企业

---

① 黄浩明等:《中国社会组织国际化战略与路径研究》,《中国农业大学学报》(社会科学版)2014年第2期,第29~39页。
② 张桂珍:《国际关系中的传媒透视》,北京广播学院出版社,2000,第3页。

进军北极的步伐加快,西方国家不免炮制出了"中国环境威胁论""中国环境新殖民主义"等负面言论。一方面,由于北极开发较晚,其自然环境不同于其他地区,企业在探索的过程中延用旧的经验和方法难免会给北极地区的环境带来压力。另一方面,企业对北极国家的法律没有过多研究,在参与的过程中由于方法不当而违背当地法律招致北极国家的诟病。作为经济组织,企业通常都将追求利益最大化作为首要目标,但是现代企业制度要求必须将社会责任和追求利润相结合。[①] 中国企业在北极开发过程中必须遵守企业社会责任,其中最重要的是保护环境的责任。

## 五 中国北极话语权的提升路径

作为北极事务的"利益攸关方",能否在这场话语权的争夺中取得优势,关系着中国参与北极治理能否顺利开展。近年来,随着中国参与全球治理意愿的增强和能力的提升,习近平主席在各种场合多次提到中国要增强在国际规则制定中的话语权。鉴于之前对北极话语权分类的分析,中国提升北极话语权可从提升话语性话语权、结构性话语权、制度性话语权、道义性话语权四个方面入手。

### (一)注重话语言说和传播,提升"话语性话语权"

第一,关注相关北极议题。首先,关注并参与低政治领域的议题有利于北极国家打消对中国的猜疑。保护北极生态环境是国际社会在北极治理上的最大共识,因而成为中国参与北极事务的最好切入点和依据。因此,中国应一如既往地保持对北极环境、气候变化的关注,在各种场合阐述自己利益诉求的同时为国际社会提供有效的北极环境变化的数据。其次,在经济议题方面,一些国家希望引入中国雄厚的资金、技术和市场,因而中国的能源、航运、旅游企业等都已涉足北极。在此过程中,

---

① 周中之、高惠珠:《经济伦理学》,华东师范大学出版社,2002,第187页。

企业应该妥善处理好追求经济效益与承担社会责任的关系。再次,在安全议题方面,中国应致力于推动北极地区的去安全化,并更加关注北极非传统安全议题造成的潜在威胁。

第二,在北极议题中发出中国声音。北极国家政府层面、社会舆论层面都对中国企业进军北极的意图存在误解。首先,中国参与北极事务的过程中要加强"五个沟通",即同当地政府沟通,同相关国际组织沟通,同当地居民沟通,同员工、工会沟通,同新闻媒体沟通,以真诚的态度寻找合作,与恰当的方式解决问题。其次,一方面媒体要制作播放类似于《北极,北极!》的纪录片,让民众更好地了解北极。另一方面,针对中国参与北极出现的种种负面话语评论,中国应通过优化对外宣传来增信释疑,以正视听,争取国际舆论主动权。再次,智库也是国际社会了解中国的门户,要注重打造专业权威的北极研究智库,增加国际社会了解中国参与北极事务的途径,并发出有影响力的判断和声音。

## (二)提升综合实力,增强"结构性话语权"

第一,国际社会中,国家行为体的影响力辐射范围及深度和发言权的大小,往往取决于它国际社会和热点问题的活跃度和贡献大小。① 中国要想在北极治理中增强话语权,不仅需要满腔热情,更关键的是要全面增强综合国力。② 因此,中国必须采取有效措施,在提高经济实力、加大北极科技投入的基础上进一步增强北极科技实力,掌握北极科技的核心技术,不断扩大在北极地区的科学考察范围。其次,借北极政策出台的"东风",促进国内相关资源的整合。北极事务的开展,离不开政府部门、科研院所、企业等多方力量的参与和大气、海洋、测绘、国际法等不同学科的支持。因此,政府相关部门应加强极地考察咨询委员会的权威,充分发挥极地科学委员会的作用,把处在相对零散、孤立状态的北极研究力量进行有效整合并实现合理

---

① 郭洁敏:《软实力新探:理论与实践》,上海社会科学院出版社,2013,第243页。
② 杨振娇、齐圣群等:《我国增强在北极地区实质性存在的障碍与挑战》,《山东社会科学》2015年第8期,第133~137页。

分工。

第二,中国要在北极治理中做出实质性贡献。能否在北极治理中做出相应贡献,是北极国家在一个四年周期内评定北极理事会正式观察员国的核心指标。而中国对北极理事会的参与,主要是理事会下属的六个工作组。中国国家层面应制定宏观层面的北极科考战略,统筹规划,积极参与理事会相关工作组的项目活动。另外,由于北极话语权的主体呈现多元化的特点且实力参差不齐,中国应注重开展北极外交,与不同行为体进行合作。一方面,中国应积极同北极国家及其他域外国家开展双、多边合作;另一方面中国也要参与现有的北极全球及区域合作机制,努力就北极问题在国际社会发出中国声音,寻求合法、有效的存在。

### (三)加强制度参与和机制创设,提升"制度性话语权"

第一,对外参与北极话语机制,提出中国方案。中国是当前国际政治经济秩序的参与者和受益者,但在很多方面也明显受到了西方主导的国际规则的制约。[①] 北极治理机制目前还处于由北极国家主导、掌握话语霸权的阶段。虽然除了在"北极理事会"转为正式观察员国之外,中国还加入了国际北极科学委员会(IASC)、北冰洋科学委员会(AOSB)、北极圈论坛(Arctic Circle Forum)、北极大学(UArctic)等国际机制。但是,中国在北极理事会地位尴尬而且话语有限,中国参与北极治理受到负面解读且发挥的作用有限。因此,针对现存北极话语机制不足的问题,中国应从以下方面入手。在当代国际体系和国际格局中,中国尤需注意的地方在于其对北极问题的国际法参与能力,打破北极国家的北极"话语霸权",充分利用北极圈论坛、北极前沿论坛等论坛机制在北极治理中的作用。制定有利于中国北极外交的国际规则,提出类似于"近北极机制"[②]"冰上丝绸之路"等由中国主导的话

---

[①] 王缉思:《中国的国际定位与"韬光养晦、有所作为"的战略思想》,《国际问题研究》2011年第2期,第4~9页。

[②] 柳思思:《"近北极机制"的提出与中国参与北极》,《社会科学》2012年第10期,第26~34页。

语机制。

第二,加大政策和资金支持力度,完善北极参与的内在运行机制。首先,中国应在继续"南北极环境综合考察与评估专项"的基础上增加资金数额、细化项目设置,适当增加对关键区域的潜标、浮标布放,升级改造黄河站的软硬件设施。同时,鼓励北极科考国际合作和数据共享,一方面吸引外国科学家参与中国组织的北极科考,另一方面支持中国科学家参加国际北极科考活动。其次,就北极研究而言,科技部、国家自然科学基金委员会、国家海洋局等部门应加大对北极科学研究、技术装备的专项资助,保障相关领域的持续发展。同时,各极地研究院所要优化人才引进制度和人才培养模式,力争在各学科领域都形成"领军人物—中年骨干—青年博士"的梯级人才队伍,扩大专业研究团队的规模。另外,在政府资金有限的情况下,中国北极科研科考还应积极利用社会资本,尝试推行产、学、研相结合的模式,科研院所、企业、保险公司各司其职,分别出人、出钱、承担风险。企业是北极经济开发的"先行者"和"排头兵",同时也参与一些北极科研科考工作。① 只有充分调动企业的积极性,才能促进产、学、研联动,为中国参与北极事务注入源源不断的活力。

### (四)提出中国倡议和中国方案,提升"道义性话语权"

在某些北极议题中,部分西方国家和北极国家出于维护自身利益的考量,将个体利益强加于共同利益之上,以议题设定权作为政治工具和手段,炮制其他国家的负面言论。② 中国作为负责任大国,在关注这些动态的同时应引以为戒,摒弃这种做法,促进北极地区的可持续发展和"北极善治"的实现。例如,北极航道通航的首要议题,是如何加强安全航行保障而不是实现控制、占有的私利。随着中国企业加快进军北极地区,为避免在开发环境脆弱的北极地区过程中被抓住口实,中国企业应该高度关注并主动承担社

---

① 孙凯、张佳佳:《北极"开发时代"的企业参与及对中国的启示》,《中国海洋大学学报》(社会科学版) 2017年第2期,第71~77页。
② 赵隆:《北极治理范式研究》,时事出版社,2014,第58页。

会责任。另外，中国应积极将近年来提出的"人类命运共同体""正确义利观"等中国话语、中国理念引入北极事务，真正秉承"尊重、合作、共赢、可持续"原则参与北极议程设置和机制构建。

受气候变化的影响，北极问题已超出北极国家和区域的范畴，成为涉及域内外国家的利益和国际社会的整体利益，关乎人类生存与发展的综合性问题。中国对国际关系中的这一新变化做出积极回应，在《中国的北极政策》白皮书中，就通过彰显合作理念、遵守国际条约、履行国际义务等方式，充分表达了一个负责任大国对北极和平稳定、科学考察、环境保护、可持续发展等方面的关注。未来，中国将以"和平、发展、互利、共赢"理念为指导，在推动人类命运共同体建设和新型国际关系建设的进程中，在北极事务上发挥中国在外交、经济、技术和市场容量等方面的优势。随着中国参与全球治理的不断深入，中国必将成为北极事务的参与者、建设者和贡献者，与相关国家以及国际组织一道推动北极地区善治，实现人类对北极的和平利用。

# B.6
# 中美北极科学合作初探
## ——基于"人类命运共同体"理念的分析*

杨松霖**

**摘　要：** 构建人类命运共同体是中国为全球治理提供的治理方案，这一理念也将对极地国际关系和极地治理产生深刻影响。北极命运共同体是人类命运共同体的有机组成部分，北极命运共同体的构建有赖于中美两个大国的合作推进。中美北极合作在取得一系列合作成果的同时，也存在战略互信不够、合作领域有待拓展等亟待解决的问题。作为非传统安全议题的北极科学事务，国际合作的可操作性强，易被中美双方共同接纳。同时，科学问题是中国总体国家安全观关注的重要领域。中美在合作构建北极命运共同体的过程中，要重视加强北极科学合作，推动建设新型北极国际关系和人类命运共同体。

**关键词：** 北极科学研究　新型北极关系　北极命运共同体　中美合作

---

\* 本文是南北极环境综合考察与评估国家重大专项课题"极地国家政策研究"（项目编号：CHINARE2016-04-05-05）、教育部哲学社会科学研究重大课题攻关项目"中国参与极地治理战略研究"（项目编号：14JZD032）的阶段性成果。
\*\* 杨松霖，男，山东青岛人，武汉大学中国边界与海洋研究院暨国家领土主权与海洋权益协同创新中心博士研究生，主要研究方向为极地治理、中美关系。

极地地区是影响世界可持续发展和人类生存的新疆域,[①] 是"人类命运共同体"构建的重要场域。北极命运共同体是人类命运共同体的有机组成部分,北极命运共同体的构建也是人类命运共同体构建的重要步骤之一。北极事务兼具复杂性和特殊性,北极命运共同体的构建有赖于中美两国的共同推动。北极科学研究的低敏感性、低政治性和重要性成为构建北极命运共同体的重要路径之一,也成为推动中美北极合作的重要领域。2017年1月20日,唐纳德·特朗普正式就任美国第45任总统,以"美国优先"的理念调整内外政策。中美北极合作如何在现有的基础上寻求合作进度、合作广度的突破?未来,中美如何推动北极命运共同体建设?本文试从对命运共同体理念的理解入手,分析中美北极合作存在的问题。在此基础上,尝试探讨中美北极科学合作和北极命运共同体建设的路径。

## 一 命运共同体理念的形成、内涵与意义

以习近平同志为核心的党中央站在人类历史发展的战略高度,提出了具备丰富内涵的"人类命运共同体"理念,是中国面对当前世界局势开出的治理方案,[②] 对全球治理以及北极治理具有重要的指导意义。

### (一)"命运共同体"理念的发展与丰富内涵

随着中国外交各领域战略布局的调整和深化,"命运共同体"理念经历了初步提出与逐渐发展的过程。党的十八大报告提出,随着全球化的深入发展,当今世界越来越成为你中有我、我中有你的命运共同体。2015年9月,习近平在发表题为《携手构建合作共赢新伙伴 同心打造人类命运共同体》的讲话中,指出新型国际关系的核心是合作共赢,目标是打造人类命运共同

---

[①] 杨剑:《中国发展极地事业的战略思考》,《人民论坛·学术前沿》2017年第11期,第6页。
[②] 《人类命运共同体思想的丰富内涵与理论价值》,人民网,http://theory.people.com.cn/n1/2017/0818/c83859-29478871.html。

体。在 G20 集团 2016 年首脑峰会上,习主席再次倡议各国树立人类命运共同体意识,使世界经济增长带来的利益普及各国人民。十九大报告向国际社会明确宣示,构建人类命运共同体就是要建设持久和平、普遍安全、共同繁荣、开放包容、清洁美丽的世界。

人类命运共同体理念是中国共产党对马克思主义和中国外交理念的重大理论创新。我们要从政治、安全、经济、文化、生态等方面把握其在当代国际关系中的深刻意蕴。政治上,妥善处理国家间的利益关切和矛盾分歧;安全上,要坚持以和平方式处理国际争端,积极应对各类安全威胁;经济上,推动经济全球化向可持续性方向发展;文化上,尊重世界文明多样性,加强不同文明间的学习与交流;生态上,以人与自然和谐相处为目标,完善生态环境保护。

## (二)对国际关系和北极治理的深刻意义

作为中国特色社会主义思想的重要组成部分,人类命运共同体理念与全球治理实践紧密联系在一起,对中国外交战略和全球治理机制完善有重大意义:首先,为全球治理演进提供中国方案。人类命运共同体蕴含着应对全人类共同挑战为目的的全球价值观,强调为国际社会的可持续发展提供治理方案,为人类社会的长远利益谋福祉。中国倡导和平发展与互利共赢理念,在尊重当前治理秩序的前提下,以和平方式推动构建符合全人类共同利益、公正合理的国际秩序。换言之,中国的全球治理方案主要内容就是:各国携手建设以合作共赢为核心的新型国际关系,共同构建人类命运共同体。①

其次,有助于促进北极治理机制的完善。当前的北极治理机制尚未有效整合国际组织、主权国家、非政府组织等主体。妥善应对北极问题的一个基本条件,是要建立和健全协调各国行动的组织机制。② "命运共同体"理念

---

① 《人民日报整版探讨全球治理中国方案的世界意义》,人民网,http://cq.people.com.cn/n2/2017/1105/c367697-30888624.html。
② 丁煌、张冲:《泛北极共同体的设想与中国身份的塑造——一种建构主义的解读》,《江苏行政学院学报》2016 年第 4 期,第 76 页。

有别于当前北极治理中起主导作用的地缘政治理念、区域治理理念、全球治理理念，是强调合作共赢的新理念，① 在治理主体、治理目标、治理手段等方面对其进行了补充和创新。在治理主体方面，强调要推进改革完善对外工作体制机制，加大对各领域各部门对外工作的统筹协调力度。除国家主体外，非政府组织、民间团体、科研机构等治理主体均可以参与到全球治理和北极治理进程中；在治理目标方面，中国倡导新安全观，寻求实现北极问题的综合安全、共同安全、合作安全。治理的领域不仅包括北极政治、经济和安全等传统领域，也包括环境、社会、文化等非传统领域；在治理手段和治理机制上，强调以和平方式逐步完善现有治理机制和治理规则，推动其向新型国际关系转变。

## 二 中美北极合作的现状与问题

随着北极自然环境和地缘态势的双重变迁，北极命运共同体的构筑需要包括中国、美国在内的域内外各国的国际合作才能完成。作为两个有重要影响力的大国，中美两国在北极地区存在大量的国家利益交叠，双方在北极诸多领域的合作上取得了一系列成果。与此同时，随着中国和平崛起进程的加速和特朗普政府内外政策的全面调整，中美两国在北极合作过程中潜藏的众多问题也逐渐显露。

第一，美国对中国参与北极事务多有疑虑。在中国综合国力快速上升的战略背景下，中国对北极治理的不断参与引发了美国的疑虑。北极事务的治理仅靠北极八国无法完成，各国广泛参与才是必然路径。出于维护美国领导地位和主导权的考量，美国对中国的北极参与多有防范。一方面，美国希望借助中国的经济实力促进北极资源开发，加快北极地区的基础设施建设。另一方面，又不希望中国参与北极事务而掌握北极事务话语权，防范中国对美

---

① 丁煌、朱宝林：《基于"命运共同体"理念的北极治理机制创新》，《探索与争鸣》2016年第3期，第95页。

国北极治理主导权可能带来的威胁。美国的两手策略将导致中美两国北极合作的层级、范围和幅度受到限制。特别是在涉及政治、主权争端及军事等领域的合作上，很难形成广泛的合作局面。在一定程度上，中美两国北极合作要依托于科研合作，美国的战略疑虑不利于两国在科研项目、数据分析、信息共享等方面的深度交流。尽管中国已经成为北极理事会观察员国，但北极治理经验不足。与此同时，特朗普上台为中美两国北极关系的发展增添了诸多不确定性，双边关系发展需要经历一个相互调整的阶段。未来，中美两国北极合作极有可能上演中国的"一厢情愿"与美国的"战略疑虑"之间的尴尬博弈。①

第二，涉北极事务机构缺乏协调，阻碍双方合作的深入推进。目前，以白宫为中心，美国国内存在六个跨部门北极协调机构。② 但这些协调机构对极地事务的整合力度依然有限，使得涉北极事务的机构、党派、利益集团之间缺乏协调。③ 具备反建制派特性的特朗普上任时，共和党在立法和行政部门同时取得相对优势，美国内党派政治斗争和博弈呈现出进一步加剧的态势。就当前美国国内存在较大争议的气候变化问题而言，党派分歧成为美国北极气候政策所面临的最大国内政治难题。2017年4月，特朗普政府发布"优先海上能源战略"，意图推翻奥巴马政府颁布的钻探禁令。④ 2017年6月，特朗普宣布退出《巴黎协议》，提出要削减或取消对北极气候变化项目的资金支持。受到气候政策调整影响的环保组织、利益集团、原住民组织以及阿拉斯加州政府势必通过各种渠道予以回击。同时，涉北极事务机构众

---

① 孙凯、杨松霖：《中美北极合作的现状、问题与进路》，《中国海洋大学学报》（社会科学版）2016年第2期，第21页。
② Heather A. Conley, "The New Foreign Policy Frontier: U. S. interests and actors in the Arctic," https://csis-prod.s3.amazonaws.com/s3fs-public/legacy_files/files/publication/130307_Conley_NewForeignPolFrontier_Web_0.pdf.
③ 郭培清、孙兴伟：《论小布什和奥巴马政府的北极"保守"政策》，《国际观察》2014年第2期，第92页。
④ "Trump Administration Quickly OKs First Arctic Drilling Plan", http://www.digitaljournal.com/tech-and-science/technology/trump-administration-quickly-oks-first-arctic-drilling-plan/article/497645.

多，缺乏统筹协调也是中国北极治理中面临的棘手问题。部门利益的不统一、机构效率的有待提高成为中美两国北极合作顺利推进的绊脚石，不利于中美两国北极合作的深入开展。

第三，中美两国北极合作限于"低政治"领域。目前，中美双方合作领域基本限于科学考察、环境保护等"低政治"领域，尚未触及军事、政治等领域的合作。一方面，气候合作、科学考察等领域的事务政治敏感度低，较少涉及北极权益争端。特别是北极气候治理的特殊性，仅仅依靠域内国家是无法完成的，需要包括中国在内的域外国家广泛参与才能完成。因此，气候、环境等领域事务在中美两国北极合作中扮演了重要角色，合作相对顺利。另一方面，与美国对待北极事务的多重考虑密切相关。美国在北极事务上强调的国际合作是一种"有限的国际合作"，合作对象、合作形式、合作目标等都是由美国自身利益来决定的。在北极开发问题上，美国并不希望中国从北极开发中获取过多的经济、政治及战略收益。在美国看来，中国过多地参与北极事务，尤其是敏感的政治军事事务，是对美国北极利益、全球利益的重大威胁。

第四，当前中美两国北极合作面临不利的国际环境。北极地缘态势的加速变迁恶化了中美北极合作的国际环境。"乌克兰危机"以来，美俄两国在北极地区的战略博弈持续升级。2017年5月，俄罗斯宣布计划在北极建立一个军事研究和测试中心，以提升北极地区的军事研究和装备水平。[①] 2017年12月，美国海岸警卫队指挥官保罗楚孔夫特上将（Paul Zukunft）透露，美国应该谨慎对待俄罗斯在北极的活动，俄罗斯日益增强的北极行动能力对美国国家利益造成威胁。[②] 日益趋紧的北极地缘态势触碰了北极各国的敏感神经，各国纷纷加强其在北极的战略存在。丹麦提出，将在年度预算中

---

① "Russia Is planning to Build an Arctic Military Research Center to Further Its Polar Buildup", http://www.businessinsider.com/russia-plans-build-arctic-military-research-center-2017-5.

② "The head of the Coast Guard says Russia has 'all the Pieces on the Chessboard' in the Arctic—but the US has only Got a Couple of Pawns," http://www.businessinsider.com/russia-arctic-moves-eerily-familiar-coast-guard-commandant-2018-1.

增加其在北极地区的国防支出。① 英国、芬兰、瑞典等北约国家为增强在北极的战略存在,每年还举行代号为"忠实之箭"的军事演习。

另外,2017年6月,特朗普单方面宣布退出《巴黎协定》,致使稳步推进的北极气候治理将面临极大的不确定性。欧盟是应对气候变化的领先者,与俄罗斯、加拿大、英国等国共同反对美国在《巴黎协定》上的政策立场。各国均支持对北极气候问题的合作治理,批评美国在气候问题上唯美国利益优先的态度。中美两国北极合作的开展需要良好的外部环境和国际合作环境。美国在气候问题上所持立场和态度,招致北极域内外国家的广泛批评,为中美两国北极气候合作的开展带来不利影响。

## 三 以科研合作推进中美北极合作及北极命运共同体构建

把握世界共同发展的利益需求是认识人类命运共同体内涵的根本。② 命运共同体理念将会为包括中美两国北极合作在内的北极国际合作提供科学的指导思想和治理理念。北极命运共同体的构建和完善有赖于北极域内外各国的共同努力。作为有代表性、重要影响力的域内外大国,中美两国北极合作也将有力地推动北极命运共同体的构建,在构建北极命运共同体的过程中扮演重要角色。

科学研究与中美两国北极合作、北极命运共同体构建之间具有重要关联性,科学研究不仅是中美两国北极合作的关键领域,也是推进构建北极命运共同体的重要途径(见图1)。科学研究是人类社会利益的创造者,不断开拓和满足人们物质生活、精神生活及生存的需要,具有心理的、理性的和社

---

① "Neither Armed nor Dangerous," http://arcticjournal.com/politics/2412/neither-armed-nor-dangerous.
② 刘传春:《人类命运共同体内涵的质疑、争鸣与科学认识》,《毛泽东邓小平理论研究》2015年第11期,第89页。

会的三个方面的价值。① 北极科学问题作为非传统安全事务，具有较低的政治敏感度，容易在国家间建立战略互信。同时，树立涵盖非传统安全领域问题的总体国家安全观②是新时期中国外交的重要战略要求。中美双方要进一步加强对话与协商，加强北极科学合作，推动北极命运共同体的构筑。

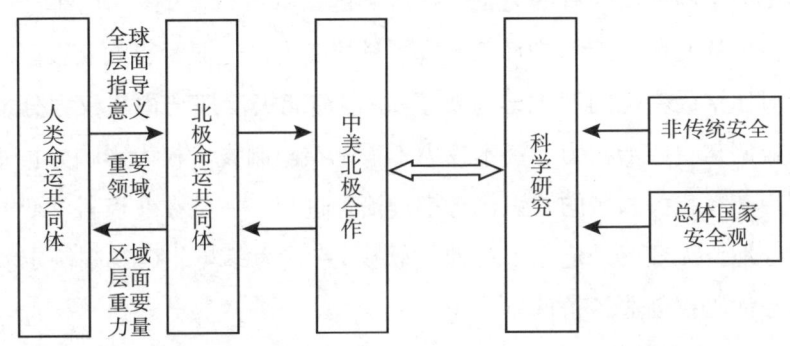

图1　科学研究与中美北极合作、北极命运共同体构建的逻辑关系

### （一）科学研究对北极治理的重要价值

保持学术研究的客观性、真实性和为公众带来功利、福祉构成了科学研究的核心价值。科技活动可以通过对科学技术的垄断、控制、占有及运用，进而充当政治资本，③引起政治生活权力结构、内容及形式的调整。北极科学研究不仅可以了解极地和全球自然环境变化的规律和关联，也是影响和改变北极国际关系的重要变量。

科技的发展从开始设计时就有其政治意图，提供了一种在给定的政治体系里确定权力和权威的手段。④ 科学信息是实现北极事务有效治理的基础和前提，是北极治理不可或缺的重要手段，更是北极治理体系的神经系统。基

---

① 〔英〕J. D. 贝尔纳：《科学的社会功能》，陈体芳译，商务印书馆，1982，第150页。
② 《一文速览十九大报告》，新华网，http://news.xinhuanet.com/politics/19cpcnc/2017-10/18/c_1121822489.htm。
③ 刘同舫：《技术与政治的双向互动》，《学术论坛》2005年第8期，第77页。
④ Langdon Winner, *The Whale and the Reactor*, Chicago & London, 1986.

于对北极自然环境科学调查的数据才能有效评估北极当前自然状况,建立起长期观测和科学推演北极未来变化的能力,拓展认知和利用北极的深度与广度。① 北极科技的进步使得北极治理中的"非政府行为"和"非国家行为"日益增多。非国家行为体获得更多机会参与北极治理,跨国科学家群体在北极政治中显示出前所未有的力量,挤压了国家主权行使的活动空间,② 多层次、多主体的北极治理趋势日渐形成。科技实力已经成为影响北极国际关系中力量对比格局变化的"关键性要素",促使北极治理结构与权力分配模式做出相应调整。政治权力、资本权力不得不在限制技术权力影响力扩张的同时,利用其在相关领域的知识优势推进治理进程。一国在北极科学研究上建立了领导地位无疑就是建立了一种"软权力",为参与北极规则制定和提升北极事务话语权创造了条件。

### (二)中美两国北极科学合作的必要性

科学技术对国家间关系有着广泛而久远的影响,可以加速国际关系结构的更新及实质的变迁,③ 科学技术也是国家间双边关系的重要内容,对国际合作有着十分重要的影响。随着北极地区自然环境和地缘环境的快速变化,北极科学研究的重要性和战略意义凸显出来。北极考察和科学研究成为人类提高北极认知的基础,也是确定北极治理目标的依据所在。④ 北极治理对专业知识需求的上升与各国科研能力不足之间的矛盾是当前各国参与北极治理面临的重要矛盾。亟待开展系统的、深入的、广泛的北极科学研究,以实现相关信息、技术和知识的共享。

当前全球气候与环境正在经历快速变化的过程,地处地球两端的南极和北极地区对全球气候环境变化存在迅速而深刻的响应。北极气候与环境的异

---

① 郑海琦、胡波:《科技变革对全球海洋治理的影响》,《太平洋学报》2018年第4期,第39~45页。
② 中国现代国际关系研究所:《信息革命与国际关系》,时事出版社,2002,第11页。
③ 王逸舟:《试论科技进步对当代国际关系的影响》,《欧洲》1994年第1期,第4页。
④ 杨剑:《科学家与全球治理——基于北极事务案例的分析》,时事出版社,2018,第36页。

常变化会对北极自然环境（水循环、冻土融化、海洋生态环境等）、社会环境（经济开发、军事安全、原住民传统文化等）造成严重破坏，并破坏北极地区的可持续发展。这种破坏不仅在地域范围内波及其他地区，还会辐射或影响到渔业、航运、安全等领域的事务。北极航道的通航和使用成为可能，无论东北航道还是西北航道，都将比传统航线大大缩短，其战略价值、经济价值巨大。若北极渔业、油气、矿产资源的开发难度降低，北极成为一座待开发的能源宝库；同时，气温的不断升高使得周边国家在北极地区军事行动能力进一步提升，特别是俄罗斯在北极地区不断增多的军事活动可能会给美国国家安全带来重大威胁。极地地区是全球气候变化的敏感地带，推动极地气候、环境等事务的治理已经迫在眉睫。极地事务的有效治理需要主权国家之间加强科学合作。[①] 然而，目前的全球治理机制难以有效覆盖到北极地区和北极气候议题。现行的北极气候治理机制尚不健全，无法满足当前北极事务的治理需求。作为世界上最大的发展中国家和发达国家，同时又是世界上两个最大的碳排放国，中美两国有责任、有义务从低敏感度的北极科学合作逐步向更广领域的北极合作拓展和延伸，进而推动北极事务各领域的国际治理，改善北极地区的自然环境生态，促进北极地区的可持续发展。

### （三）中美两国北极科学合作的可能性

"人类命运共同体"理念充分体现了全人类的"共同利益"和"共同关切"，这就要求对北极资源的开发与利用遵循可持续发展的理念，科学处理资源利用与环境保护之间的关系。北极科学研究的发展和进步是应对资源利用和环境保护之间矛盾的有效手段，可以丰富北极治理的"工具箱"，为绿色利用北极资源奠定技术基础。

随着北极地缘态势的变迁，北极事务的国际合作已经不再局限于传统的政治、军事等领域，合作领域不断向环境、气候等非传统安全问题拓展和延伸。传统安全事务碍于其高度敏感性和机密性，其国际合作的广泛度有限。

---

① 丁煌主编《极地国家政策研究报告（2015~2016）》，科学出版社，2016，第54页。

科学研究问题作为非传统安全事务，不易引起合作对象的猜疑，容易在国家之间建立战略互信。一方面，北极科学研究是美国深度介入北极治理，塑造领导地位，提升北极事务话语权的重要议题。另一方面，作为重要的新兴大国，中国在北极事务中秉持"尊重、合作和可持续"的政策理念，将不断深化对北极的科学认知和了解。开展极地科学考察至今，我国开展了对极地岩石圈、水圈、生物圈、大气圈、冰冻圈和宇宙空间的多学科考察研究，成为世界上为数不多的实施两极全方位考察的国家之一。在北极地区，初步建立了多学科的立体观测体系，为评估北极航道和北冰洋资源与气候环境变化提供了基本的保障。我国在极地冰川、海洋、大气、生物生态和人体医学、天文、极地装备等领域不断取得新的进展，为今后北极科技的进步做了扎实的准备工作。在奥巴马政府时期，中美两国在全球及北极科学研究方面进展顺利，为当前的中美两国北极合作奠定了良好的基础。对中美两国而言，加强北极科学研究问题的协调与互动，推进治理机制的完善是实现各自国家利益的战略选择。

### （四）可能的问题

出于维护国家利益以及对北极可持续发展的重视，发展北极科技成为各国维护北极权益，在北极治理进程中谋求有利地位的关键手段。冷战以来，北极各利益攸关方通过联合科考、建立科考站等方式，激烈争夺北极科技竞争的战略制高点。中国的北极科技动向引起了国外极地研究、情报机构的高度关注，发达海洋国家对我国遏制和封锁的态势逐渐形成。[①] 然而，中国在海冰预报等核心技术、科考信息集成等关键性的技术难点上，尚未实现国产化，极易遭到来自西方极地强国的科技制约和封锁。

从国内北极科技资源的配置方面看，我国尚未建立起支撑中国北极科学研究快速发展的、相对成熟的资源配置模式。当前，中国北极科技资源的配

---

① 肖洋：《管理规制视角下中国参与北极航道安全合作实践研究》，清华大学出版社，2017，第164~171页。

置是以政府为核心主体进行的,大致形成了"政府强-市场弱"的资源配置模式。政府提供的北极科技研发资金在逐渐提高,却将社会主体挡在北极科技资源分配体制之外。[①] 市场配置资源具有明显的趋利性,而北极科技行业通常具有成本高、周期长的特点,北极研究难以得到市场资源的青睐,这也是政府参与北极科技资源配置的重要原因之一。政府、市场和社会三者之间良性互动、可持续性的北极科技资源配置机制并未建立起来,北极科技资源配置效率还有提高的空间。从资源配置的对象上来看,资金、人才、信息等科技资源难以进行跨部门、跨地区和跨行业的自由流动,建立资源共享机制、发挥资源集聚和溢出效应,也影响了资源配置的效果。

## 四 中美两国北极科学合作的优化路径

对中美两国而言,北极科技发展处于两国国内发展与参与北极治理的联结点上。中美两国北极科学合作的顺利开展不仅有利于两国参与北极治理,提升北极事务话语权,还能有效地带动国内经济、文化事业发展。中美双方应当通过有效的制度安排减少矛盾和冲突,共同推动北极科学研究的国际合作。

第一,建立平等相待、互商互谅的全球气候治理伙伴关系。秉持共商共建共享的全球治理观,积极参与全球治理体系改革和建设,推进国际关系民主化。全球气候治理机制可以被视为多元主体为应对气候变化而形成的一系列规范、准则和互动模式,[②] 从 20 世纪 80 年代末期开始,气候问题被列为威胁人类生存的重大问题,国际社会开始通过政治谈判寻找解决对策。在气候变化问题上,各国利益诉求迥异,气候治理迫切需要新的治理框架和机制。美国已经宣布退出《巴黎协定》,采用有利于美国利益的方式参与气候治理。随着综合国力的增强,中国参与气候治理的角色和地位不断发生变化。中国坚持"共同但有区别的责任"的原则,加强气候变化领域的双边、

---

① 陆铭、任声策:《基于公共治理的科技创新管理研究》,化学工业出版社,2010,第89页。
② 袁倩:《〈巴黎协定〉与全球气候治理机制的转型》,《国外理论动态》2017年第2期,第60页。

多边国际合作。中美两国可以通过达成谅解备忘录、拟定联合声明等方式确定气候合作的目标和政策。在节能和降低能效、洁净煤技术、可再生能源、碳捕捉与封存技术等方面加强合作与交流。中美作为能源消费大国，应当以节能减排的实际行动来推进全球气候治理。协调气候治理各行为体在温室气体排放、减排目标等方面的矛盾，建立公平有效的气候治理伙伴关系。

第二，营造公道正义、共建共享的北极科学治理格局。北极的气候变化对全球气候治理具有"牵一发而动全身"的影响。[①] 2000年，北极理事会就启动了北极气候影响评估（ACIA）项目，为政府间气候变化委员会的工作提供支持。北极理事会在环境监测评估、应对气候变化以及提升原住民生活质量等气候治理方面取得了明显成效。然而，北极理事会并非国际组织，其成员数量和气候治理代表性严重不足。北极理事会发布的文件大多为无约束力的"软法"，其发展还面临欧盟北极论坛、巴伦支欧洲－北极理事会、国际海事组织等区域性和全球性政府间组织的竞争。

加强北极域内外各国的科学合作是北极治理机制完善的重要步骤。营造公道正义、共建共享的北极科学治理格局必须以多边为舞台，完善机制建设。在加强中美两国北极合作的同时，中国要妥善处理美国与其他国家的关系，尊重现有规则和国际法安排，行使观察员国权利和履行相应义务，兼顾本国利益和人类共同利益。利用现有北极科学合作机制，积极参与相关科学考察项目，根据合作国家和具体领域的不同，选择恰当的方式推进北极科学合作以促进治理机制的完善。

第三，谋求开放创新、包容互惠的北极科学合作前景。我们要坚定不移推动建设新型国际关系，为构建人类命运共同体打下坚实基础。习近平多次强调："中国的发展是世界的机遇，为全球经济稳定和增长提供了持续强大的推动。"特朗普在外交上以美国利益优先为首要原则主张单边主义，愿意在双边层面解决问题。中美两国可以通过双边渠道有效地协调与沟通，有针

---

① 刘惠荣、陈奕彤:《北极法律问题的气候变化视野》,《中国海洋大学学报》（社会科学版）2010年第3期，第5页。

对性地开展北极科学合作。特朗普宣布美国退出《巴黎协定》后，美国将减少对北极治理公共产品的支出和投入。中国可以借此机会参与并融入北极科学治理进程中，积极推动将北极科学治理纳入中美战略与经济对话或中美新型大国关系发展的框架内，以增进双方对北极治理的战略互信。加快阿拉斯加州及其北极海域的资源开发是特朗普政府振兴国内经济的重要方向。中国可以通过多种方式推动中美两国北极能源合作，增加基础设施建设投资。发挥中国在资金、劳动力等方面的优势，通过能源等领域的经济合作为北极科学合作夯实互信基础。

第四，促进和而不同、兼收并蓄的北极科教交流。随着北极治理议题和任务的持续增多，国家治理范围之外出现了新的治理权威，不同层级的治理主体需要加强协调以推进治理进程。加强对美国的北极人文交流可以间接影响美国北极政策的制定和实施，将中国的人文优势转化为外交优势。中国可以通过旅游、教育、科研等手段加强与美国政府、国会、阿拉斯加州等对北极政策制定有重要影响力的官方机构的合作。媒体、科研机构、土著居民群体等非政府组织在环境、气候等领域的北极治理中发挥着独特的作用，是影响美国北极治理的重要力量，[①] 这些非政府组织应当成为中国对美北极人文交流的重要对象。2015年5月，首届中美北极论坛在中国上海召开。来自外交部、中国海洋大学、同济大学等机构的中方官员与学者，与来自北极科学委员会，战略与国际事务研究中心等美方相关人员，就北极相关议题进行研讨，缩小了双方对北极合作的互信鸿沟。中国可以搭建对美人文交流平台，促进相关机构、人员对中国北极政策的理解，为中美两国北极科学合作厚植民意基础和夯实社会根基。

## 结　论

人类命运共同体理念同时兼具传统性与现代性，既是中国和谐文明传统

---

[①] 孙凯、潘敏：《美国政府的北极观与北极事务决策体制研究》，《美国研究》2015年第5期，第15页。

的结晶,也是对未来人类社会的一种阐释。① 在高速发展的全球化时代,世界的发展面临着各种问题和挑战,构建人类命运共同体为人类的未来指明了正确方向。中国倡导构建北极命运共同体,离不开北极大国——美国的支持。北极命运共同体的构建对北极域内外各国均持开放态度,欢迎各国积极参与并建设性地推进北极命运共同体的构筑。科学与政治由于相互依赖性,总会达成利益价值的协调,以获得共同发展的基础。北极科学研究与北极治理演进是辩证的逻辑关系,北极科学研究的进步在一定程度上可以推动北极治理和国际政治权力关系的调整和变化。反之,"人类命运共同体"等科学的治理理念以及和谐的国家间关系又可以为北极科学研究的进步提供良好的政治社会环境,加快北极科学研究的进步和发展。随着北极自然环境和地缘态势的双重变迁,北极科学研究对北极治理、中美两国北极合作的战略意义进一步彰显。

在中国快速崛起和美国特朗普政府内外政策全面调整的战略背景下,美国北极政策的调整存在诸多不确定性。但可以肯定的是,美国北极政策的调整将围绕着美国北极利益实现这一主线展开。② 中国应当在人类命运共同体理念的指引下,积极寻求扩大中美北极共同利益,减少或者消除北极利益的摩擦,开展同美国政府的北极科学合作,妥善应对困难和挑战。在科技全球化时代,有必要进一步整合国内外北极科学资源,创新北极科技发展规划,实现北极科技国内治理与国际治理的有效衔接,实现和维护中国在北极地区的国家权益。

---

① 明浩:《"一带一路"与"人类命运共同体"》,《中央民族大学学报》(哲学社会科学版)2015年第6期,第29页。
② 杨松霖:《特朗普政府的北极政策:内外环境与发展走向》,《亚太安全与海洋研究》2018年第1期,第101页。

# 北极法律篇
Arctic Law Article

## B.7
## "北极海岸警卫队论坛"与海岸执法合作

刘惠荣　王阳雪子*

**摘　要：** 随着北极地区非传统安全问题逐渐增多，北极国家的海域意识也在不断加强。北极国家各自拥有海岸警卫队，为该地区的警务合作奠定了基础。2015年10月30日"北极海岸警卫队论坛"的产生，标志着该地区的执法合作进入了一个新的阶段。本文首先从论坛的产生背景、成员以及运行机制方面对其进行介绍，在此基础上分析北极国家的海岸执法合作情况，包括论坛内的合作及论坛外的其他合作，之后进一步探讨以"北极海岸警卫队论坛"为平台，北极国家开展执法合作的优势和困境，最后对其未来发展提出建议。虽然北极国家存在政治分歧，但论坛始终贯彻"避免事务政治化"的主

---

\* 刘惠荣，女，博士，中国海洋大学法学院教授、博士生导师、极地法律与政治研究所所长；王阳雪子，女，中国海洋大学法学院国际法专业2017级硕士研究生。

张,据此,论坛有望成为一个在其他渠道被解散时,与俄罗斯进行安全对话的平台。目前论坛实践活动不多,北极国家应充分利用该平台开展执法合作,为冲突各方保留通畅有效的沟通渠道,弱化政治分歧的影响,促进信任关系和合作关系的恢复。

**关键词:** 北极安全　执法合作　北极海岸警卫队论坛

# 引　言

国际执法合作,是指各国执法机关根据本国法律或者参加的国际公约,为打击国际性犯罪、维护国际社会秩序而相互援助、协调配合的一种执法行为。

国际警务合作是国际执法合作的一种,它以缉捕犯罪分子、预防和打击国际犯罪为主要目标。各国警察机关常常围绕这一目标,开展联合侦察、协助侦察、越境追捕、快速遣返等合作办案措施。因此,它是一种跨越国界的警察事务交流,有人称之为国际警察合作,从一定意义上说也是一种警察外交。

国际警务合作既包括全球性的警务合作,如 1923 年成立的国际刑警组织(International Criminal Police Organization, ICPO),也包括地区性的警务合作,如欧盟成员国通过《欧盟条约》逐步建立起的统一警务政策,北欧五国通过《赫尔辛基条约》建立的广泛司法合作机制等。

北极国家也在积极谋求地区性的警务合作。随着航运活动的增加,北极国家(加拿大、美国、俄罗斯、丹麦、挪威、冰岛、瑞典、芬兰)正逐步加强对北极地区的管理能力建设和自身海域意识。八国拥有自己的海岸警卫队,海岸警卫队凭借其机动性,逐渐成为北极国家维护北极安全的重要依托力量。但由于北极地区气候恶劣,事故发生时,仅凭一国海岸警卫队,往往力有不逮。此时,北极国家海岸警卫队间的安全合作就显得更加重要。

"北极海岸警卫队论坛"就是基于这种安全合作目标成立的,它是该地区海岸执法合作的新发展,体现出北极国家安全理念和合作积极性的变化。论坛虽然具有很多优势,但合作所面临的障碍也不可小觑。因此,北极八国应当加强交流互信,推动论坛的长远发展,为维护北极安全提供更充分的保障条件。

## 一 北极海岸警卫队论坛

北极地区拥有广阔寒冷的海域和冰雪覆盖的岛屿,这里并非人类的宜居环境,为数不多的人类活动要么是最简单的采掘、狩猎,要么是领土划分、资源勘探、科学考察等活动,很少涉及一般国际执法合作中的贩毒、偷渡、非法移民以及国际金融领域(如国际税务)问题。虽然北极八国拥有海岸警卫队,其执法范围也多少关涉了北极事务,但由于海岸警卫队的执法范围十分广泛,缺少对该地区的针对性。

由于北极地区这种特殊的地理环境和人文环境,该区域的海岸警卫合作应该更具专门性和针对性。在 CSIS(美国战略与国际研究中心,Center for Strategic and International Studies)倡议下,2015 年 10 月 30 日,一个关注海岸警卫操作层面、基于共识基础的组织——"北极海岸警卫队论坛"最终成立了。

### (一)缘起

气候变化导致北极地区冰盖融化,加剧了大西洋和太平洋到北美北部海洋区间的航行通道和潜在资源的竞争,北极地区正逐渐受到全球更多的关注。根据世界气象组织(World Meteorological Organization,WMO)发布的"Global Climate Breaks New Records January to June 2016"称,2016 年上半年,全球平均气温创有气象记录以来的高值,北半球冰雪覆盖率非常低,北

极海冰的覆盖面积正在以每10年13.4%的速度减少。① 环境因素和海域意识共同促成了商议的基础。

2011年，CSIS建议可以参照现有的关于北太平洋和北大西洋的相关论坛形式，成立一个主要关注北极的海岸警卫队论坛。② 对此，俄罗斯官方也进行了响应。但是在2014年3月，俄罗斯吞并克里米亚之后，俄外交、经济环境迅速恶化，使得这一进程几乎陷入了停滞阶段。

2015年3月，华盛顿举行了一场专家级会议，俄罗斯海岸警卫队出席了此次会议。会议上，北极八国决定推进此前的"海岸警卫队论坛"进程。经过数月的磋商，八国海岸警卫机构起草了"北极海岸警卫队论坛"的成立文件，制定了组织运行框架，并成立了正式的工作组。在八国海岸警卫机构的历史性峰会上，美国海岸警卫队司令保罗·楚孔夫特（Paul Zukunft）说，"'北极海岸警卫队论坛'的成立，显示了我们在北极地区推行安全、可靠且对环境负责的海事活动方面迈出了重要一步。此外，随着人类活动范围逐渐进入海域，所有域内国家承诺将加强在这一偏远地区的海上合作。"③ 最终在2015年10月30日，八国海岸警卫机构签署文件，宣告"北极海岸警卫队论坛"（ACGF）正式建立。

## （二）成员

"北极海岸警卫队论坛"是一个独立的、非正式的组织，目的是在北极地区推动安全、可靠和负责任的海事环境活动。成员方包括所有的北极国家，即加拿大、丹麦、芬兰、冰岛、挪威、瑞典、俄罗斯和美国。北极海岸警卫队论坛的成员比较复杂，既有军事机构，也涉及民事机构。如挪威，海岸警卫队是海军的一部分，而在瑞典，海岸警卫队则是司法部下面的一个文职机构。

---

① 国家海洋信息中心：《气候变化与海平面上升研究动态》2016年第8期，第1页。
② 《北极海岸警卫队论坛：大任务，小方案》，极地与海洋门户网，http：//www.polaroceanportal.com/article/592。
③ "Eight Arctic Nations Join Forces for Coastal Security," http：//ens - newswire.com/2015/10/31/eight - arctic - nations - join - forces - for - coastal - security/。

1. 美国海岸警卫队（United States Coast Guard，USCG）

美国海岸警卫队在和平时期隶属于美国国土安全部，当遇到战争或接受总统指令，可转由海军司令指挥。作为美国五大军事机构之一，USCG 是国土安全部下唯一的一个军事部门，包括太平洋海岸警卫队和大西洋海岸警卫队两支。其总部位于华盛顿特区的圣伊丽莎白校区，并在全国各地的战略性港口拥有 35 个分支机构。

美国海岸警卫队保护和捍卫着美国超过 10 万英里的海岸线和内陆水道，以及从北极圈至赤道以南、从波多黎各至关岛约 450 万平方英里的专属经济区。USCG 是一个执法机构，负责海上安全、海上运输、桥梁管理、溢油应急处理、引航、船舶建造和运营等多项使命。它在世界范围内广泛活动，自然也包括北极地区。USCG 拥有专门的快艇——破冰船，能为北大西洋沿岸的冻港和航道除冰。

2. 俄罗斯联邦海岸警卫队（Russian Federation Coast Guard，RFCG）

俄罗斯联邦海岸警卫队是隶属于俄罗斯联邦安全局边防军的海上警卫巡防部队，其下辖近 200 艘舰艇和 40 余架航空器以及多艘破冰船，负责保护俄罗斯海上专属经济区、大陆架、内湖和领海等渔业、边界利益。2017 年 4 月，俄罗斯国防部订购了两艘 23550 型多功能破冰巡逻舰——"伊万·帕潘宁"号和"尼古拉·祖波夫"号。据称，"伊万·帕潘宁"号能克服 1.5 米厚冰层航行，在北极地区独立执行任务。① 建造新型破冰巡逻舰将使俄罗斯的北极考察工作迈进新的一步。

3. 加拿大海岸警卫队（Canadian Coast Guard，CCG）

加拿大海岸警卫队总部设在渥太华，又在三个区域设立了分支部门，总部由一名专员领导，每个区域各安排一名助理专员，专员们共同监督和管理加拿大海岸线以内的项目和服务。过去，加拿大海岸警卫队一直作为运输部的下属独立部门。1994 年，加拿大政府把它从运输部移至海洋渔业部，跟

---

① 《俄罗斯船厂开建首艘"武装"破冰船》，http://www.eworldship.com/html/2017/NewShipUnderConstrunction_0421/127213.html。

渔业部原有的执法船队进行合并重组。此次重组使加拿大海岸警卫队拥有了一支前所未有的庞大船队,包括搜救船、多任务破冰船、科学考察船和渔业执法船等,这些船队为加拿大的国际海运贸易和经济繁荣作出了卓越贡献。比如:为商业船只快速安全通过提供必要支持;通过导航系统标出航行中的安全通道并提供破冰援助;通过海上搜救系统,对遇险海员、海洋灾害和紧急情况作出反应;通过提供其他服务来促进重要的科研活动。加拿大海岸警卫队在北极地区的航道管理、破冰等方面取得了多项成果,同时也是其国内"海域意识"的主要贡献者。

4. 挪威海岸警卫队(Norwegian Coast Guard,NCG)

挪威海岸警卫队是挪威武装部队的一部分,其目标是保障挪威社会的安全和安保、挽救生命、限制事故和灾难。警卫队在维护挪威主权及主权权利方面贡献很大,包括环境保护、渔业管理、石油泄漏回收等工作。挪威海岸警卫队总部位于苏特兰、韦斯特龙和北挪威,其主要任务包括情景意识建设、军事图像绘制、海上安全行动、渔业管理和海岸警卫职能。

5. 芬兰边防警卫队(Finnish Border Guard,FBG)

芬兰边防警卫队是一个由内政部运作的多任务服务机构,其执法范围包括芬兰的领土、领水和领空,目标是保卫芬兰的内政及人民安全。芬兰边防警卫队总部设在赫尔辛基,包括四个边防区,两个海岸警卫区,一个空中巡逻中队以及一个边界和海岸警卫学院。警卫队的职责包括但不限于以下几方面:海上搜救、环境监测、海洋污染预防和恢复、水上交通监测、预防犯罪、海事执法和其他相关任务。

6. 冰岛海岸警卫队(Icelandic Coast Guard,ICG)

冰岛海岸警卫队是一个负责海上搜救、航空搜救以及海事安全、安保的民事执法机构,隶属于冰岛司法部。其总部、行动中心、联合救援协调中心、飞机和舰艇基地均位于雷克雅未克,控制和报告中心则位于凯夫拉维克。警卫队的职责包括搜救、污染监测和反应、自然资源和生态资源保护、渔业控制、打捞、处置爆炸性弹药、紧急医疗运输、水文调查和航海图表绘制、防止非法移徙和贩毒,以及支持海上科学研究等。

7. 瑞典海岸警卫队（Swedish Coast Guard，SCG）

瑞典海岸警卫队是瑞典司法部管辖下的一个文职机构，总部和总干事处驻扎在卡尔斯克鲁纳，两个指挥中心分别位于哥德堡和斯德哥尔摩。警卫队在瑞典海岸沿线进行全年每天24小时的不间断监督救援工作，为实现可持续的海洋环境与提高海上安全而不断努力。警卫队的职责包括以下内容：污染控制作业、搜索和救援作业（SAR）、渔业控制、对海洋保护区的进行观测、监视海上交通、边境管制、与其他国家和国际机构合作减少跨境犯罪，以及协调和传播信息。

8. 丹麦北极司令部（Arctic Command）

丹麦北极司令部的总部设在格陵兰的努克，并在法罗群岛的托尔斯港设有一个联络单位。其执法范围包括，法罗群岛到格陵兰海、北极海的大部分区域，并跨越了丹麦海峡、伊尔明厄海、戴维斯海峡以及加拿大与格陵兰之间的巴芬湾。丹麦北极司令部与格陵兰西北部的图勒空军基地、南斯特伦菲尤尔、达纳堡的SIRIUS巡逻队及奥尔堡丹麦空军基地都有合作。其主要任务包括监视和执行主权、对格陵兰岛和法罗群岛进行军事防御、渔船检查、搜索和救援、海洋污染防治及水文调查等。

## （三）战略目标及运行机制

### 1. 战略目标

论坛设立目的是确保海上安全、搜救和依法行动，同时保护北极地区脆弱的环境。目前，北极海冰的覆盖面积正以每10年13.4%的速度减少，这些地理环境上的变化构成了北极海岸警卫队论坛审议的基础。各国在论坛成立进程中，着重探讨了促进北极地区安全的海上活动，致力于加强对该地区的环境监测，以协同促进各国之间的搜索与救援行动。最终，八国在治理规则和战略目标方面达成如下共识。

加强北极海洋领域内的多边协调合作以及现有或未来的多边协定；寻求共同办法解决与履行区域内海岸警卫职能有关的海事问题；通过分享信息，与北极理事会合作；促进北极地区安全、安保的海上活动并酌情促进可持续发展；为稳定、可预测、透明的海洋环境作出贡献；建立一个通用的操作流程，以确保形成紧急响应和安全通航机制；协同促进海洋环境的保护工作；最大限度地发挥北极海上活动的潜力，积极影响包括原住民在内的北极社区的生活和文化；酌情将科学研究纳入海岸警卫队的行动之下；通过分享信息（如处理威胁和风险的最佳做法或技术解决办法）来支持北极地区的可持续活动。①

现有的北极地区海岸执法合作，主要围绕搜救、渔业管理、污染防治（溢油）等方面展开。论坛希望制定一个框架，纳入搜救、渔业管理、污染防治活动，保护北极地区的海上安全和环境。论坛还制定指南，协调救援计划，希望加强北极八国在履行海岸警卫职能上的合作。以上是论坛的战略目标，也可以说是一种期望状态，不过由于成立时日尚短，目前只在搜救领域有模拟演习。

2. 运行机制

"北极海岸警卫队论坛"实行"轮值主席国"制度，由成员方轮流担任主席国，每两年更换一次，2017~2019年的主席国是芬兰。论坛每年举行两次年度会议，会议由主席国组织。论坛最近的活动是2018年3月初，在芬兰奥鲁举行的专家及首长级会议。②

论坛的日常工作由主席国领导，并仰赖于秘书处和工作组的支持。秘书处和工作组是根据北极国家间的共识和相关意见组织起来的。其中，秘书处负责把握论坛的战略方向以及协调论坛与工作组之间的合作，工作组则隶属于秘书处。据说，论坛当初只设立两个工作小组，是为了避免严重的官僚主义作风。"北极海岸警卫队论坛"以搜救行动为开端，在日后开展的工作中将逐渐扩展工作范围，最终发展各国的"共同情况意识"。③

---

① "Strategic Goals of the Forum," https://www.arcticcoastguardforum.com/about-acgf.
② "The Arctic Coast Guard Forum," https://www.arcticcoastguardforum.com/about-acgf.
③ "共同情况意识"（CSA）：这一术语经常被用来描述在国家领空系统内，所有有关各方自由和普遍地获得关键天气和交通信息的愿望。Michael A. Rossetti, "Common Situational Awareness: The Strategic and Tactical Value of Aviation Weather Information," *AMS Forum: Environmental Risk and Impacts on Societ*, J3.12, 2006/1/31。

## 二 北极国家海岸执法合作

### （一）论坛框架内的执法合作

1. 合作实践

如果北极地区发生事故，援救措施常需数日之后才能抵达，而事故发生后，影响往往又会波及几个国家，加之该地区的生态系统极其敏感，合作就显得尤为必要。北极海岸警卫队论坛就是旨在"加强北极海上安全管理和环境保护"的多边合作与协调的重要平台。

2017年9月11日，根据北极理事会的《北极航空和海上搜救合作协议》，"北极海岸警卫队论坛"启动了代号为"北极卫士"的实况演习。[①]演习在冰岛海岸举行，来自加拿大、丹麦、冰岛、挪威和美国的海岸警卫队船只参与其中。此次演习增大了跨国合作力度，是北极八国密切合作的重要一步。"北极卫士"是一次联合搜索和救援行动，目的是测试在搜索与救援服务上的合作情况。另外，八国救援协调中心（RCCs）也举行了一次交流活动，交流活动对美国、加拿大、丹麦等国的海运资源以及信息交流系统进行了测试。为了加强搜救领域的合作，论坛还制定了《联合行动自愿指南》，该指南的有效性也在此次演习中得到了验证。

2018年2月16日，论坛举行了"第三次北极区域联合搜救活动（SAR EVENT）"会议。[②] 这次研讨会聚集了行业代表，巩固了它作为非常重要的网络平台的地位。为了进一步发展这一重要的跨界合作，挪威北部远征巡航舰队协会，冰岛海岸警卫队和联合救援协调中心，将于2018年4月10日邀

---

[①] "ARCTIC GUARDIAN – The ACGF's first Operational Exercise Succesfully Completed," https：//www.arcticcoastguardforum.com/news/arctic – guardian – acgfs – first – operational – exercise – succesfully – completed.

[②] "Third Joint Arctic SAR Event in April 2018," https：//www.arcticcoastguardforum.com/news/third – joint – arctic – sar – event.

请各方参加第三次北极区域特别研讨会。

2018年3月5日,论坛成员聚集在图尔库进行模拟环境下的培训。① 此次演习重点在于,制定国际搜救任务中的联合程序标准。北极考察巡航操作员协会(AECO)也参与其中。在模拟环境下进行培训,是一种国际联合搜索和救援演习中常用的节约成本的做法,此次模拟演习是为2019年在芬兰举行的下一次联合演习做准备。

由于论坛成立至今不过3年,实践活动并不多,且主要是专家及首长会议、模拟演习等。但从上述实践可以看出,作为一个推动越境演习平台的角色,"北极海岸警卫队论坛"发展得很好,各国之间关于紧急情况的联合演习已经发展到了频繁举行的高度。越境演习能够帮助各国比较海岸执法机制间的差异,检验论坛制定的《联合行动指南》。通过演习,各国可以提前模拟事故发生时的情况,熟悉救援计划。根据论坛的对外公告,今后它将以搜救为开端,在未来工作中逐渐扩大执法范围,发展各国共同的情况意识,为北极国家海岸警卫队提供机会,去关注与北极八国共同利益有关的事务。比如,在搜索救援、应急响应和破冰行动等领域深化北极八国的警务合作。论坛不仅制定关于北极行动的决定和计划,也将帮助执行由同样成员国组成的北极理事会的协定。

2. 论坛较一般国际执法合作的特点

由于"北极海岸警卫队论坛"仍然是北极国家在该地区的执法合作,所以它具备一般国际执法合作的特点。比如,本国法律的域外管辖问题、平等互惠互信原则等,但是与一般国际执法合作相比较,该论坛更多呈现出不同之处,大致如下。

(1) 执行任务更具有针对性和专业性

一般国际执法合作更多关注于贩毒、恐怖活动、文物走私、商务犯罪、网络犯罪等活动。以美国为例,其海岸警卫队(USCG)作为美国五大武装

---

① "Arctic Coast Guard Forum's Simulator Exercise," https：//www.arcticcoastguardforum.com/news/video-arctic-coast-guard-forums-simulator-exercise.

力量之一，致力于保护公众、环境和美国经济利益，在全球范围内打击犯罪。虽然 USCG 执法活动涉及了北大西洋沿岸的海域安全，但因为执法范围过于广泛，执法资源以及执法力度相应的也会有所下降，不具有对该地区的针对性。这一点根据"贝克尔威慑模型"可以解释。

"贝克尔威慑模型"认为，威慑＝执法水平×惩罚规模（"威慑"就是个体行动前所考虑的预期负效用。个人基于优化，或理想化的观点，决定实施还是不实施犯罪行为）。我们很容易发现，如果想保持威慑不变（给犯罪活动者造成持续威慑），同时执法水平很高（USCG 在全球范围内执法），则只能降低惩罚规模。换言之，只能忽略北极地区，将有限的资源投入别处。而北极海岸警卫队论坛不存在这种问题，它就是为了该区域警务合作而成立的，因此能够集中北极国家的警务资源，发挥"1＋1＞2"的效果。同时，它能针对该区域脆弱的生态环境开展工作，保证北极区域良好有序的发展，具有更强的针对性和专业性。

（2）特别关注信息共享

一般国际执法合作也有信息共享，主要围绕着域外调查取证、追捕跨国逃犯、追缴犯罪收益、引渡等方面进行合作，有人因此认为这项并不能算论坛的特别之处。但传统的信息共享行为，是随着执法合作的开展而自然而然出现的环节。论坛的特别之处在于它将"信息"作为一项"可用资产"并在北极国家间大力提倡。加拿大海岸警卫队作战事务处副处长马里奥·佩尔蒂埃（Mario Pelletier）曾表示，必须在北极合作时对各种流程进行累积，通过联合行动看看其他国家都在做什么，以及他们在特定的情况下会做出怎样的反应。佩尔蒂埃进一步指出，"北极领土如此辽阔，以至于我们不能只顾自己工作。如果我们能坐在一起，我们就可以完善工作而不是复制工作"。[①] 通过把八个北极国家聚在一起，分享他们掌握的知识、最佳的实践活动以及发展的新兴专业技术，"我们将会更有效地应对我们可以预见的未来"。联

---

① 《北极国家深化海岸警卫队合作》，极地与海洋门户网，http://www.polaroceanportal.com/article/1003。

合框架将建立信息共享的途径,除了交换专家和海岸警卫队管理人员详细的联系方式,各国还能通过"北极海岸警卫队论坛",交换他们用于应对北极地区各种紧急情况的设备的详细清单。

(3)极力避免政治化

国际执法合作常需面临本国法律的管辖权问题,国家不论大小、强弱,都主张本国法律的域外管辖权,但域外执法管辖实施起来很难,要受到包括国家主权原则在内的诸多因素的制约。论坛在多次首长级会议中,均强调"避免掺入过多政治色彩,不要过分关注主权问题"。尽管俄罗斯与域内各国关系日益紧张,但北极八国海岸警卫队司令仍一致同意深化在北极的合作。在波士顿举办的首长级会议上,加拿大表示,"我们根本没有谈论任何政治,并且对俄罗斯能参加这次会议并同我们合作感到非常高兴,其他任何一个国家也都会这么认为"。① 在2018年3月芬兰奥卢举办的另一次北极海岸警卫队论坛会议上,美国海岸警卫队研究中心的负责人丽贝卡·皮库斯(Rebecca Pinkus)认为,论坛一直在努力避免直面俄罗斯与西方国家间不断白热化的政治局势。她说:"这是一个海岸警卫队的运营者论坛,我作为观察者来看,每个人都极尽所能,避免将事务政治化。"② 过去3年北极地区巡航量剧增,论坛更关心的是如何挽救生命以及应对紧急情况,而不是政治问题。

总体而言,"北极海岸警卫队论坛"特别关注成员内部的信息分享,其机构设置简单,在实践活动中也努力避免政治化。以上是论坛的特殊之处,也是其未来发展趋势。

## (二)论坛外的其他执法合作

如前所述,"北极海岸警卫队论坛"为推动北极地区安全、可靠和负责任的海事环境活动做出了贡献,是该地区执法合作的新发展。但是,论坛并不

---

① 《北极国家深化海岸警卫队合作》,极地与海洋门户网,http://www.polaroceanportal.com/article/1003。
② "Arctic nations develop coast guard co-operation," https://thebarentsobserver.com/en/arctic/2018/03/arctic-nations-develop-coast-guard-co-operation.

是北极国家开展执法合作的唯一路径，它们之间还存在一些双边及多边合作。

1. 双边合作

2017年8月2日至3日，加拿大海岸警卫队专员杰弗里·哈钦森（Jeffery Hutchinson）和美国海岸警卫队司令保罗·祖库福特（Paul Zukunft）在密歇根州的格兰海恩（Grand Haven）举行了"加拿大-美国海岸警卫队首脑会议"，年度首脑会议重新肯定并加强两国海岸警卫队的合作。会议期间，两国代表就如何应对海上石油和危险物质泄漏展开了讨论，并签署了最新的联合海洋污染应急计划，以强调在海洋环境紧急情况问题上共同努力的承诺。此外，双方专家组还提供了目前在北极地区开展合作倡议的最新情况，加强了该地区的航运安全，并加强了两国原住民社区的合作。美加两国开展海岸警卫执法合作有着悠久的历史，保罗·祖库福特说，"对自然资源的管理和对共同海上边界的保护，需要我们两个组织之间的大力协调，尤其'海洋污染联合应急计划'更需要极大地调动两国海岸警卫力量。今年首脑会议上签署的最新计划，突出了航运的重要性，也体现了我们对船员安全和水域保护的共同承诺。"[1]

类似的双边合作在挪威、加拿大之间，丹麦、加拿大之间，美国、俄罗斯之间也有开展。2014年11月，在白令海靠近俄罗斯海岸一侧，一艘韩国捕鱼船沉没，俄罗斯堪察加半岛边防警卫队请求美国的援助，数艘美国海岸警卫队船只在俄罗斯的协调下参与搜救幸存者的行动。

2. 多边合作

北极国家还积极开展多边执法合作，通过北极理事会、北欧理事会以及国际海事组织等平台进行联系。

（1）北极理事会（Arctic Council）

为有效应对北极航运和资源开发过程中可能出现的船舶事故和溢油问题，北极理事会分别于2011年和2013年制定了《北极海空搜救合作协定》

---

[1] "Top U. S. , Canadian Coast Guard leaders hold summit in Grand Haven," https://content.govdelivery.com/accounts/USDHSCG/bulletins/1aeb082.

《北极海上油污预防和反应协定》等两份具有法律约束力的文件,两份《协定》对北极地区的搜救和油污预防处理等问题进行了有效规范。其中,《北极海空搜救合作协定》特别成立了一个负责海上和航空搜救的救援协调中心(Rescue Coordination Centers,RCCs),[①] 这为北极八国开展救援执法合作提供了平台。各方通过在《协定》项下的海空搜救责任区进行执法合作,最终建立了一个区域内联合搜救互助体系。

(2)北欧理事会(Nordic Council)

北欧理事会是由芬兰、瑞典、挪威、冰岛和丹麦这五个北欧国家政府所组成的合作论坛。该理事会作为北欧国家最高磋商和合作机制,对区域内共同问题及当前国际问题进行关注。2009年2月,前挪威外交部部长托瓦尔·斯托尔滕贝格(Thorvald Stoltenberg)向北欧外长提交了一份《北欧外交和防务政策合作报告(Stoltenberg Report)》,建议开展"北极联合监测行动",以便为北欧国家提供一个共同的监测系统。[②] 该海洋监测系统能使各国更有效地部署海岸警卫队和开展执法合作。

## 三 以论坛为平台开展合作的优势和挑战

一方面,平等互信互惠推动了北极海岸警卫队论坛合作的进程,各方在该平台下互相提供便利;另一方面,合作反过来能加强参与方之间的平等互信互惠程度。合作对于在北极地区开展救援活动是十分有利的。

### (一)合作的优势

1. 地缘优势

北极域内的八个国家具有地缘优势。所谓地缘,是指由地理位置上的联

---

[①] Arctic Council, "Agreement on Cooperation on Aeronautical and Maritime Search and Rescue in the Arctic," https://oaarchive.arctic-council.org/handle/11374/531.

[②] Nordic Council, "Can the Nordic countries have their own NATO?", http://www.norden.org/en/analys-norden/tema/nato-og-norden/can-the-nordic-countries-have-their-own-nato/.

系而形成的关系。而地缘优势则指，由于对某个地区历史、文化和人群生活习惯等方面的熟知，特别是在区域内具备相应人脉资源所形成的，相对外来个人或群体的优势。

现行国际法上的北极地区，可以划分为八个北极国家的陆地领土、其陆地领土所有的领海、专属经济区和大陆架，未被上述区域所包括的公海部分（斯瓦尔巴群岛除外）以及已存在、正在形成，或尚未被发现的无主岛屿。[①] 北极八国在北极地区的活动历史悠久，地缘优势使得它们在对外语境中更具竞争力，同时也为北极海岸警卫队论坛合作提供了便利。

2. 共同利益

诚然，以美为首的北约国家和俄罗斯的关系扑朔迷离，美国、加拿大之间关于西北航道地位问题争论不休，挪威政府与其他国家关于《斯瓦尔巴群岛条约》的解释问题也各执一词，但北极八国存在共同利益。

首先，经济危机和国防预算的缩减不允许资源重叠和浪费，通过北极海岸警卫队论坛，北极八国能够更新信息，交换专家以及互换应对北极地区各种紧急情况数据的详细清单，满足了各方节约资源的需要。其次，无论各国在领土上存在何种纠纷，保护北极地区脆弱的生态环境是北极八国的共同利益所在。正是出于以上这种对环境保护的默契，在上述矛盾没有定论之前，北极八国开展执法合作是存在基础的。

3. 现存"复合相互依赖"状态的影响

"复合相互依赖"状态是指社会之间存在多渠道联系，包括国家间联系、跨政府联系和跨国联系。这种状态下，国家间关系的议程包括诸多没有明确或固定等级之分的问题。冷战后期，美苏关系缓和推动北极从两大阵营的军事对抗过渡到有限度的区域合作。对于双方而言，营造一个和平稳定的北极环境更加有利。北极地区在海洋制度、经济合作和区域协同治理层面的"复合相互依赖"状态已逐步形成。这种状态避免了国家间关系的全面破

---

① 刘惠荣、董跃：《海洋法视角下的北极法律问题研究》，中国政法大学出版社，2012，第3页。

裂，北极合作从而呈现出中断与延续的双面性。正因如此，现阶段北极国家在搜救、渔业、航行等功能性领域的合作依然在继续。①

### （二）面临的挑战

1. 北极地区安全基础设施薄弱

2011年，北极八国协商并签署了一份关于搜索与救援的协议（Search and Rescue agreement，SAR），该协议使"海域态势感知"（maritime domain awareness，MDA）基础设施投资合法化（如技术框架和船只）。②另一份类似的关于应对原油泄漏的协议也在2013年签订。SAR协议使各国海岸警卫队和海军之间的合作更加紧密，并且加大了对海上基础设施和破冰船的投资。改善基础设施，将有助于在北极地区开展搜索和救援行动。在此方面，英国为全球海岸警卫基础设施的改善树立了先例。其皇家救生艇学会（The Royal National Lifeboat Institute）自19世纪以来，一直致力于开发救援基础设施。虽然论坛也在努力集合各国海岸警卫力量，但目前来讲，北极地区安全基础设施建设依然不足。另外，有人担心基础设施会在政治上的恰当时机被用于加强主权。

2. 政治分歧和机制差异导致合作困难

北极地区是如此广阔，其地理环境涉及的海事领域内容又十分复杂，如何有效合作是一大难题。尽管开展北极海岸警卫队论坛合作对于各国有所助益，但是仍有很多挑战限制了论坛的完善和发展，比如政治分歧以及机制差异带来的障碍。

从政治分歧上来说，加拿大和美国在西北航道的法律地位和航行制度上存在很大争议，俄罗斯的北方航道法律地位问题也久悬不决，乌克兰危机对北极的外溢效应等都是论坛发展中的不利因素。其中，尤其以其他各国与俄

---

① 邓贝西、邹磊磊、屠景芳：《后乌克兰危机背景下的北极国际合作：以"复合相互依赖"为视角》，《极地研究》2017年第29卷第4期。
② Hannes Hansen-Magnusson, "Is There a Dark Side to Arctic Cooperation?", *World Policy*, September 28, 2017.

罗斯之间的关系最为突出。有专家称,"论坛在多大程度上受到同时代政治环境的阻碍,最终取决于俄罗斯与其他北极国家的整体关系,以及他们继续进行对话的意愿……"① 像前文提到的北欧理事会,北欧五国在合作中显示了排斥俄罗斯的倾向。虽然论坛已经在多次会议上表达了"避免将事务政治化"的态度,但如何落实到实践中仍然有待观察。

其次,北极各国海岸警卫队之间存在显著的区别。论坛尚未提出一个统一的北极海岸警卫队结构,各国警卫队都是依照本国利益、历史、文化以及地理环境需要而设立的,其首要目的是保卫国家的主权。而类似"北极海岸警卫队论坛"这种国际执法合作,一定会涉及国家部分主权让渡的问题。此时矛盾在于,并不是所有的海岸警卫队在执行任务时都能与其他国家共享边界。出于提升自己的北极领域能力的考虑,各国也不会轻易将任务移交给其他国家。如果各国都从己方利益最大化的角度出发,则容易触发"囚徒困境"(Prisoner's Dilemma),② 从而损害整个论坛的合作效果。

3. 对北极地区环境的认知和感知不足

现在人类经济活动对北极地区的影响已经成为公认的事实,碳排放增加导致全球变暖,使得北极无冰的天数越来越多,通航时间也越来越长。如果海冰融化导致现有的航道能永久通航,那么将极大可能导致全球贸易与运输业的重塑。但是,各国对于北极地区环境的认知还远远不够。论坛强调成员国之间的"信息共享",这能够在一定程度上避免重复和资源浪费,然而某些北极国家在交流中还对俄罗斯制定严格的规定(反对与俄罗斯分享北约国家的军事情报)。另外,芬兰和瑞典并非北约成员国,敏感信息也不能在北约成员国之间共享。③ 这种认知和感知的不足,会导致论坛在讨论制定相

---

① Hannes Hansen-Magnusson, "Is There a Dark Side to Arctic Cooperation?", *World Policy*, September 28, 2017.
② 囚徒困境(Prisoner's Dilemma):1950年由艾伯特·W. 塔克提出,是博弈中具代表性的例子。反映在一个群体中,个人做出理性选择往往会导致集体的非理性,参见 http://policonomics.com/lp-game-theory2-prisoners-dilemma/。
③ Hannes Hansen-Magnusson, "Is There a Dark Side to Arctic Cooperation?", *World Policy*, September 28, 2017.

关框架或指南时出现偏差，进而可能使其制定的一些政策引发冲突。

4. 论坛"域内自理化"趋势

目前，"北极海岸警卫队论坛"的成员限定在北极八国之内，它不像北极理事会那样设有"观察员制度"，具有一定的封闭性。从论坛对外公告中可以看出，虽然其努力避免掺入过多政治色彩，但主要局限在"域内其他国家与俄罗斯"这一语境当中，对域外非北极国家的排斥意味还是很浓的。论坛除了与各国警卫队交流，就是与北极理事会以及一些大学联系，如帮助奥卢大学和赫尔辛基大学发布2018年9月主办"UArctic大会"的通知。有人提出，提升论坛影响力的方法之一，是让所有北极国家与潜在用户就该地区搜索、救援问题进行对话。然而无论是北极海岸警卫队论坛抑或北极理事会，似乎没有意愿也没有能力组织这样的讨论。

北极国家"抱团"的心理由来已久，像北极理事会就曾经闭门制定"搜救和油污处理"若干法律文书，未征求域外北极航道使用国和资源开发国的意见。域内国家虽有分歧，但在维护北极地区权益以及对北极事务的主导权上，仍排斥非北极国家参与。北极事务关乎八国最根本的利益，因而在强化自身北极国家身份的同时，北极八国逐渐建立起某种主权联盟，形成了合作内核，进而借助北极海岸警卫队论坛的协商机制共同建构北极的区域意识，营造"北极是北极国家的北极"的话语体系。① 因此，建立北极国家与非北极国家互信、互动、互利的合作模式仍需时日。

## 四 对论坛未来发展的思考

北极八国地理位置接近，具有共同文化渊源又有维护本地区安全和稳定的共同利益，因此具备警务合作的基础。区域警务合作涉及参与各方司法主权的部分让渡，具有深刻的地缘政治背景，因此需要建立在各国睦邻友好的

---

① 肖洋：《北极理事会"域内自理化"与中国参与北极事务路径探析》，《现代国际关系》2014年第1期。

关系基础之上。

目前俄罗斯与北极域内其他国家的关系时而缓和，时而紧张。但得益于"复合相互依赖状态"，北极区域治理在海空搜救、污染防治与环境保护方面的合作还在不断深化，"北极海岸警卫队论坛"就是这种状态下的产物。同时北极八国在对外事务上不断强化自身北极国家身份，使得论坛呈现出较为封闭的特征。

目前已有不少分析、评论认为，关于北极一系列问题的解决单靠所谓"北极国家"是远远不够的，而是需要更大范围的国际社会的共同努力。不仅北极各国应形成一种合作机制，其他主体也可以参与其中发挥巨大作用。因此，为了论坛能长远发展，应当从如下几个方面努力。

首先，应当加强各国海岸警卫队之间的联系，这种执法合作不应局限于某几个国家之内。美国、俄罗斯、挪威、加拿大、丹麦等5个北冰洋沿岸国曾数次召开会议，强调它们在北极事务方面的核心作用，这就使得瑞典、芬兰、冰岛等非沿岸国担心在北极相关决策中被边缘化。论坛既然吸纳了这8个成员，则开展模拟演习以及制定指南应该邀请所有成员参加，以此来增进了解和互信。

其次，充分利用专家及首长级会议。论坛每年会举办两次会议，是非常好的交换信息的时机。会议能检验论坛框架下各国警卫队的合作情况，并敦促大家继续开展执法合作，会议还能为区域紧急事件提供框架指导，为实际行动指明战略方向。同时，各国可以通过会议就加强建设该地区的安全基础设施开展讨论。

再次，论坛应继续坚持其"避免将事务政治化"的一贯主张。虽然俄罗斯与其他成员的外交关系在不断恶化，但是有人认为，正是这种"避免政治化"的主张，能为北极八国提供又一交流平台，可以成为一个在其他渠道被解散时，与俄罗斯进行安全对话的场所。因此，应该继续贯彻这一主张，在此平台上开展执法合作，为冲突各方保有通畅有效的沟通渠道，尽可能地弱化政治分歧的影响，避免国家间合作关系的全面破裂，最终促进信任关系的重塑和合作关系的恢复。

最后，论坛还应加强和国际组织（如北极理事会和国际海事组织等）的合作与联系，扩大自身影响力。论坛不妨接纳更多北极利益的代表国，一个开放的论坛可为北极问题的解决带来新的契机。

## 结　语

"北极海岸警卫队论坛"作为一种区域警务合作，从产生到现在仅仅3年，但在发展过程中表现出了很多与传统执法合作的不同之处，是北极地区执法合作的新发展。有人认为，无论该平台能否在搜救活动、应急活动上做出贡献，其客观上帮助北极国家彰显了本地区的实际存在。虽然各国海岸警卫队在该平台上究竟扮演着何种角色，以及将被在多大程度上赋予权力仍然有待商榷，但这种合作无疑能加强北极海上安全和环境管理的合作与协调，对该地区极其敏感的生态系统也会有所助益。

但应当看到的是这种合作也面临着诸多障碍。比如，北极地区现有安全基础设施薄弱这一"硬伤"，以及政治分歧和机制差异等"软肋"。北极八国并不同心同德，这种不信任以及个体理性主义，将会导致北极海岸警卫队论坛合作的"囚徒困境"。普京曾称，"如果孤身一人则无法在北极生存，自然使人和国家相互依赖、相互帮助。"北极八国需要增进了解互信，坚持"避免将事务政治化"的一贯主张，还应加强和国际组织的合作与联系，在北极地区事务中发挥更大的作用。

# B.8
# 《巴黎协定》对北极油气资源区域法律机制的影响

董跃 戚鹏*

**摘 要：** 《巴黎协定》在气候变化法制上有长足的发展，北极作为气候变化敏感区，《巴黎协定》无疑会对北极地区油气资源的开发产生重要影响。协定签署后，北极国家采取不同措施响应《巴黎协定》，体现了不同的保护与开发取向。美国宣布退出《巴黎协定》这一举措，虽然会对北极地区化石能源开发多边合作机制的形成造成冲击，但并不会影响整个北极地区油气资源开发受限的大趋势。北极地区未来将呈现以建立公海保护区为限制开发的重要手段，以科研合作为加强开发合作的重要途径，并可能会达成区域性限制开发协议的趋势。气候变化国际法制的发展正在进入新时期，我国应从战略高度重视北极油气资源的勘探与开发，积极承担在全球包括北极地区在内气候变化应对议题上的责任，实质参与到北极地区的环境治理与资源开发当中。

**关键词：** 北极地区　油气资源开发　区域法律秩序

2016年4月，来自175个国家和地区的领导人共同签署了《巴黎气候变化协定》（以下简称《巴黎协定》），协定的签署对于北极特别是北极油气

---

\* 董跃，男，博士，中国海洋大学法学院副教授、硕士生导师、副院长；戚鹏，男，中国海洋大学法学院国际法学专业2017级硕士研究生。

资源的开发将产生较为深远的影响，其中也包括资源开发和保护的法律机制。随后特朗普在2017年宣布美国退出《巴黎协定》，特朗普政府在气候变化政策上的消极态度对气候变化国际法制的发展造成了一定冲击，这一行为也会在短期内影响北极油气资源开发的区域法制和实践。本文拟就《巴黎协定》签署后国际气候变化法制的发展对北极油气资源区域法律机制产生的影响展开研究，进而对有关北极油气资源开发的区域法律秩序走向做出预判，并在此基础上，提出中国的应对策略。

## 一 《巴黎协定》文本对北极油气资源开发的潜在影响

尽管《巴黎协定》并没有明确地指向北极地区，但是它给该地区带来的影响会远远超过其他地区。究其原因，在于《巴黎协定》在气候变化法制上有长足的发展，而北极的油气资源开发活动与之利益攸关。

### （一）《巴黎协定》中和北极相关的制度进展

从北极油气资源的视角来看，《巴黎协定》的法律要素有以下几个特点。

（1）在参与程度方面，这是第一次包括主要碳排放国在内几乎所有国家都承诺会减少温室气体的排放，但该协定实际产生的影响，在很大程度上取决于国际社会如何贯彻应对气候变化的合作精神以及如何实现已经制定的远大目标。

（2）在加强减排、增强适应性以及为发展中国家提供资金和技术支持等国际气候合作方面，《巴黎协定》提供了一个灵活而通用的框架，该项协定没有具体规定某一个国家的减排目标，相反，该框架建立在尊重各国意愿的自承诺目标前提之上，这个承诺会在周期基础上不断检查更新，随着各国逐渐增加他们的承诺，通过这一框架，在全球范围内将会形成一种良性循环。

（3）在全球气温上升控制的长期目标方面，各国政府同意将21世纪全球平均气温上升幅度控制在2摄氏度以内,并将全球气温上升控制在前工业化时期水平之上1.5摄氏度以内,全球气温上升控制的长期目标是否能够实现,是检验这项协定有效性的最直接方法,也会为各国减少排放以保证全球气温上升控制在目标设定的范围内提供充足而积极的动力。

### (二)《巴黎协定》对北极油气资源区域法律机制的潜在影响

1. 开发合作法律机制

北极是气候变化最明显的地区,它的平均气温增速是其他地区的两倍,部分地方的气温变化更为剧烈;它也是对气候变化最敏感的地区,即使是轻微的气温上升也会破坏该地区的自然系统,这不仅会影响该地区的生态环境,还有可能会影响整个地球的生态系统。基于北极地区极端脆弱和敏感的自然环境,《巴黎协定》中的部分条款将会针对北极地区的政策和经济发展,尤其是会对油气资源的开发产生影响。

自1900年首次在阿拉斯加钻出石油,便拉开了北极油气资源勘探开发的序幕,[①] 1962年俄罗斯塔佐夫斯克油田的发现,引发了对北极油气资源的大型勘探开发活动,尽管北极国家在北极油气资源开发的政策上存在一定差异,但各国都对北极地区石油勘探的未来充满期待。我们认为,《巴黎协定》对北极油气资源开发区域性机制的形成的确会产生积极影响,具体来说,会对北极油气资源开发活动的统一规划合作机制以及开发标准的统一产生推动力,这些制度上的进展对在北极区域内建立开发法律机制具有正面意义。

首先,《巴黎协定》中设定的具体气温控制目标推动各国开始计算在确保气温上升幅度低于危险临界值的同时还能够使用的化石燃料储量,具体到北极区域,各国必须考虑北极油气资源开发数量的问题,缺少统一的油气资源开发规划会成为实现"2℃目标"以及资源可持续开发的阻碍,从长期来看,北极各国在油气资源开发上又有着广泛的共同利益,在此情况下,为了

---

① 贾凌霄:《北极地区油气资源勘探开发现状》,《中国矿业报》2017年7月14日,第4版。

实现远大的温度控制目标,对油气资源开发活动实行区域内统一的开发规划十分必要,这也能够避免因机会主义和任意行为,使北极油气资源开发陷入完全无序和激烈竞争的状态。在《巴黎协定》生效后的一年内北极国家在该问题上也有初步的实践,2017年5月11日北极理事会第十届部长级会议签署的《费尔班克斯宣言》指出,北极圈的变暖速度是全球平均速度的两倍,呼吁各国减少温室气体排放和人为排污行为,还达成了加强各国在北极科学研究合作的协议。① 科学研究、污染防治等低敏感度领域合作协议的达成提高了区域互信,为建立区域内统一的开发规划合作机制提供了良好的行为示范。

其次,实现"2℃目标"会对油气资源勘探开发行业产生巨大影响,在油气资源勘探开发的过程中,大气污染物、废水和固体废弃物的排放都会对生态环境产生难以修复的后果,而环境风险并不是单个国家能够解决的,海水污染物以及大气污染物的防治需要跨境合作,才能够尽量减少油气资源勘探开发对北极环境带来的影响。在实现《巴黎协定》目标过程中还面临着承诺减排量进一步扩大与减排经济成本增加的矛盾,为了实现国家利益的最大化,不可能完全禁止开发北极地区的油气资源,解决这一矛盾的措施是建立区域内油气资源勘探开发的统一环保标准,降低生态环境风险,从而维持经济发展与环境保护之间的平衡。鉴于北极国家在环境保护理念上以及法律标准上的不同,达成各国都能接受的油气资源开发的统一环保标准对各方来说都是有利的。

2. 减排合作法律机制

毫无疑问,北极将会继续面临气候和生态系统的巨大变化。在该背景下,整个北极地区的参与性适应规划就显得比任何时候都重要。鉴于与适应性相关的义务更加一致地适用于所有国家,《巴黎协定》刻意模糊了发达国家和发展中国家的界限。《巴黎协定》需要所有国家提供周期性的"适应性

---

① 蒂勒森:《美国气候变化立场未定》,http://www.cdmfund.org/zh/world/16894.jhtml,最后访问日期:2017年11月2日。

沟通"，包括更新国家重点、正在推进的政策，呼吁所有国家确保这些适应性政策适应于各个国家且更具参与性。这些义务给北极国家创造了一个机会，考虑如何通过北极理事会开展减排协同合作以促进该地区的良好发展。

《巴黎协定》为自下而上机制的施行及其所体现的尊重国家主权、非对抗、非侵入、非惩罚策略付出了相应的对价，这种施行和策略从根本上要求所达成的气候应对协议只能对一些总括性内容做出法律约束，即基本上放弃了在传统观念中认为极为重要的法律约束力，仅是要求协议各方就自己的"国家自主贡献预案"的承诺和政策进展情况进行实时维持和汇报。[①] 从法律拘束力的角度来看，在理论上，《巴黎协定》属具有法律拘束力的《联合国气候变化框架公约》达成的会议决议，自然具有法律拘束力。但是在实践上，由于这些决议文本在内容上的用语并不精确（precise），因而无从显示法律上拘束的意图，此外在法律程序上许多决议文本是采取非正式协商方式产生的，无须送交各缔约国立法机关通过，也无须刊登在缔约国条约汇编中，故无从产生契约性义务。纵使有开放缔约国间签署的动作或仪式，严格说来，仍属于仅具有道德层面约束而不具有法律拘束力的软法（soft law）性质，即使缔约国未遵守决议文本的内容，如资金提供、技术转让等遵约机制，也不会导致缔约国间的任何违约制裁。[②] 在实践意义上，《巴黎协定》具备软法性质，但从北极特殊的情况来看，仅具有"道德层面"问题并不会成为在北极地区实践该协定的阻碍。

首先，核心条款缺少强制拘束力，有助于促进北极各方在减排问题上达成共识。国际环境法的权威学者如艾迪·布朗维丝（Edith Brown Weiss）教授指出软法在解决环境问题等国际法领域很常见，作用也是非常显著的。特别是在出现新的环境问题的时候，软法就更有用武之地。[③] 当前北极地区油气资源开发面临的最大问题就是环境问题，一切资源的开发都要顾及极端脆

---

[①] 秦天宝：《论〈巴黎协定〉中"自下而上"机制及启示》，《国际法研究》2016年第3期。
[②] 戴宗翰：《论〈联合国气候变化框架公约〉下相关法律文件的地位与效力——兼论对我国气候外交谈判的启示》，《国际法研究》2017年第1期。
[③] 董跃、陈奕彤、李升成：《北极环境治理中的软法因素：以北极环境保护战略为例》，《中国海洋大学学报》（社会科学版）2010年第1期。

弱的环境，在如何实现节能减排与资源开发之间的平衡这一新问题领域，传统国际法的功能发挥受到限制，难以促成各方达成一致，而具备一定"软法"属性的《巴黎协定》天然具备了在北极地区促成各方合作的优势。首先，与《京都议定书》的强制分配减排任务不同，《巴黎协定》采取尊重国家意愿的"国家自主贡献"方案，法律用词上是一种倡议性的而非强制性的，在核心条款上的法律约束力更多是程序上的而非实质性的，① 这在价值接受上具有优势，尤其是在北极这一环境问题十分敏感的地区，更能够凝聚共识。其次，北极地区应对气候变化的合作由来已久，签署《巴黎协定》可能成为北极地区加强减排合作的契机。目前，北极各国已经先后在北极理事会合作框架内就北极地区海上石油污染防治、北极海空搜救和北极地区科学考察制定了具有法律拘束力的协议，针对黑色烟尘问题，环北冰洋八国也达成了"加强黑炭和甲烷减排行动框架"。2017 年，一直将气候变化与环境保护作为其北极政策优先事项的芬兰接任美国成为北极理事会主席，并重点关注包括环境保护在内的议题。在《探寻共同方案：芬兰的北极理事会轮值主席国（2017～2019）议程》文件中明确指出，芬兰的北极政策将以 2016 年签署的《巴黎协定》以及落实联合国 2030 年可持续发展目标为指导，推动国际社会在应对气候变化的谈判中加强对北极事务的重视。② 总体来看，在已有良好合作的前提下，《巴黎协定》的签署对北极各国增进气候变化政策沟通、提高应对气候变化能力，最终借助全球性公约体系建立稳定的区域减排合作法律机制都具正面影响。

## 二 《巴黎协定》签署后北极国家在油气资源法律机制方面的相关举措

《巴黎协定》签署后，在北极区域内，以美国－加拿大为核心，囊括北

---

① 何晶晶：《从〈京都议定书〉到〈巴黎协定〉：开启新的气候变化治理时代》，《国际法研究》2016 年第 3 期。
② 孙凯、吴昊：《芬兰北极政策的战略规划与未来走向》，《国际论坛》2017 年第 19 期。

欧五国在内采取了较大力度的措施来响应《巴黎协定》，特朗普上台后，出现了对北极油气资源开发解禁的态势，但至今这些计划都未得到实现；俄罗斯则仍然因经济因素保持着高速增长的北极油气资源开发状态。

### （一）保护取向的相关法律举措

1. 美加两国领导人北极联合声明

美国前总统奥巴马和加拿大总理特鲁多于2016年3月和12月同时发布了美国与加拿大北极地区联合领导人声明。两份声明中与北极油气资源开发相关的要点如下。

（1）美加双方对奥巴马执政期间气候变化政策及其在北极地区的适用表示了认可。加拿大政府的态度与奥巴马政府保持了高度一致，对北极油气资源开发采取的限制措施具体包括对阿拉斯加北极近海的石油钻探禁令、区域渔业管理、向国际海事组织建议逐步减少重燃料油的议案和航线计划等。

（2）建设性的环境条款及对于北极海域油气资源开采的直接限制。在双方2016年3月的公告中，美加双方确认了在北极区域内的商业性油气开发要"采取以科学为基础的方法"并要求达到最高的安全和环境标准且符合国家和全球气候环境目标，以应对未来可能发生的北极地区海上石油开发风险；在2016年12月的声明中，奥巴马和特鲁多则完全禁止了在北极区域内的油气勘探，加拿大表示要大力发展可再生能源，减少北极原住民社区对柴油等化石能源的依赖。

2. 美国与北欧五国的联合公报

美国总统奥巴马和五位北欧国家领导人于2016年5月发布联合公报，六国同意将严格的环境标准及气候应对目标应用于北极地区的商业活动之中，协议公报内容包含了保护北极环境、北极航空业、促进北极地区可持续发展等关键内容。这一公报将对北极地区未来的能源勘探、渔业及航运业等各方面产生重大影响。

美加的双边联合公报，以及美国与北欧五国的区域性联合公报，虽然在

国际法上并不具备法律拘束力,但确实是有着实际法律效力的不折不扣的软法。这也意味着俄罗斯是唯一一个还未将这些标准纳入常规政策的北极国家。

3. 美国暂停开发北极海域油口的法案

2016年11月18日,奥巴马签署了相关法案,公布了今后5年美国沿岸油气开发的最终方案,确定将推迟批准北极海域开发许可,并决定不开发阿拉斯加北极海岸波弗特海和楚科奇海的980万英亩未来油气租赁项目。到2016年底,奥巴马政府"冻结"在阿拉斯加海岸的石油和天然气钻探行动,撤销了当时壳牌和挪威国家石油公司的钻井许可证。在海岸保护方面,奥巴马政府已将全国仅存的自然景观之一——北极国家野生动物保护区的1200多万英亩的区域作为荒地永久保护起来,禁止一切资源开发活动。

### (二)开发取向的相关法律举措

许可证制度是挪威在北极油气资源开发领域的重要法律机制,在北极海域进行任何油气勘探活动都要获得政府颁发的许可证,实现对北极油气资源开发的有序进行。2017年,挪威在发放许可证上呈现积极态度。① 一是因为在2010年解决了俄罗斯、挪威两国之间的海洋划界争端、渔业、油气资源共同开发问题,使已经冻结30多年的争议海域油气开发问题实现了向跨界共同开发的转变,实现了跨界共同开发的发展与新突破。二是与欧盟在《巴黎协定》上的支持立场和坚定履行态度有关,在欧盟限制石油开发并对海上石油勘探要求采取更高的环境保护技术的情况下,石油公司不得不考虑在北极海域进行油气开发活动的环境风险,投资的减少使挪威政府不得不采取更加开放的态度鼓励石油公司参与许可证的竞标。

---

① "New license round reveals a declining interest in Norway's Arctic oil," The Independent Barents Observer, https：//thebarentsobserver.com/en/industry-and-energy/2017/12/new-license-round-reveals-declining-interest-norways-arctic-oil,最后访问日期：2017年12月2日。

## 三 美国退出《巴黎协定》对北极油气资源区域法律机制的影响

美国总统特朗普2017年6月1日宣布美国退出《巴黎协定》。美国退出《巴黎协定》可谓情理之外，意料之中，在大选期间，特朗普就声称气候变化是"谎言"和"骗局"，威胁要退出《巴黎协定》，尽管特朗普在胜选后，对气候变化的质疑和批判有所缓和，但总的来看，特朗普支持共和党的传统立场：质疑气候变化、支持本土油气开发以降低能源对外依赖、减少政府对自由市场的监管等。① 特朗普自就任以来一直试图解除在北极的勘探禁令，应对气候变化的消极态度正在短期内影响其他北极国家，对本国在阿拉斯加的油气资源开发政策以及双边和区域法律机制方面也造成了一定的影响。

### （一）对美国阿拉斯加油气开发政策的影响

首先，退出《巴黎协定》，美国将不用兑现减排目标，也将免除为应对气候变化付出的资金和科研投入义务，为发展油气产业扫清政策阻碍。对特朗普政府来说，不用再顾虑《巴黎协定》的法律约束力，可以放手复苏经济，恢复煤炭、石油等传统能源行业的工作岗位。为创造更多的就业机会，美国在阿拉斯加北极地区丰富的石油和天然气储量自然受到特朗普的关注。2017年4月28日，特朗普签署名为"执行美国优先离岸能源战略"的行政令，要求重新评估奥巴马执政时期颁布的包括北极部分地区永久性油气钻探禁令在内的外大陆架油气发展计划，宣布将停止设立或扩大海洋保护区，并将重新评估过去10年设立或扩大的海洋保护区，同时，继续推进阿拉斯加北坡油田能源开发计划。可以看出，特朗普退出《巴黎协定》的一系列举

---

① 赵行姝：《〈巴黎协定〉与特朗普政府的履约前景》，《气候变化研究进展》2017年第13期。

措,与特朗普的其他能源政策具有内在的一致性,即消除美国发展国内油气能源行业的政策阻碍。

其次,特朗普宣布退出《巴黎协定》对奥巴马时期的阿拉斯加油气资源开发禁令产生一定冲击。在立法层面,参议院共和党税法中的新条款提到,计划开放阿拉斯加野生动物保护区附近的区域用于石油钻探,规定商业公司在该区域的石油钻探申请仅需要行政部门的批准即可。在阿拉斯加近海海域,特朗普政府正在批准石油公司在阿拉斯加北极区域的石油钻探租约,着手将奥巴马执政时期在波弗特海和楚科奇海的近海钻探禁令连同其他规则一并推翻,来推动美国化石燃料的出口。①

最后,受制于法律程序、国内意见分歧严重等因素,特朗普的一系列解禁举措对美国阿拉斯加油气资源开发政策产生的影响有限。依据《巴黎协定》第 28 条②设定的退出程序,美国要真正退出该协定,最早也要等到 2020 年 11 月 4 日;同时,特朗普明确表示不会选择经由国会表决退出《联合国气候变化框架公约》,放弃在退出时间上具有优势的这一选项,也在一定程度上体现了特朗普和共和党并未完全放弃应对气候变化议题。即使是 2018 年特朗普正式提出的海上油气田解禁提案,也要经过最长达到 18 个月的审查期限,还要受到来自国会和联邦法院的挑战。此外,该退出行为已经引起了美国国内民主党和环保组织的抗议,有多个州的州长表示要继续执行《巴黎协定》相关的减排内容,不受特朗普退出《巴黎协定》的影响。③

退出《巴黎协定》是特朗普能源政策的一部分,在一定程度上加快了特朗普"能源独立"政策的实现,但从法律程序和国内政治环境来看,特

---

① "Trump Administration Approves Oil Project In Arctic Waters," Global Trade Magazine, http://www.globaltrademag.com/global-logistics/trump-administration-approves-oil-project-arctic-waters? gtd=3850&scn=trump-administration-approves-oil-project-arctic-waters,最后访问日期:2017 年 12 月 10 日。
② "Paris agreement," unfccc.int, http://unfccc.int/files/essential_background/convention/application/pdf/chinese_paris_agreement.pdf,最后访问日期:2018 年 2 月 28 日。
③ 《夏威夷州长签署法令继续执行巴黎协定》, http://www.sohu.com/a/146881822_114986.,最后访问日期:2017 年 12 月 15 日。

朗普想要大规模开发阿拉斯加北极地区的油气能源仍需时日。事实上，美国在北极油气资源开发的态度上，一直处于摇摆不定的状态，退出《巴黎协定》也反映了美国在阿拉斯加北极区域油气资源开发问题上的长期冲动，自1900年在阿拉斯加开采出石油开始，多数美国总统都在其任内的能源战略中提及阿拉斯加油气资源开发的问题，例如小布什的《国家能源政策》中就提出开放阿拉斯加北极国家野生动物保护区进行油气开发，奥巴马在其任内的多数时间内对北极油气开发政策也都是进行模糊处理的，在任期最后阶段设立禁令有可能是考虑到国际市场油价低迷、开发成本高、环境风险大等因素。不论是共和党还是民主党，对能源安全的需求是由美国国家利益所决定的，阿拉斯加北极区域丰富的油气资源也必然受到美国总统的关注。

### （二）对北极油气资源开发双边和多边机制的影响

1. 对北极油气资源双边合作和竞争机制的影响

（1）对中美北极油气资源开发合作机制的影响

中美两国的能源合作涉及多个层面，包括"中美能源政策对话""中美战略和经济对话"这类长期官方性质的对话机制，还包括大量在政府主导下的民间合作协议。在特朗普确认美国将会退出《巴黎协定》的次日，中国表示会坚定实施《巴黎协定》，[①] 中美两国在气候变化立场上虽有分歧，但在能源安全问题上拥有共同利益，结合近期中美贸易摩擦，重启中美能源对话机制并加强建立企业间合作协议存在可能，这也对阿拉斯加北极地区油气开发具有积极意义。2017年，中美两国企业签署了总额达1637亿美元的能源合作框架性协议，其中就包括联合开发阿拉斯加LNG项目意向性文件。

（2）对美俄北极油气资源开发竞争机制的影响

美俄两国在油气资源供应方面长期存在竞争，主要包括LNG和管道油气、油气定价机制等方面。美俄两国在北极油气资源方面的竞争也随着特朗

---

① 《2017年6月2日外交部发言人华春莹主持例行记者会》，http://www.mfa.gov.cn/chn//gxh/wzb/fyrbt/jzhsl/t1467387.htm，最后访问日期：2017年12月15日。

普退出《巴黎协定》而越发激烈，美国众议院在2017年7月通过了针对俄罗斯油气领域的制裁法案：禁止或限制美国企业和个人参与俄罗斯在深海、北冰洋区域油气资源及页岩油开采和生产项目，禁止外国公司在俄罗斯进行以上开发活动。特朗普一直强调实现美国能源独立，并且积极拓展国外市场，在资金和市场同时具备的东亚区域，两国成为强劲的竞争对手。缺少了《巴黎协定》以及相关监管政策的束缚，美国正在成为俄罗斯在全球最大的石油和天然气竞争对手，[1] 虽然该项法案的目的是惩罚俄罗斯干涉2016年美国大选以及一些争议性事件，但该法案势必会加剧两国在北极油气能源上的开发竞争，双方今后在油气能源开发资金、技术、人员等方面的相互法律制裁将会更加频繁。

2. 对北极油气资源开发多边合作机制的影响

美国退出《巴黎协定》，北极理事会是受影响最大的北极多边合作机制。自从特朗普宣布退出《巴黎协定》后，北极国家中的其余七国均表示了继续履行《巴黎协定》承诺的立场。特朗普政府为推进北极集体行动提出了新的挑战和不确定性，对多边倡议的普遍怀疑以及从《巴黎协定》中退出，表明美国可能很少支持全球合作的环境保护工作。[2] 北极理事会现已达成的具有法律拘束力的三个条约之一《北极海洋石油污染预防与应对合作协议》，其主要目的是对北极圈内日益增加的油气资源开发活动进行石油污染防治，作为一项间接性限制北极油气资源开发的协议，根据特朗普目前的政策，可能不会在美国国内得到更加严格的实施。

在北极理事会第十届部长级会议上，美国结束了其两年的轮值主席国任期，对于在北冰洋设立公海保护区以限制油气能源开发等问题，以及试图通过北极理事会达成对北极环境保护的目标，美国退出《巴黎协定》带来的环保资金撤出等负面效应，实现难度正在增大。

总体来说，美国退出《巴黎协定》并不会影响整个北极地区油气资源

---

[1] 《美国成俄罗斯劲敌，在天然气市场竞争加剧》，中国能源网，http://www.china5e.com/news/news-1010306-1.html，最后访问日期：2017年12月15日。

[2] Nord D C, "The Challenge of Arctic Governance," *The Wilson Quarterly*, 2017, MLA.

开发受限的大趋势，况且从法律程序上来看，在特朗普首届任期内想解除对北极区域油气资源开发的禁令是不可能的。退出协定的确会对北极地区油气资源开发多边合作机制的形成造成冲击，但鉴于北极国家各方对《巴黎协定》履行承诺的坚定意愿，美国也不会放弃在可再生能源和新能源领域的优势领先地位，从长远角度来看，强调以环境保护为核心的北极油气资源开发合作仍然会是该议题上的主流。

## 四 在《巴黎协定》推动下北极油气资源开发区域法律秩序的走向

从目前的情势来看，《巴黎协定》对北极油气资源开发已经产生了一定的影响，随着《巴黎协定》的执行进入正轨，估计未来这些影响将随着气候变化国际法制的发展而更加深入。本节将综合上述《巴黎协定》对北极油气资源区域法制的影响，对北极油气资源开发区域法律秩序的走向进行分析。

### （一）区域性限制开发协议或成为主要的法律形式

从现有情势来看，北极八国之中，已经有六国明确了其基本立场，即同意在北极地区限制甚至禁止油气资源的开发，虽然还没有国际法认可的区域性协议，但是相关联合公报在国际法上具有禁止反言的单方拘束力，今后也很容易演变为双边或多边协议。

有两个因素需要关注，第一是该协议对于北极油气资源开发的限制会达到什么程度，从目前的情势来看，虽然北欧五国在公报中表达了和美国同样的立场，但其具体情况是有所不同的，有很多因素制约着对油气资源开发的限制，例如原住民的利益，再如北极国家对于能源来源多样化以及北极海域的探知等因素；另外，北欧国家油气开发的基础也不一样，挪威也是北极油气资源开发的大国，只不过其保持了高水准的环保措施而已，目前挪威为了保证其油气产量，多是采取和俄罗斯合作的方式。综合以上因素，即使在各

国内部，完全禁止北极油气资源开发也是不可能产生的，相关的限制更多是在环境标准层面。第二是特朗普政府立场的影响。特朗普的政治主张是强调资源开发以增进相关福祉，但是按照美国的相关立法规程，要废止现有规划，重新制定规划，至少还要等本期规划执行完毕之后，因此在特朗普的第一任任期内，美国对于限制近海开发的法案是不会废止的。同时，退出《巴黎协定》仍需时间，在这一时间段内，美国仍承担着该条约设立的国际义务。

### （二）建立公海保护区或成为限制开发的重要手段

目前，以美国为首的海洋强国在积极推动国际公海保护区的划定，其背后的考量因素非常复杂，绝不是海洋生态保护这一个要素，可能还涉及未来的海洋权益分配、海洋空间争夺甚至军事因素等。目前，各国对于油气资源的限制还限定于近海区域，未来对于北极核心区的油气资源的限制甚至禁止性规定，都是有可能出台的。

此外，从美国等国家积极推动签署以禁止性规则为主的北极核心区渔业协定不难看出，以美国为首的北极国家对于北极的壁垒意识还是非常强的，这点也可能会影响到未来北极核心区的油气资源开发制度。

### （三）推进科研合作或成为加强开发合作的重要途径

北极地区存在大量待解答的科学问题，政府决策也更加依赖于科学数据，科学研究合作是连接利益攸关方和解决北极问题最好的方式之一。北极国家在2017年签署了北极理事会第三个具有法律拘束力的文件，即《加强北极国际科学合作协定》。在科学研究这一问题上，所有北极国家都保持了一致立场，其考虑的因素涉及对北极航道的使用、北极外大陆架划界以及各国之间海洋划界以及环境保护，这些决策和法律机制的形成都在一定程度上依赖于科学研究，充分的科学研究保证了在未来可能形成的限制性开发区域协议过程中决策的科学性，并为解决包括划界、航道使用在内的问题提供科学支撑，解决这些问题都与北极油气资源开发区域法律秩序的形成与完善息息相关,也是北极国家加强合作、建立互信的重要途径。

### (四)全球性公约对区域性限制开发协议的影响或将加深

基于北极国家的利益考量以及油气资源开发的特殊性,北极油气资源开发直接受全球性条约的规制可能性很小,但在特殊领域如石油污染防治、航道使用等方面,受全球性公约的影响正在加深。北极理事会现有的三个具有法律拘束力的条约均在不同程度上受全球性公约的影响,这些全球性公约包括《联合国海洋法公约》中对海洋环境保护、国际海事组织有关海上救援的一系列公约等。从现实角度出发,北极油气资源对全球能源市场的未来发展具有重要意义,对这些油气资源的开发管理不可能永远掌握在少数北极国家手中,在此基础上,未来北极油气资源开发区域性协议的形成可能会受到更多来自全球性公约的影响,形成包括投资制度、环保技术标准在内的区域开发法制与全球法制的有机衔接。

## 五 中国的应对策略

气候变化国际法制的发展正在进入新时期,我国应该高度重视对北极油气资源的勘探与开发,同时积极承担在全球包括北极地区在内气候变化应对议题上的责任。为此,我国应当坚持开发利用北极地区油气资源的战略并完善相应策略,加大经费投入,加强国际合作,在开发和利用北极地区油气资源及构建北极地区新秩序方面发挥应尽的国际责任。

### (一)坚持和完善我国的北极油气资源开发战略

北极地区的特殊性也使得北极油气资源开发具有明显的政治性,适时确立完备的北极政策和北极战略也有利于推进和参与国际合作开发北极油气资源的工作。中国北极权益的实现需要在中国北极战略的指导下完成。在2018年2月发布的《中国的北极政策》白皮书中指出,中国的北极政策目标是认识北极、保护北极、利用北极和参与治理北极，维护各国和国际社会在北极的共同利益，推动北极的可持续发展。中国尊重北极国家根据国际法对其国家管辖范围内油气和矿产资源享有的主权权利，尊重北极地区居民的利益和关切，要求企业遵守相关国家的法律并开展资源开发风险评估，支持企业通过各种合作形式，在保护北极生态环境的前提下参与北极油气和矿产资源的开发。

除了坚持以上原则外，还应当注意完善在实施方面的制度建设，其中包括建立赴北极地区投资企业的资质审核和针对北极油气资源开发项目的环境评价审核制度等，以实现我国对北极油气资源的可持续利用。

## （二）建立和推进与北极域内外国家的双边和多边合作机制

《巴黎协定》的签署以及生效，是全球气候变化治理的重要里程碑，在减少碳排放问题上，伴随美国正式宣布退出该协定，全球减排目标实现的难度增大，我国应当积极承担更多责任。落实《巴黎协定》，兑现我国所做出的庄严承诺，不仅有助于缓解国际社会对我国的巨大压力，扩大对外经济技术合作的空间，提高中国在全球气候治理中的话语权，更是我国建设生态文明和美丽家园，造福本国人民和子孙后代，实现伟大中国梦的内在需要。《巴黎协定》为我国节能减排、走绿色低碳发展之路提供了外在制度约束，增添了外部压力和动力，也为我国的结构转型和绿色发展带来新的机会。① 面对减排目标，我国应尽快改变原有的以煤炭和石油消费为主的高碳排放量能源消费模式。

首先，北极地区的油气资源潜力巨大，其中作为清洁能源的天然气以及天然气水合物的储量巨大，虽然我国不拥有北极资源主权，但在我国能源安全战略中，政府应当对北极油气资源给予越来越多的重视，与北极资源国积极开展双边、多边战略合作与对话。

---

① 周茂荣：《中国落实〈巴黎协定〉的机遇、挑战与对策》，《环境经济研究》2016年第1期。

其次，加强同北极域外国家的国际合作。北极地区是全人类的宝贵资产，因气候变化，北极地区的开发越发深入，对北极油气资源开发更加具有经济和技术可行价值的情况下，其他北极域外国家也对此表现出了很大的兴趣，并开始积极参与北极活动。

### （三）积极实施对北极环境治理的实质性参与

北极的未来不仅关乎北极国家和北极地区人民的福祉，也关乎国际社会的整体利益。[①] 气候变化使北极地区资源开发和环境保护的矛盾更为尖锐，我国应当更加积极在《联合国气候变化公约》以及北极理事会等多边合作机制内实现对北极地区环境治理的实质性参与，尤其要参与设立北极公海保护区等限制油气资源开发的管理工具。为此，我国应增强科学研究投入，提高对北极气候变化的科学和研究水平。此外，还应充分利用我国作为北极理事会正式观察员国的身份，有针对性地对北极环境治理以及油气资源开发进行国际合作，实现国家利益与国际责任的平衡。

---

① 《中国的北极活动与政策主张——外交部副部长张明在"第三届北极圈论坛大会"中国别专题会议上的主旨发言》，《中国国际法年刊》2015 年，第 688 页。

# B.9
# 北极航道邮轮运输法律规制研究*

白佳玉　董　宇**

**摘　要：** 随着气候变暖，北极地区海冰消融，冰期缩短，促使北极航道商业航运的兴起，利用北极航道进行邮轮运输的发展前景良好。本文通过对邮轮运输国际法律规制与各条航线沿岸国具体法律规制的内容介绍和对比研究，得出北极航道邮轮运输法律规制未来发展面临的挑战及存在的不足。本文还着重分析了北极航道邮轮运输法律规制对北极旅游的促进机制，通过完善邮轮运输法律制度，发挥邮轮运输在北极旅游中的关键作用。北极航道的邮轮运输法律制度现在仍存在众多冲突与不完善之处，这也与各国在北极航道的国家利益之争有关。但是随着北极航道国际协调机制的发展和各国之间合作交流的加强，邮轮运输法律制度也会日趋完善，能够更好地维护北极航道的航行秩序，发展旅游行业，并合理协调承运人与旅客的航行利益。本文通过提出我国邮轮运输法律规制存在的不足，分析《中国的北极政策》白皮书，以提出相应的完善建议，为我国日后北极航道邮轮运输业的发展奠定法律基础，促进我国北极旅游业的发展，且有利于规范我国北极航道邮轮运输，减

---

\* 本文为国家社会科学基金一般项目"中国参与北极治理的国际合作法律规则构建研究"（16BFX188）和国家社会科学基金项目"可持续发展视域下邮轮运输法制保障研究"（17BFX152）的阶段性成果。

\*\* 白佳玉，女，博士，中国海洋大学法学院教授、博士生导师，主要从事海洋法、海事法研究；董宇，女，中国海洋法学法学院法律（法学）专业2016级硕士研究生。

少航运冲突,维护航运秩序。

**关键词:** 北极航道 邮轮运输 极地规则 北极旅游

## 一 北极航道邮轮运输国际法律规制内容

北极航道被航运界誉为"黄金水道",其作为连接东亚与俄罗斯、加拿大、北欧以及其他近北极地区的海上运输通道的价值和潜力正日益显现。利用北极航道进行邮轮运输,可以极大地缩短航线距离,减少航运成本。但因北极地区特殊的海况以及缺乏可靠的航海图书资料,北极航道仍被视为畏途。

北极航道邮轮运输法律规制主要由两部分构成,分别为北极航道邮轮运输国际法律规制、航道沿岸国具体法律规制,其规制内容都各具特点,但彼此之间也存在重叠冲突之处。专门针对北极航道邮轮运输出台的航行规则虽然尚未出台,但包含于北极航道过境船舶的航行规则中。北极航道邮轮运输国际法律规制主要包括《联合国海洋法公约》及国际海事组织出台的相关规定,如《国际极地水域船舶安全航行规则》(以下简称《极地规则》)、《海上人命安全国际公约》《1978年海员培训、发证及值班标准国际公约》《国际防止船舶造成污染公约》等。

### (一)《联合国海洋法公约》相关规定

《联合国海洋法公约》作为一部囊括所有海洋事项的"海洋宪章",其普遍适用性为当前北极航道通航提供了可以更好地解决邮轮运输问题的平台。《联合国海洋法公约》很好地协调了港口国、沿海国和船旗国之间的利益冲突,赋予了它们各自加强北极航道管理的立法权和执行权。[1]《联合

---

[1] Takei Yoshinobu, "Institutional reactions to the flag state that has failed to discharge flag state responsibilities," *Netherland International Law Review*, 2012.

海洋法公约》中并无专门针对邮轮运输的内容,但《联合国海洋法公约》中与北极航道邮轮运输密切相关的内容主要为三条。第一,《联合国海洋法公约》中明确了北极航道沿岸国的权利和义务,规定沿岸国可以在其领海范围内制定相关管理法律法规,以控制外国船只造成的海洋污染。[1] 第二,《联合国海洋法公约》针对北极地区管理,专门制定234条关于冰封区域的条款,规定冰封区域沿岸国应制定非歧视性的法律法规及规章以控制其海域内的船舶污染,这为东北航道沿岸国出台专门航行规定并进行邮轮管理提供了支持。[2] 第三,《联合国海洋法公约》要求航行船舶在发生紧急安全事故时,应通知航行水域所属国家,沿岸国应彼此之间加强合作处理船舶安全事故,这对于加强东北航道中邮轮运输管理合作具有重要的指导意义。

### (二)国际海事组织出台的相关规定

1.《国际极地水域船舶安全航行规则》

《国际极地水域船舶安全航行规则》对于邮轮航行的相关要求高于国际海事组织(International Maritime Organization,IMO)现有的《国际海上人命安全公约》(SOLAS公约)、《国际防止船舶造成污染公约》(MARPOL公约)等要求。[3] 为更好规范北极航道内的邮轮航行,政府间组织的国际邮轮协会作为观察员也参与到《极地规则》的制定之中。

在适用范围上,《极地规则》适用于总重超过500吨的所有客轮和货轮,适用于所有在北极航道水域航行的邮轮。[4] 对于在北极航道水域航行的邮轮船舶,《极地规则》规定除了要满足《极地规则》I-A部分通信助航设备的维护、航行风险评估、应急救援及人员培训等一般性商船强制要求

---

[1] 参见《联合国海洋法公约》第12条。
[2] 参见《联合国海洋法公约》第234条。
[3] 上海海事局、上海海事大学组织编译《极地水域船舶作业国际规则》,上海浦江教育出版社,2015,第62~68页。
[4] 王德岭、郑剑:《〈极地规则〉生效下的船舶设备配备和履约》,《航海技术》2017年第4期。

外，还应满足《极地规则》中引用的国际船级社协会（IACS）的极地船舶统一要求标准。[①]《极地规则》规定极地船舶分 A、B、C 三类，目前世界上能满足北极航道航行要求的邮轮大多具有适合夏季航行于北极水域的船级符号 PC6 和 PC7，即《极地规则》分类中的 B 类船舶，其外板、甲板、舷侧骨架、首尾结构和拖带、操纵设备均得到相应加强。[②]

关于北极航道邮轮《操作手册》，根据《极地规则》规定，通过北极航道的邮轮必须编制和配备《极地水域操作手册》，该手册向邮轮公司、船上人员提供了邮轮基本的配置信息、操作程序等内容。支持北极航道水域安全航行，是极地航运安全保障重要措施之一。《极地规则》PI-A 部分第 2 章提供了通航船舶的推荐标准目录，但其具体内容视船舶类型、冰级和预期操作区域而有所不同，邮轮作为特定船舶，其《极地水域操作手册》编写内容亦有特殊性，主要体现在邮轮特殊应急装置配备、特殊风险基准程序方面。

对于北极航道邮轮配备人员及船员培训方面，《极地规则》规定，极地水域航行的邮轮必须配备具有充分极地水域经验的船员，且应携带用于冰区航行的船员《培训手册》。[③] 邮轮上船员应重点训练其在预期寒冷的气温下对旅客控制的演练、检查所有人员是否穿着适当、选择合适的人员船上浸水服和保温服、正确使用船舶救生设备等。北极航道水域邮轮上的船长、大副以及在邮轮航行期间负责值班的高级船员，应满足 STCW 规则第 V 章及 STCW 修正案第 V 章关于船舶人员特殊培训的相应规定，及《极地规则》中关于船舶人员培训的规定。

2.《国际海上人命安全公约》

《国际海上人命安全公约》（International Convention for the Safety of Life

---

[①] 国际船级社协会：《IACS 极地船级船舶统一要求》，2006。
[②] 钱晨康：《船舶在北极地区高寒水域航行、停泊注意事项》，《航海技术》2016 年第 1 期，第 14~16 页。
[③] "Ice navigation Trainingcourse", http：//www. crewing24. com/content/ice - navigation - training - course.

at Sea，SOLAS）（以下简称 SOLAS 公约）对于所有邮轮提出在安全航行方面新的国际性要求。SOLAS 出台多个修正案以加强邮轮安全管理，如在1988 年 10 月有关改进邮轮破舱稳性的修正案、1992 年 4 月关于客船适用新的稳性和防火标准 SOLAS 修正案、1995 年 11 月有关改进滚装客船安全的 SOLAS 修正案、2006 年 12 月有关加强客船舱室带露台的防火布置的 SOLAS 修正案。目前 SOLAS 2014 及其 6 项修正案中，针对邮轮救生设备及装置、船载航行系统和设备的配备要求、安全证书、撤离分析等提出新的要求。

3.《1978年海员培训、发证及值班标准国际公约》

《1978 年海员培训、发证及值班标准国际公约》（International Convention on Standards of Training Certification and Watchkeeping for Seafarers，STCW）（以下简称 STCW 公约）是规范东北航道邮轮运输的重要公约之一，该公约为保证极地水域船舶安全航行，要求极地水域航行船舶的配备船员必须具备丰富的极地水域航行经验。且对于该公约缔约国政府提出建议，加强极地水域航行船舶的船长、船员培训工作，以增加极地水域经验。2010 年 STCW 马尼拉修正案第 B - V/g 节规定，邮轮上对于船长及负责值班的高级船员，在培训安全时应至少提供涉及极地安全航行及防污染的基本知识，船长和轮机长应具有充足和适当的极地水域操作船舶的知识。①

4.《防止船舶造成污染国际公约》

IMO 于 1973 年制定的《防止船舶造成污染国际公约》（International Convention for the Prevention of Pollution from Ships，MARPOL）（以下简称 MARPOL 公约）是防止船舶污染海洋的重要公约。② MARPOL 公约为更好地管理东北航道邮轮运输，提出进行远洋航行的邮轮必须保留关于船底油污水的排放记录，并允许该公约的缔约国政府对通过其水域的邮轮进行邮轮排污记录检查。MARPOL 公约附则三的内容规定，邮轮对于所运输的有毒有害

---

① 曹勇：《STCW 公约修正案的主要修正内容》，《航海技术》2011 年第 4 期。
② IMO, "Consolidated Version of International Convention forthe Prevention of Pollution from Ships, 1973/1978", December 3, 2012, http://www.imo.org/en/KnowledgeCentre/ReferencesAndAr‐chives/IMO_"Conferences" _and_"Meetings/MARPOL".

物质，必须提供特殊包装及保存记录。MARPOL 公约附则四的内容规定，邮轮必须配备污水处理系统并得到政府防污设备检验合格证。防污设备检验合格证有效期 5 年，5 年有效期过后，政府应重新对政府防污设备进行检验。同时附则四规定邮轮不得在沿岸国海岸线 4 海里海域之内倾倒经过处理的污水，不得在 12 海里海域之内倾倒未经处理的海水。

## 二　北极航道沿岸国邮轮运输具体法律规制

北极航道连接太平洋与大西洋，地理位置十分重要。该航道主要由东北航道、西北航道以及穿越北极点的中央航道组成。东北航道，包括但不限于西起俄罗斯的摩尔曼斯克，经北冰洋南部的巴伦支海、喀拉海、拉普捷夫海、东西伯利亚海、楚科奇海至白令海峡在内的在北极海域及北极点以南由西向东的各条航线。西北航道以白令海峡为起点，经美国阿拉斯加海域延伸至加拿大北极群岛海域。西北航道在加拿大海域内分为两条支线。穿越北极点的中央航道同样以白令海峡为起点，但中央航线经过水域海冰密集，航行最为困难。

### （一）东北航道沿岸国邮轮运输法律规制

北极航道中东北航道沿岸国为加强对北极航道海域的管理，出台多项法律规定，其中最为典型的北极航道沿岸国为俄罗斯、挪威、丹麦与冰岛。

1. 俄罗斯邮轮运输法律规制

北极东北航道主要经过俄罗斯的北极沿岸水域，为保证航行安全，俄罗斯在 2013 年 1 月 17 日颁布实施《北方海航路水域航行规则》，该规则中设立许可证制度，控制驶入俄罗斯北方海水域的船舶数量。除此之外，俄罗斯还出台《俄罗斯领海冰覆盖水域航行指南》《关于航行于北方海航道的船只在设计、装备和保障方面的要求》等文件加强东北航道船舶航行安全的管理。俄罗斯专门设立北方海航道管理局，专门负责北方海航行船舶的各项工作。俄罗斯出台的法律文件适用于通过其北方海航道的所有船舶，邮轮通行于北方海航道除满足一般条件外，在船员培训、船只配备上具有特殊性。

2. 挪威邮轮运输法律规制

挪威政府于2003年3月成立了北极委员会，为保护其北极利益提供建议。为加强对沿岸北极航道的管理，挪威出台《1903年适航法》，该法将MARPOL 73/78公约、ISM规则等纳入其中，但该法仅适用于挪威籍邮轮。挪威《海上安全法》于2007年7月1日生效，该法代替了《1903年适航法》，适用于航行挪威领海的挪威籍邮轮和所有外籍邮轮。在航行规则上，挪威海事管理局制定了《船舶安全和保安第9号法案》《船舶劳动法》《挪威国际船舶登记法》等法律。[①] 对于在北极航道航行的邮轮，挪威特别规定了在邮轮上第一贸易区和第二贸易区实施轮班工作和从事经营活动的船员其休息时间可以特殊规定。

3. 丹麦邮轮运输法律规制

丹麦进行海洋管理最主要的法律为《2002年海上安全法》和《1993年海洋环境法》，另外涉及SOLAS公约的国内立法为《1988年749号法》。丹麦于2010年修改并制定出新的《商船法》，并于2015年颁布了《关于修改船舶乘客权利的法令》，加强了北极航道的邮轮管理。为保证邮轮在格陵兰岛水域的安全航行，丹麦制定了《格陵兰岛水域船舶安全航行规定》《格陵兰岛海域船舶报告程序规定》《格陵兰岛附近引航规定》等法律文件。[②] 丹麦的《格陵兰岛水域船舶安全航行》还专门提出对携带超过250人的邮轮的特殊要求，在邮轮的救援装备、船长的航行经验和船员的技能要求上都提出更为严格的规定。

4. 冰岛邮轮运输法律规制

冰岛为加强北极航道航行邮轮管理，于2007年制定了《国际船舶注册法》和《冰岛船舶船员规定》，2004年制定了《海运安全法》，2001年制定

---

① 挪威海事局官网，https://www.sjofartsdir.no/en/shipping/legislation/#laws。
② 丹麦海事局官网，http://www.dma.dk/SikkerhedTilSoes/Arktis/SejladsGroenland/Sider/default.aspx。

了《客船货船船员规定》等法律。① 针对邮轮中船员的管理，冰岛立法采取了 STCW – G 公约和 STCW – F 公约关于船员标准的规定。《冰岛船舶船员规定》中要求航行于极地水域的船长和船员必须满足极地水域操作船舶的培训指导条件，并应具备相应的培训证书，且应具有充足的极地水域船舶操作知识。

### （二）西北航道邮轮运输法律规制

西北航道经过加拿大与美国，因此西北航道邮轮运输法律规制的主要内容为加拿大、美国针对西北航道邮轮运输的国内立法。

1. 加拿大邮轮运输法律规制

加拿大西北航道邮轮运输立法主要针对海洋环境保护方面，以此为着力点加强对于西北航道的管理。加拿大制定的《北极水域污染防治法》中规定，邮轮等船只若重量超过 300 吨，应于进入加拿大管控的西北航道之前，提前 24 小时向海岸警卫队部门进行报告，并由加拿大交通部最终决定该邮轮是否能通行。《北极水域污染防治法》除规定邮轮报告制度之外，还对西北航道航行安全控制区进行了划分。不同的航行安全控制区进出日期有所不同，并对邮轮设备、携带文件及破冰服务等提出了不同的要求，该法同时禁止邮轮在西北航道水域内随意倾倒垃圾。加拿大政府向国际社会正式宣布西北航道并非其公海，但也不是国际通道。

为加强西北航道的管理，加拿大除了制定邮轮报告制度外，还制定了多部其他立法文件。《加拿大海岸管理法》规定了加拿大应定期在北极水域上空进行飞行巡逻，并建造极地破冰船以加强西北航道航行安全。加拿大政府于 2009 年正式颁布《加拿大北极地区攻略》，该攻略中提到所有邮轮等船舶进入加拿大西北航道等水域时，应同时向加拿大海岸警卫队北方交通管理系统进行报告。

---

① 冰岛政府官网，http：//www. althingi. is/lagasafn/? leitartegund = 5&utgafa = 49&kafli = y37&texti = &rodun = 0。

2. 美国邮轮运输法律规制

美国政府一向坚持西北航道为国际通行的海峡。加拿大为维护西北航道主权而出台了一系列措施，并与美国达成《美加合作协议》。美国同意经过西北航道水域时须经加拿大政府许可，但关于西北航道主权问题，美国仍持保留态度。为保证西北航道的航行安全，并保护该区域的自然环境，美国政府制定了众多具体措施。美国除制定《北极冰封水域航行指南》外，对于邮轮航行，美国制定了专门的邮轮定线及报告系统、邮轮设备的噪音标准及排污标准。且美国于2013年制定的《美国海岸警卫队的北极战略》中特别强调应加强北极海域基础设施的建设，增加破冰船数量以保证北极航道邮轮运输安全。

### （三）中央航道邮轮运输法律规制

穿越北极点的中央航道是连接太平洋与大西洋的最短路径。虽然北冰洋连接着太平洋和大西洋，但是因海冰阻隔，难以形成穿过北冰洋中心区域的最为便捷的中央航线，中央航线将最后开通。然而，中央航线通航的预期极有可能大大提高。随着核动力的发展，核动力破冰船技术将得到更为广泛的应用，破冰能力的提高能够增加中央航线通航的可能性。

俄罗斯通过《北方海航路水域航行规则》等立法文件明确了北方海航道边界，这使得中央航道的范围进一步明晰，且其国际通道的属性更加明确。起始于白令海峡的中央航道地处于北冰洋公海之上，处于《联合国海洋法公约》和国际海事组织的管理之下，并适用于公海自由航行规则。近些年来，美国、加拿大等国家针对北冰洋公海渔业计划制定禁捕规则，这对于中央航道邮轮的自由航行可能会产生一定的影响。

## 三　北极航道邮轮运输法律规制对比研究

北极航道邮轮运输法律规制的立法主体主要为联合国、国际海事组织与北极航道沿岸国，二者并存立法的局面导致北极航道邮轮运输法律规制之间存在重叠及冲突之处。本文重点分析北极航道邮轮运输国际法律规制与各条航道法律规制之间的衔接与冲突之处。

### （一）北极航道邮轮运输国际法律规制与航道沿岸国具体法律规制的衔接

北极航道邮轮运输法律规制主要包括《联合国海洋法公约》与 IMO 航行规则，本节主要将东北航道邮轮运输法律规制、西北航道邮轮运输法律规制分别与《联合国海洋法公约》、IMO 航行规则进行对比。

1. 北极航道邮轮运输法律制度与《联合国海洋法公约》的衔接

北极航道邮轮运输法律制度与《联合国海洋法公约》的衔接之处分别体现于东北航道与西北航道方面，东北航道沿岸国与西北航道沿岸国为能与《联合国海洋法公约》更好衔接，对国内法规在多方面进行了调整。

（1）东北航道沿岸国邮轮运输法律制度与《联合国海洋法公约》的衔接

《联合国海洋法公约》与东北航道邮轮运输法律制度的衔接主要体现在沿岸国对于领海权利的主张上。《联合国海洋法公约》与东北航道沿岸国邮轮运输法律制度的衔接方面体现在适用范围、引航制度、收费标准等方面。

1）邮轮运输法律规制适用范围

在适用范围上，《联合国海洋法公约》规定，关于保护海洋环境的相关法律不适用于军舰及非商业用途政府船舶，但俄罗斯《1990 年北方海航道海路航行规章》规定的适用范围却扩大至通航于北方海航道的所有船舶及航空器，军舰及非商业用途政府船舶同样在其管制范围之内。《2013 年北方海航道水域航行规则》对于适用范围进行了调整，并未明确规定适用船舶种类及船籍，缩小了其管制范围。但通行于北方海航道用于商业航运的邮轮，一直处于《联合国海洋法公约》和俄罗斯的管理范围之内。[①]

---

① 白佳玉、李翔：《俄罗斯和加拿大北极航道法律规制述评——兼论我国北极航线的选择》，《中国海洋大学学报》（社会科学版）2014 年第 6 期。

挪威提出在北极区域进行的邮轮运输活动应遵循《联合国海洋法公约》的相关规定，且通行于挪威海域船舶的任何活动也应符合《联合国海洋法公约》要求，挪威《海上安全法》对此规则进行了明确规定。① 挪威的《1903 年适航法》仅适用于挪威籍邮轮，因与《联合国海洋法公约》第 234 条非歧视性原则相冲突，所以挪威在 2007 年制定的《海上安全法》将适用范围扩大至航行于挪威领海的所有挪威籍邮轮及外国籍邮轮。丹麦为进行北极航道的邮轮运输管理，根据《联合国海洋法公约》制定了多个法律文件，如《格陵兰岛水域船舶安全航行规定》《格陵兰岛海域船舶报告程序规定》《格陵兰岛附近引航规定》等，这些文件统一适用于丹麦籍邮轮及外国籍邮轮，符合《联合国海洋法公约》第 234 条非歧视性法规原则。②

2）邮轮运输法律规制引航制度

在引航制度上，俄罗斯为能与《联合国海洋法公约》进行更好的衔接，在《2013 年北方海航道水域航行规则》中对强制导航制度、收费标准进行调整。《2013 北方海航道水域航行规则》为使北方海航道更好地服务于国际航行，在新规定中删除强制引航制度，因此通行于北方海航道的邮轮，不再接受俄罗斯强制引航制度的管制。在《2013 年北方海航道水域航行规则》初稿中曾规定邮轮船长在北方海航道的航行经验少于 3 个月时，需要申请冰区引航员对邮轮进行引航。但为了与《联合国海洋法公约》更为衔接，该规则的最终稿删除了该项规定，航行于东北航道的邮轮仅要求不能够移动时，应向北方海航道管理局提交破冰服务申请。俄罗斯对于北方海航道的管理日益国际化，与《联合国海洋法公约》规定的国际海峡船舶过境通行权日益衔接。

丹麦规定北极航道邮轮的持续报告制度，但并未规定强制引航制度，当邮轮发生船员、旅客、船舶的意外情况时，或者导航设施发生故障，可以申

---

① 王泽林：《北极航道法律地位研究》，上海交通大学出版社，2014，第 68~69 页。
② Iceland Ministry for Foreign Affairsa, "Legal Status of the Arctic Ocean," Opening Address at the Symposium of the Law of the Sea Institute of Iceland on the Legal Status of the Arctic Ocean, the Culture House, Reykjavik, November 9, 2007, Para 18, http：//www. mfa. is/news – and – publications/nr/3983，最后访问日期：2018 年 2 月 3 日。

请对邮轮进行引航。冰岛并未对北极航道过境邮轮实行引航制度及收费制度，根据冰岛《海上安全法》，所有航行于北极航道的船只，过境通行不受阻碍。①

3）邮轮运输法律规制收费标准

在收费标准上，《联合国海洋法公约》规定北极地区沿岸国因提供服务而收取的费用不能超过其提供服务的合理对价，经过修改，根据俄罗斯如今的破冰引航收费制度，邮轮在北方海水域的引航费用根据邮轮吨位、邮轮冰级对该邮轮实施引航的距离及通航日期确定，收费金额日益合理。俄罗斯《北方海航道航行规则》和《2014年联邦税费服务指令》对区别收费制度和收费标准进行了修改，如今航行于北方海航道的邮轮不再支付统一的高昂破冰引航费用，而实行破冰引航收费商定制度。

（2）西北航道沿岸国邮轮运输法律制度与《联合国海洋法公约》的衔接

加拿大与《联合国海洋法公约》的衔接体现在进行海洋管理的法律框架上。加拿大根据《联合国海洋法公约》制定了其领海、毗连区、专属经济区和大陆架制度。根据其国内立法，加拿大将北极群岛水域定位为内水区域，并加强了对于领海与专属经济区水域内的邮轮管控。以《联合国海洋法公约》第234条为依据，加拿大针对在其水域内航行的邮轮制定了严格的零排放原则，根据《压载水控制与管理规定》，跨洋邮轮若进行压载水排放，必须在加拿大海岸线200海里之外、2000米以上水深之处进行。

2. 北极航道沿岸国邮轮运输法律制度与IMO相关航行规则的衔接

（1）东北航道沿岸国邮轮运输法律制度与IMO相关航行规则的衔接

随着北极航道的开通，国际社会不断呼吁北极航道应注重航行自由，并强调极地水域沿岸国的国内法不得高于国际法，这些呼声也影响了国际海事组织制定《极地规则》。东北航道沿岸国邮轮运输法律规制为了能与《极地规则》STCW公约、MARPOL公约更好地衔接，在邮轮操作手册、冰级要

---

① 赵隆：《北极治理范式研究》，时事出版社，2014，第86页。

求、船员培训等方面都进行了调整。

1）邮轮极地安全证书

俄罗斯 2013 年颁布实施了《北方海航道水域航行规则》，该规则覆盖了原有的国内法规，更利于管理外国籍邮轮。《2013 年北方海航道水域航行规则》为与《极地规则》更好地衔接，除要求邮轮等船舶必须配备操作手册、培训手册外，还要求邮轮操作手册应说明邮轮在面对引航护航状态下的操作程序与独立航行时的区别。① 挪威制定《海上安全法》时，根据 IMO 航行规则，其要求通航于挪威海域的邮轮必须持有安全证书，若无安全证书，邮轮所属船公司应承担不利责任。②

2）邮轮冰级要求

俄罗斯《1990 年北方海航道海路航行规章》规定，航行于北方海航道的船舶冰级应由俄罗斯政府负责确定，并收取冰级确定费用。该项规定明显超越国际法授权。《极地规则》规定邮轮等船舶的冰级确定属于邮轮船旗国政府的职责范围之内，邮轮船旗国政府可以授权相关组织对邮轮等船舶的冰级进行确定，并承担相应责任。根据《极地规则》该项规定，俄罗斯《2013 年北方海航道水域航行规则》将原规定删除。③

3）邮轮的船员培训

挪威海商管理局规定对邮轮船员技能和船舶证书的要求必须符合 STCW 公约、STCW 公约修正案的要求，且根据 STCW 公约，挪威规定邮轮船员必须通过"基本安全培训""救生艇快艇驾驶要求""消防学习""医疗急救"等培训。除此之外，挪威还根据《2006 年海事劳工公约》，要求邮轮必须注册财物安全证书，并加入了《压载水管理公约》，并制定了相应的压载水管理计划。

---

① Northern Sea Route Administration. *Rules of navigation in the Northern Sea Route water*, 2013.
② Sophie Dupre; Emmanuel Guy, "Actors and Their Representations in Shipping Policy: Developing the European Maritime Safety Agency," *Transport Reviews*（2012）.
③ 白佳玉、李俊瑶：《北极航行治理新规则：形成、发展与未来实践》，《上海交通大学学报》2015 年第 6 期。

冰岛是《国际海上避碰规则》的成员国，同时也是 STCW 公约和 SOLAS 公约的成员国。根据 STCW 公约，冰岛制定了《冰岛船舶船员规定》。对于船员培训，冰岛规定邮轮船员必须掌握冰雪护航操作等九项相关技能，而在《极地规则》中的规定更为细致和全面，要求船员至少要掌握有关的十三项技能。

4) 邮轮建造标准

为与 MARPOL 公约相衔接，防止邮轮污染造成环境破坏，俄罗斯《2013年北方海航道航行规则》规定邮轮进行东北航道运输时，应提前签订邮轮污染损害民事责任保险合同，并提供相应财务担保证书。挪威对于邮轮的注册、建造、防火和救生用具的规定，都参照《国际海上人命安全公约》第二章和第三章的有关规定，对于船舶航行环境安全的规定，则是参照《国际防止船舶造成污染公约》附件Ⅰ-Ⅵ的规定。[①]

丹麦专门出台了《丹麦海事管理局 B 通知书》，该通知书内关于邮轮建造和邮轮设备的内容都遵循《极地规则》的规定。此外，丹麦出台的《格陵兰岛航行船舶强制报告制度》《极地水域船舶航行规则》还要求航行于格陵兰岛水域的邮轮必须遵循国际海事组织出台的《极地规则》《偏远地区客船航行指南》等法律文件。[②]

(2) 西北航道沿岸国邮轮运输法律制度与 IMO 航行规则的衔接

加拿大与 IMO 航行规则的衔接主要体现在污染防治上。《极地规则》禁止邮轮排放含油废水。加拿大《北极水域污染防治法》规定邮轮于西北航道航行时禁止进行垃圾倾倒、污水排放。且为进一步防治西北航道环境污染，《北极航运污染防治规章》要求加拿大在其海岸线外设置航行安全控制区，主要对邮轮等船舶的污染排放进行监控。客观而言，《极地规则》对加拿大西北航道的环境保护起到了重要作用，更加有利于加强西北航道通航船

---

① 挪威海事局官网，https://www.sjofartsdir.no/en/shipping/legislation/directives/acceptance-criteria-for-granting-certain-exemptions-to-ships-registered-in-a-norwegian-ship-register/。

② 丹麦海事局官网，http://www.efficiensea.org/default.asp?Action=Details&Item=415。

舶的管理，保证北极航道邮轮运输的安全。因此，加拿大极力推动《极地规则》的制定与实行，并多次向国际海事组织提交建议和提案，例如在北极水域航行邮轮的船员配备要求、邮轮极地操作手册的示范模板、邮轮等船舶的"零排放"原则等。

### （二）北极航道沿岸国具体法律规制与国际法律规制的冲突

北极航道沿岸国从国家利益出发，根据本国国情制定相关法律法规，其具体法律规制内容与国际邮轮运输法律规制在内容方面存在众多不一致之处，这也对北极航道的邮轮航行造成障碍。

1. 北极航道沿岸国邮轮运输法律制度与《联合国海洋法公约》的冲突

《联合国海洋法公约》作为海洋管理的基础性文件，在船舶航行方面制定的标准相对较低，东北航道与西北航道沿岸国为保证其领海安全，纷纷制定严于《联合国海洋法公约》的邮轮航行标准。

（1）东北航道沿岸国邮轮运输法律制度与《联合国海洋法公约》的冲突

东北航道沿岸国关于防止东北航道邮轮污染的法律规定在适用范围与排污标准方面与《联合国海洋法公约》存在一些冲突。俄罗斯东北航道邮轮运输法律规制对于通航邮轮的要求高于《联合国海洋法公约》中的邮轮标准，且俄罗斯根据《联合国海洋法公约》第234条制定的法律超出了《联合国海洋法公约》本身的授权范围，在相关环境保护内容中加入了俄罗斯的主权维护要求。

挪威《海运安全法》针对其海域内通航的邮轮，除提出专门的设计、建造和装备要求外，还要求通过其航道的邮轮必须配备导航设备。该安全法中还专门规定了环境安全制度和船只监督制度，挪威政府有权对外来船只进行监督。如果外来船只不听从挪威政府的命令，挪威政府还有权实施行政强制措施并进行罚款。这些规定明显违反了《联合国海洋法公约》第234条规定的冰封区域不得指定非歧视性法律规章的规定。

冰岛对于过境邮轮，要求其必须制订严格的航行计划及安全措施计划，且冰岛海事管理局具有邮轮扣押权，这违反了冰封区域非歧视性规定的原则。另外，对于任何过境邮轮，冰岛都要收取过境费用，这与《联合国海洋法公约》规定的过境通行制度相悖。①

（2）西北航道沿岸国邮轮运输法律制度与《联合国海洋法公约》的冲突

西北航道沿岸国邮轮运输法律制度与《联合国海洋法公约》的冲突之处主要体现在报告制度与邮轮防污标准方面。加拿大西北航道邮轮运输的法律制度对邮轮的报告制度经历了由较为宽松到强制报告的过程，这与《联合国海洋法公约》的规定相背离。加拿大《北极水域污染防治法规》对通行于其航行安全控制区的邮轮进行了分类，根据不同的种类、标准制定了"北极等级船舶"名单，并规定了禁止进入加拿大航行安全控制区的邮轮标准。若邮轮携带超过 2000 吨的废弃物，必须提前向加拿大交通管理部门提交相应财产责任证明。《加拿大北方船舶交通服务区法规》规定了烦琐的报告制度，当邮轮进入加拿大西北航道水域之前，必须向加拿大交通部提交航行计划，且在进入加拿大西北航道水域之后，应随时向加拿大报告邮轮所处位置。航行于加拿大领海或专属经济区的邮轮，不再享受《联合国海洋法公约》规定的领海无害通过权与专属经济区航行自由的权利。

2. 北极航道沿岸国邮轮运输法律制度与 IMO 相关航行规则的冲突

国际海事组织作为主要的海洋管理机构，为保证邮轮航行安全，制定了较为详细的船舶航行规则，东北航道沿岸国从本国国情出发制定的邮轮运输法律制度与 IMO 航行规则存在众多冲突之处。

（1）东北航道沿岸国邮轮运输法律制度与 IMO 航行规则的冲突

IMO 航行规则与东北航道沿岸国邮轮运输法律制度的冲突，主要体现在邮轮航行汇报制度、邮轮船员管理、邮轮冰区引航制度、对邮轮运输船只的船舶构造要求以及对邮轮运输船只的冰级确定上。

1）邮轮航行汇报制度

在邮轮航行汇报制度方面，俄罗斯的相关规定严于国际海事组织的规

---

① 李志文、马晓路：《欧美国家海事立法对我国海事立法的启示》，《中国航海》2014 年第 2 期。

定。在北方海航道航行的邮轮需在进出北方海航道时向俄罗斯北方海航道管理局进行汇报，并且在航行过程中及突发邮轮安全事故的情况下仍需向俄罗斯汇报。国际海事组织规定的汇报制度仅限于邮轮安全事故的救援工作。《极地规则》并未规定强制汇报制度，只建议航行邮轮可以在东北航道航行时每日向救援中心汇报航行计划。①

2) 邮轮船员管理

挪威《海上安全法》中规定的邮轮船员管理内容与《极地规则》相比虽然较为粗略，但更为灵活。挪威要求邮轮船员管理能达到保证船舶安全航行及其他程序的安全操作标准即可，并规定航行于挪威海域的邮轮可以对邮轮人员管理制定进一步的要求。但对于船员自身条件的要求上，挪威更为严格。一方面要求船员必须具备身体及精神的健康证明，且挪威针对邮轮的不同岗位，对视力和听力均提出最低要求；另一方面，挪威提出邮轮上船员的最低工作年龄为16岁，并提出为16至18岁的人员提供特殊保护措施。

3) 邮轮冰区引航制度

《联合国海洋法公约》规定北极航道沿岸国向外籍船舶提供服务时可收取合理费用。俄罗斯根据此项规定，建立了冰区引航收费制度。但是俄罗斯在邮轮运输破冰引航收费制度上，尚有缺陷之处。俄罗斯《2013年北方海航道通航规则》规定了对邮轮运输的引航费用，该费用十分可观。在北方海航道冰情较轻，不需俄罗斯破冰船护航时，邮轮仍需全额支付引航费用。且俄罗斯在引航费用报价方面，因引航要求申请时间不同而差距很大，一天之内的差价可达50%。

4) 邮轮运输船只的船舶构造要求

俄罗斯与国际海事组织类似，但邮轮船舶准入标准比国际海事组织的规定更为细致。《极地规则》确定了适于极地航行的A、B、C三类船舶等级，A类邮轮和B类邮轮的冰级需分别满足IACS极地冰级PC1-5和PC6-7要

---

① Vijay Sakhuja, "The Polar Code and Arctic Navigation," *Strategic Analysis*, 2014 38: 6, pp. 803-811.

求。俄罗斯作为一个长时期从事北方海航道航运的国家,对北方海航道的水域和冰情更为熟悉,这反映在《北方海航道水域航行规则》中。俄罗斯废除强制引航制度,在《北方海航道水域航行规则》附件二中针对不同冰级的邮轮,在不同月份制定不同的准入标准。[①]

冰岛的邮轮冰级划分参考了《芬兰 - 瑞典冰级规则》,分为四个冰级,并分别对邮轮船体结构、主体功率、冷却水系统等提出附加要求。而《极地规则》共分七个冰级,并规定与作业能力和结构强度有关的不同极地船附加标准之间的转换应贯穿在对极地船的整体要求之中。

为保证邮轮在北极航道的安全航行,挪威提出邮轮航行的危险来源及应配备的安全装置。与《极地规则》概述中的第 3 条不同,挪威提出邮轮航行危险来源不包括极地的极端天气,如低温及表面积冰等,也并未提到邮轮船员缺乏极地操作经验所带来的风险。在邮轮防污要求上,挪威较 MARPOL 73/78 公约更为严格,提出除非法律或法规另有规定,否则禁止邮轮排放、倾倒或燃烧可污染外部环境的有害物质,及其他任何污染环境的船舶运行方式。[②]

(2) 西北航道沿岸国邮轮运输法律制度与 IMO 航行规则的冲突

1) 邮轮适航要求

为保证西北航道邮轮航行安全,加拿大对通行邮轮提出更高的适航要求。与《极地规则》相比,加拿大要求通行邮轮必须配备"北极污染防治证书",该证书由加拿大指定船级社检验发放。且邮轮必须购买强制保险,以保证发生海难事故时能负担相应的清理费用。西北航道浮冰较多,为预防浮冰撞击对邮轮船体造成过多伤害,加拿大对通行邮轮的动力系统、操作系统及船体设备等方面提出了更为严格的要求。

2) 邮轮船员配备

对邮轮船员配备的要求,相较于《极地规则》第十三章,加拿大的要

---

① 中华人民共和国海事局:《2014 北极航行指南(东北航道)》,人民交通出版社,2014,第 233~235 页。
② Basil Germond, "The EU's security and the sea" *European Security* (2011).

求更为严格。加拿大要求过往邮轮在其航行安全控制区航行时，必须配备相应的冰区引航人员。且只有具有 50 天以上船长经验或邮轮甲板值班经验（内含 30 天以上北极航行经验）的人员才具有担任冰区引航人员的资格。

3）邮轮废弃物排放

对于在西北航道航行的邮轮，加拿大要求其必须一直保持适航状态，且在保持适航状态的同时，保证邮轮不对海洋环境造成污染。在邮轮的污染排放问题上，西北航道与其他航道相比更为严格，加拿大要求通行邮轮在西北航道航行时不得任意排放污染物，如果邮轮需在其水域内进行污染物排放，必须提前向加拿大污染防治部门进行报告，并通报其确切排污位置。

## 四 北极航道沿岸国邮轮运输法律规制对北极旅游的促进机制

近年来前往北极旅游的人数在不断增多，旅游业给北极地区每年带来数十亿美元的经济效益，邮轮运输作为北极旅游的主要交通方式，对北极旅游业的发展起到了巨大的促进作用。为促进北极旅游业发展，国际社会及北极航道沿岸国纷纷出台北极旅游措施。

### （一）北极航道邮轮运输国际法律规制对北极旅游的促进机制

北极旅游业的发展一直是北极沿岸国开展合作的重点内容，促进北极旅游业的可持续发展也是北极沿岸国共同追求的目标。1991 年北极 8 国在第一届北极部长会议上达成《北极环境保护战略》，并发布《关于保护北极环境的宣言》。该战略以保护北极地区自然环境为主要目标，并提出进行北极开发必须遵循的十项原则。该战略同时提出在发展北极旅游业的同时应防治邮轮等船舶对北极环境造成的污染。

1996 年，北极理事会成立，该组织主要负责监督《北极环境保护战略》的实施，并协调开展相关活动。北极理事会为加强北极环境保护，推动北极旅游业可持续发展，进一步发挥邮轮等船舶对于北极旅游业的推进作用，在邮轮建造标准及污染排放等方面提出特定要求。1998年，北极理事会首次召开部长级会议。该会议为推动北极旅游业的可持续发展，成立了"可持续发展工作组"。该工作组将推动发挥邮轮等船舶对北极旅游业的重要作用作为工作目标之一。另外，北极国家间的次区域合作当中也涉及了北极旅游邮轮等船舶污染防治问题。

### （二）北极航道沿岸国邮轮运输航道法律规制对北极旅游的促进机制

1. 东北航道沿岸国邮轮运输法律规制对北极旅游的促进机制

北极航道沿岸国目前仍未出台专门的北极旅游政策，但相关沿岸国出台的部分公共政策对北极旅游业的发展也起到了重要的促进作用。俄罗斯近年来也十分注重北极旅游业的发展。俄罗斯总统普京在2009年提出建立俄罗斯北极国家公园的目标，并希望公园的建立进一步推动俄罗斯北极旅游业的发展。邮轮运输是参观俄罗斯北极国家公园的重要方式。据估计，近20年来，6000~9000名游客参加了欧洲至北冰洋的俄罗斯北极航行。

在北极邮轮旅游方面，《挪威政府北方战略》指出要维护邮轮运输在北极旅游中的作用；《2009年美国北极政策指令》提出保护北极环境具有重要意义，必须保证北极地区的可持续发展，并做好邮轮等船舶的污染防治工作，防治外来物种入侵对北极环境造成不利影响。

在邮轮建造科技和安全方面，俄罗斯拟通过建设相关监控体系和完善保障型基础设施来提高在科技和安全方面的水平，如建立邮轮航行安全保障监控、航海、水文气象以及信息服务体系，并着手制订破冰船建设计划。挪威计划通过加强北部的气象服务来保证瓦尔巴邻近海域的安全，并希望在北部航运安全、邮轮救援服务和泄油反应领域获得领先地位。瑞典则希望通过跨境的救援合作来推动航运安全。丹麦致力于在邮轮培训、邮轮安全、搜救等方面，通过合作来加强航运安全。这些北极国家的相关政策都为北极旅游提供了技术和安全方面的支持，也减少了北极旅游对北极环境的影响。丹麦已经率先开展行动，通过制定严格的旅游业管理措施

来保证环境安全，如在登陆斯瓦尔巴德岛之前旅客必须获得准许，在离岛时不允许带走岛屿的相关物品。

2. 西北航道沿岸国邮轮运输法律规制对北极旅游的促进机制

加拿大从2009年开始就陆续制定并发布了相关文件，彰显了加拿大在北极地区的重要地位。2009年7月发布的《加拿大的北方战略：我们的北极，我们的遗产，我们的未来》将北极列为加拿大经济发展的重要区域。2010年8月发布的《加拿大北极外交政策声明》进一步强调了加拿大在北极区域的主权地位。在强调西北航道水域的主权地位和加强经济发展的同时，加拿大也希望通过与北极理事会和其他国家的合作，发展北极邮轮等航运产业，并通过共同努力来保护日渐式微的北极生态和自然环境。加拿大为有效地发展北极旅游、邮轮船舶营运和保护北极环境安全，在担任北极理事会2013至2015年的轮值主席国期间，以"安全的北极航运"为契机，通过建立相关原则和制度来指导可持续发展的旅游业及邮轮船舶营运，在发展旅游业获得收益的同时尽量控制旅游活动的风险。与此同时，加拿大在国内制定《北极水域污染防治法》和《北极环境战略》等一系列的法规和措施，意在加强政府对北极环境安全观的认识、国民的北极意识和环境保护意识，并积极参加相关的区域和国际组织。

## 五 北极航道邮轮运输法律规制发展趋势及面临挑战

经前文论述，可以看出北极航道邮轮运输法律规制之间有众多冲突之处。为促进北极航道邮轮运输行业能够更好更快发展，本章主要分析北极航道邮轮运输法律规制存在的不足之处，并提出完善建议。

### （一）北极航道邮轮运输法律规制发展的趋势

1. 北极航道邮轮运输规制更关注船舶安全

邮轮运输法律规制的管制重点多是保证旅客人身安全及合法权益，但北极航道的邮轮运输法律规制，其管制重点更多是船舶安全。由于北极航道地处高纬度，邮轮通常会遇到低温、浮冰等危险，邮轮会遇到冰困、容器胀裂、螺旋桨及舵叶受损、光照不足等危险,这也严重影响到邮轮的航行安全及旅客的人身安全。因此,北极航道邮轮运输规制将更多重点放在邮轮的结构设备及安全装置配备、助航设备、风险识别等机制上。北极航道邮轮运输法律规制十分注重邮轮的污染防治工作,邮轮航行安全与邮轮污染防治密切相关,二者都聚焦于邮轮船舶,因此IMO等国际组织十分注重通过邮轮船舶立法来加强对邮轮航行安全与邮轮污染防治方面的管理。[①]

2. 北极航道邮轮运输法律规制调整范围更具广泛性

随着商业航运的兴起,保证邮轮航运安全的关键因素在于船舶建造技术,仅仅依赖对邮轮及其航行的管控来保证航行安全显然是不够的。现今北极航道邮轮运输法律规制建立了"船公司－船舶－船员"的三级安全源头控制体系,将单一的邮轮监管体系延伸至船公司及船员,实现北极航道邮轮运输安全的全方位保障。

3. 北极航道邮轮运输法律规制更加注重目标导向和主动预防

东北航道邮轮运输法律规制较为复杂,存在制定主体多元化、管理措施多样化的特点。且随着东北航道沿岸国对国家主权的日益重视,邮轮运输国际法律规制中关于强制性措施的内容有所减少,而更多从邮轮运输国际条约缔约国国家之间的差异性出发,对国际公约所确立的目标追求缔约国的一致认同,避免形成为规避冲突而制定模糊性条款的局面,为邮轮运输国际公约实施造成阻碍。目前东北航道邮轮运输国际法律规制的具体内容,大部分是邮轮安全事故的事后应急补救措施。对于邮轮安全事故如何进行事前预防成为东北航道邮轮运输法律规制今后需要完善的重点。关于东北航道邮轮运输法律规制的制定应注重从源头出发,控制、减少甚至避免邮轮安全事故,强化东北航道邮轮运输法律规制的前瞻性。[②]

---

[①] Agustin Blanco Bazan, "Specific Regulations for Shipping and Environmental Protection in the Arctic: The Work of the International Maritime Organization," *The International Journal of Marine and Coastal Law* 24 (2009).

[②] 杨剑:《北极治理新论》,时事出版社,2014,第66~68页。

## （二）北极航道邮轮运输法律规制面临的挑战

**1. 国际邮轮运输法制制度影响力减弱**

目前北极航道邮轮运输法律制度形成了国际海事法律规制、北极航道沿岸国国内法律规制二者并存的局面。这种局面是一种妥协的结果，有利于东北航道邮轮运输法律规制的创新并保障邮轮运输安全，但也产生了一定程度的消极影响。

这种消极影响导致国际邮轮运输法律规制的统一性遭到破坏。维护国际邮轮运输法律规制的统一性可以有效降低邮轮运输风险，统一的国际邮轮运输法律规制为全球邮轮建造定下基本标准，能够极大程度地避免因邮轮建造不合标准而导致的安全事故。国际海事法律规制与北极航道沿岸国家国内法律规制二者并存的局面无疑在客观上破坏了东北航道邮轮运输国际海事法律规制的统一性，并降低了邮轮行业的运营效率，增大了邮轮运输的风险系数。某些东北航道沿岸国家出于经济利益的考虑，会对过境邮轮提出较低的安全标准，从而导致邮轮安全标准不统一，造成某些安全措施不足的邮轮仍可通航，安全事故频发。

**2. 北极航道邮轮运输的专门海事规则仍存不足**

《极地规则》作为规范东北航道邮轮运输的重要国际海事公法，对东北航道邮轮航行安全与东北航道环境安全有十分重要的作用，但该规则仍存在一定的不足，主要体现在以下几个方面。

第一，《极地规则》未对邮轮压载水排放问题作出规定，且对邮轮环保标准方面的规定过少。《极地规则》作为保障东北航道邮轮航行安全与环境安全的重要法律文件，对邮轮压载水管理却缺少规定，这是《极地规则》进行邮轮运输管理的缺陷之一。且《极地规则》同样未对邮轮黑炭排放、重油问题及灰水问题进行规定。

第二，《极地规则》对邮轮救生设备的关注较少，《极地规则》中仅规定邮轮救生艇是邮轮必需的安全设备之一，但对于北极航道地区救生艇所需的钢型及强度并无规定，这将导致邮轮上所配备的救生艇不一定符合《极地规则》安全标准，从而可能引发邮轮安全事故。

3. 北极航道邮轮运输法律规范衔接性较差

目前，东北航道邮轮运输法律规制的立法主体包括联合国大会、国际海事组织及东北航道沿岸国。然而目前不同立法主体出台的法律规制在东北航道邮轮运输管理的内容方面存在重叠及冲突。东北航道邮轮运输法律规范衔接性较差主要体现在两个方面。第一，东北航道各沿岸国之间的冲突，俄罗斯、挪威、丹麦、冰岛等纷纷主张在东北航道适用本国邮轮运输安全管理法律规范。第二，联合国大会、国际海事组织与东北航道沿岸国出台的东北航道邮轮运输法律文件存在冲突。[①]

4. 北极航道邮轮行业监管者缺少被监管机制

邮轮行业十分依赖技术进步，具有技术密集型特征，因此邮轮行业对邮轮的监管更为便捷。目前，船级社是主要的邮轮行业监管者。但目前对船级社的监管规定较少，船级社监管邮轮行业处于无序状态。国际社会已注意到这一缺陷，将关注重点放在完善船级社监管体制上。船级社向邮轮颁布邮轮适航证书，若邮轮没有适航证书，则可以判定邮轮不适航。但邮轮具有适航证书，也不能判定邮轮一定处于适航状态。

## 六 我国北极航道邮轮运输法律规制的完善

我国对于北极航道的利用尚处于起步阶段，虽然已经对东北航道完成基本的科学考察与商业适航，但对西北航道的利用仍处于空白阶段。另外，我国对中央航道已完成科考首航，但在商业适航方面仍处于空白阶段。我国欲成为海洋强国，必须对北极航道给予足够的重视。2018年1月26日，中国首次发布《中国的北极政策》白皮书，该白皮书阐明了中国在北极问题上的基本立场，阐释了中国参与北极事务的政策目标、基本原则和主要政策主张，对指导我国未来如何进行北极开发与利用起到了重要作用。

---

① 赵隆：《北极治理范式研究》，时事出版社，2014，第99~101页。

## （一）我国北极航道邮轮运输国内法律规制的完善

我国的北极航道邮轮运输法律制度目前仍存在众多不足。为保证东北航道内我国邮轮的运输安全，必须先完善国内的邮轮安全法律制度。完整的邮轮安全法律体系应合理协调邮轮公司、船员、邮轮检验机构、海事管理部门之间的权利与义务，明确不同法律之间的适用范围，共同保证邮轮运输安全。

1. 整合并完善我国现有的东北航道邮轮运输法律规定

第一，对目前我国现有的有关邮轮安全的法律法规贯彻执行并予以完善。首先，应严格贯彻《中国的北极政策》白皮书，严格按照中国的北极政策目标和基本原则参与北极事务。中国作为负责任的大国，应严格贯彻《中国的北极政策》白皮书，按照"尊重、合作、共赢、可持续"基本原则，与其他国家积极开展北极合作，共迎挑战，共推发展，沿着认识北极、开发北极、保护北极的道路前进，推动我国"一带一路"的发展与人类命运共同体的构建。其次，我国应加快修改《海上交通安全法》。该法作为我国海洋安全管理的基本法，对邮轮运输规定了众多原则性内容，加快该法的修订有利于解决我国众多国内法之间不相协调的问题，且其调整范围的扩大对国际邮轮运输安全公约在我国的适用也会起到重要的推动作用。

第二，对邮轮安全法律漏洞进行填补。我国现行关于东北航道的邮轮安全法律制度漏洞主要存在于国际救援及防止邮轮污染两个方面。对于国际救援方面存在的漏洞，应通过相关立法加强国际间的合作，制定邮轮海上搜救双边或多边协定。至于邮轮污染防护方面，应与《极地规则》和 MARPOL 公约相衔接，并将《绿色船舶规范》的内容逐步纳入法律体系中。

2. 加强我国邮轮立法与国际邮轮运输法律规制的衔接

我国邮轮法律规制应积极跟进《极地规则》，了解该规则对极地航行邮轮的要求，了解不同冰级邮轮的建造规范，以此完善我国的邮轮法律规制。具体可以从以下四个方面与国际邮轮法律规制加强衔接。第一，提高邮轮建造的相关法规对邮轮基础设施的技术要求，在发生邮轮安全事故时，邮轮应保持船舶的稳定性及抗沉性，以保证短时间内邮轮不会沉没，为邮轮人员争取逃亡时间。第二，我国相关法律应要求邮轮安装远程监控设施，方便我国海事部门对邮轮航行的安全管理及跟踪监督，防止邮轮安全事故发生。第三，完善我国相关法律中对邮轮救生设置的规定，及时更新邮轮安全设备，并进行维修管理。按照《极地规则》要求，航行于东北航道的邮轮需配备多于乘客数量的救生衣，且摆放在邮轮显眼位置。第四，应完善东北航道邮轮船员培训的相关法律规定。① 我国邮轮运输法律应规定，对在东北航道航行的邮轮的工作船员进行特殊培训，并利用或创造机会将其选派到在极地航行的船舶上工作，以增加其极地航行经验、知识与技能，同时积累其极地航行资历。

3. 完善我国东北航道邮轮运输防污法律法规

我国北极航道邮轮运输法律法规在防治邮轮污染方面的规定尚不完善，且众多条文并不适用于北极航道。为完善我国北极航道邮轮运输防污法律法规，我国可以借鉴加拿大的立法经验，制定专门的北极航道邮轮运输防污法规。我国应以国际海事组织的《极地规则》为立法基础，在其基本框架下制定与我国相关法律法规相适应的防止北极航道邮轮污染的实施细则。我国可以借鉴加拿大专门防止邮轮污染的立法内容，并添加我国的北极航道邮轮管理的管辖权依据、管辖权行使程序等内容，弥补我国《防止船舶污染海域管理条例》的空白。我国对北极航道邮轮运输管理缺乏强制性要求，我国应以《极地规则》为基础，尽快出台相应的法律文件，为我国进行北极航道邮轮运输管理提供法律依据及强制力支持。

4. 完善我国东北航道邮轮运输法律监管规定

为加强东北航道邮轮安全管理，一方面应完善对邮轮公司的监督管理，另一方面应加大海事机关的监督力度。为保证今后我国东北航道邮轮运输安全，我国邮轮运输监管法律应将加大海事机关监管力度与加强邮轮公司监督管理相结合。② 我国邮轮运输法律一方面需要对在东北航道航行的邮轮的安全管理水平提出要求，要求邮轮公司应与国际法律规制相衔接，加强对船员

---

① 严风华：《国际海事新规深刻影响船舶工业》，《中国船舶报》2013 年第 11 期。
② 贾大山：《我国为何是海运大国而非海运强国》，《珠江水运》2013 年第 5 期。

及员工的极地安全知识培训,增加邮轮船员的安全管理工作。且应在相关法律中规定邮轮公司的内部强制考核机制,进行自我检查,弥补公司安全漏洞。另一方面,我国邮轮立法应细化海事机关对在东北航道航行的邮轮的监管规定,充分发挥海事主管部门的作用。

### (二)我国北极航道邮轮运输旅游制度的完善

2012年夏季我国极地考察破冰船"雪龙"号从冰岛返程的航线就是中央航道,创造了抗冰船(相当于P6冰级)独立航行中央航道的历史。2018年3月16日,我国首艘极地探险邮轮在招商局重工(江苏)有限公司正式开工建造,这是招商局重工转型跨入邮轮市场的第一步。在开工仪式上,船东SunStone公司签署了该批极地探险邮轮2号船的建造合同。该型号的极地探险邮轮集娱乐、休闲、美食、海洋探险、水上运动等设施于一体,总长104.4米、型宽18.4米、总吨位约7400吨,有135间舱房,共能容纳255人,航速可达15节,入级法国船级社(BV),预计2019年8月交付使用。这艘破冰级别达到1A的探险邮轮,按照最新的极地船舶标准打造,无论是行经高纬度地区还是横跨地球都能畅通无阻。为完善我国北极航道邮轮运输旅游制度,我国应做到以下几点。

1. 完善北极航道邮轮旅游相关法律法规

为进一步繁荣发展北极航道,首先就要制定相对应的法律法规和配套法规,我国当前处理北极旅游问题的相关法律法规散布于《环境保护法》《大气污染防治法》《水污染防治法》等文件中,与此同时,其他相关部门的规章也对相关问题进行了规制,但是综合来看我国现有的有关北极航道的法律法规尚未形成统一的规范体系,并且相互之间也存在交叉重复规制的问题。故此,我国在制定专门针对北极航道邮轮旅游法律的过程中,需进一步对现有的法律法规进行重整融合,真正将我国的极地旅游法完善成为完整有效的法律体系。

2. 根据北极航道特点建造旅游邮轮

邮轮应采用先进的设计及解决方案,以保证在北极航道相对恶劣的海况下船舶操作的安全性、快速性和高效率；大幅度减小波浪飞溅，避免甲板湿滑、结冰，提高船上乘客的安全；减少燃料消耗，节约能源。采用电力推进和先进的控制系统，能够在船型设计、室内布置、噪音舒适性和能源消耗等方面具有技术优势。

3. 完善北极航道邮轮旅游法律执法制度

我国应加大北极航道邮轮旅游法律执法的执行力度，并建立相应的责任体系及考核制度，追究执法不力的责任。应按照《中华人民共和国环境影响评价法》，在北极旅游邮轮航行前对邮轮旅游活动进行环境影响评价，以分析邮轮旅游过程中可能造成的影响，并提出相应的减免对策，把北极航道邮轮旅游可能对北极环境造成的负面影响降到最低。

# 七　结论

在气候变暖的背景下，北极航道的邮轮运输拥有广阔的发展前景，北极航道沿岸国为争夺国际战略通道的权利，纷纷出台了邮轮船舶航行规则等相关法律法规。为加强北极航道邮轮航行的国际管理，联合国与国际海事组织也分别出台了《联合国海洋法公约》及相关航行规则。

根据本文研究发现，国际邮轮运输法律制度与北极航道各条航线具体的邮轮运输法律制度相比，更为完善全面，更注重维护邮轮航行自由，这反映出当今国际邮轮运输法律制度的发展趋势为扩大北极航道邮轮航行的自主权，要求沿岸国放宽法律规制。北极航道的三条航道之中，东北航道沿岸国的邮轮运输法律规制最为全面。俄罗斯的东北航道邮轮运输船只航行规则最具特点。俄罗斯政府强调它对北方海航道的控制权，出台多部立法文件，并实施严格的船只航行许可证制度和航行汇报制度。俄罗斯并未加入任何国际海事组织公约，挪威、丹麦、冰岛、加拿大四国对《极地规则》的制定和实施都采取积极支持态度，并纷纷加入国际海事组织 SOLAS 公约和 STCW 公约。西北航道沿岸国主要为加拿大，加拿大政府为加强西北航道的邮轮管理而出台众多法律文件，关注的重点是防治邮轮油污污染。三条航道中，开通穿越北极点的中央航道最为困难，其法律规制主要为《联合国海洋法公约》和《极地规则》，随着北极海冰的融化，其商业价值也将日益凸显。

《中国的北极政策》白皮书的发布标志着中国北极政策的正式成型。中国正积极参与到北极的国际治理中，为保护"人类共同利益"和"人类共同关切"而努力奋斗，通过对国际条约的遵守，对国际义务的履行，体现了一个全球大国对极地和平与环境保护的责任感。在全球治理平台中，中国正以一个国际极地事业的参与者、贡献者的身份，为北极的邮轮运输行业、环境治理和生态保护作出自己的贡献，并加强与相关国家以及国际组织的合作，为人类和平和永续发展携手共进。

# B.10
# 日本北极政策法律的新发展

孙笑梅*

摘　要：　日本作为一个正在谋求国际大国地位和发展新机遇的国家，依靠其长期的极地科考积累经验，近年来开始加大对北极问题的国际参与力度。2015年，日本政府出台官方北极政策，将参与北极事务正式列为日本海洋战略的一部分，宣布其政策为积极参与北极国际事务，并通过日本先进的科技优势，在关于北极航道和资源开发的国际规则和关于环境和极地行船及船员要求的极地相关规则的制定、修改中发挥主导作用，建立密切的国际和双边合作关系。日本与中国有相似的北极利益，中国研究日本的北极政策新动向，有助于推动日本海到北极航线之间的海运，促进中日两国经济发展，便利国际贸易。

本文以日本北极政策的法制化为视角，通过分析日本参与北极事务的背景、北极事务机构建设，分析日本北极事务的法律与政策的系统化，探究日本如何运用法制手段保障北极政策的实施，进而比较我国北极政策的制定和实施，探寻同为北极利益攸关方的中日两国的北极竞争与合作点。分析日本政策制定的背景、机构、系统化的北极事务法律政策和实施情况，总结出日本关于北极事务的法律和政策体系是以日本《海洋基本法》为总纲、以日本北极政策白皮书为北极

---

\* 孙笑梅，女，中国海洋大学法学院法律硕士专业2015级硕士研究生。

事务的纲领性指导、以日本海洋基本计划为阶段性补充并辅以配套法规政策的法制化体系。日本在参与北极事务中以自己的科技优势为主导,在国内试图打破以往各自为战的状态,建立新的联合科研体系、共享科研观测数据,在国外通过自己先进的科技优势争取更多的话语权,并试图在国际规则的制定中发挥作用。但因日本经济尚未恢复、国际上关于北极地区的法制合作较为复杂,目前日本的北极政策法制化进展缓慢。北极地区的政策发展与地理、历史、国际关系及政治密不可分,在中国"冰上丝绸之路"建设的背景下,中日两国关于航运、科研等低政治领域的合作立场一致,可以此为突破口,达成政治共识,进而在北极事务上谋求合作。

**关键词：** 日本　北极政策　北极事务　法律发展

# 前　言

联合国政府间气候变化专门委员会（Intergovernmental Panel on Climate Change，IPCC）第 4 次报告指出,过去 100 年间,北极地区平均气温的上升幅度为世界平均气温上升幅度的两倍,2007 年北极地区 9 月的海冰面积仅为 420 万平方公里,[①] 美国国家大气研究中心（The National Center for Atmospheric Research）根据自 1979 年以来的观测数据推算,到 2040 年北极地区极有可能出现夏季无冰期。[②] 北极地区海冰消融、气候剧变,北极问题日渐演变成国际问题,北极国家和政府组织虽然对北极问题拥有优先权,但是非

---

① IPCC 第四次报告,Intergovernmental Panel on Climate Change，2007。
② Marika M. Holland，*Future abrupt reductions in the summer Arctic sea ice*，The National Center for Atmospheric Research，2006。

北极国家的北极政策在阐明北极地区的治理框架方面同样起着重要作用。

日本作为北极域外国家在北极不享有领土主权，但依据《联合国海洋法公约》《斯匹次卑尔根群岛条约》和一般国际法的规定，日本在北冰洋公海等海域享有科研、航行、飞越、捕鱼、铺设海底电缆和管道等权利，在国际海底区域享有资源勘探和开发等权利。① 日本作为"近北极国家"，实际领土最北为宗谷岬西北边的弁天岛，纬度约 45°31′N，是最接近北极的国家之一，也是最早关注北极地区的亚洲国家，在北极领域的科学研究可追溯到1921 年，是第一个对北极地区进行科考的亚洲国家，科考资料积累深厚。但日本对北极地区的社会科学研究起步较晚，且主要集中在法律、机制方面。作为一个正在谋求国际大国地位和发展新机遇的国家，日本依靠其长期的极地科考资料积累，对北极事务表现出来越来越浓厚的兴趣。从 2008 年东京召开第一届北极研究国际讨论会到 2018 年 2 月针对国内第三期海洋基本计划制订召开北极未来研讨会，日本政府和学术界对北极地区的关注度在持续升温。

## 一　日本参与北极事务背景分析

北极地区的开发不仅会给日本带来资源和航运方面的重大利好，也给日本的安保防卫和海上维稳工作带来重大影响。日本科技发达，北极科考资料积累深厚，是日本参与北极事务的重要突破口。因此，本文通过分析以下四个方面探究日本参与北极事务的利益，从而分析日本参与北极事务的动因。

1. 资源

2012 年日本发布的《日本北极海会议报告书》和《北极的治理与日本的外交战略》，均重点论述北极地区的资源能源含量、开发北极对日本的影响和开发北极航道的可能性。日本媒体关于北极开发最主要的报道也集中于

---

① 详见《斯匹次卑尔根群岛条约》的第二条、第三条。

资源的开采。① 根据美国地质调查局（US Geological Survey）2008年7月发表的针对北极地区（66.56°N 以北）的资源评估报告（Circum-Arctic Resource Appraisal），北极地区未探明的油气资源中，石油储量约900亿吨（占全球储量的13%），主要集中在北美和格陵兰海域；天然气储量1670万亿立方英尺（占全球储量的30%），天然气液440亿桶（占全球储量的20%），主要集中在俄罗斯一侧。②

北极地区丰富的渔业资源也吸引着日本。③ 据哥伦比亚大学UBC公共事务学院于2011年发布的报告：从20世纪50年代到2006年，日本在北冰洋的捕鱼量为12700吨，美国阿拉斯加州为89000吨，加拿大商业捕鱼和个体捕鱼共计94000吨，俄罗斯约为77万吨，以此推算，北冰洋的年平均捕鱼量约为17000吨。近年来，全球变暖使北极地区的生态环境发生变化，北极海域的第一、第二生产力得到提升，改变了鱼群的生长环境，特别是有利于商业鱼群的生长，同时，北极地区的开发也促进了渔业的商业化发展。2016年3月，日本加入北极国际渔业协会，主张各国针对北极地区的渔业资源开展联合科学调查，并设定管理捕鱼的国际机构，此举是日本在展示本国的发达渔业，企图抓住北冰洋商业渔业的商机。

2. 航运

北极航道与传统航道相比，存在节约国际运输成本、加快物资流通、降低船舶能耗等诸多优势。以德国和日本港口做起始点为例，通过北极西北航道将比传统的巴拿马运河航道节省至少4000海里的路程；若以鹿特丹和横滨为起始点，通过北极东北航道将比传统的苏伊士运河航道距离从11200海里减少到6500海里（节省超过40%）。综合燃料成本、运河费用和其他运费因素，通过北极航道可能会使一艘大型集装箱船每年节省数十亿美元的成本费用。此外，北极航道还存在避免海盗困扰的潜在优势。北极东北航道对

---

① 夏莹：《日本对北冰洋油气资源的战略考量》，《海洋开发与管理》2015年第4期，第74~78页。
② Circum-Arctic Resource Appraisa, US Geological Survey, 2008, p.23.
③ 姚慧贤：《北极生态环境保护法律制度研究》，硕士学位论文，南昌大学，2012，第20页。

日本的出口导向型经济也会产生巨大影响,将为日本的工业和航运提供重要的战略选择。对日本本土来说,北极航道开通以后,日本海必然会成为通航量剧增的水道,位于日本海的各港口和相邻城市将会获得重大利好。尤其中国和韩国通过这一航线运输货物的概率将大大提高,作为国际航道的津轻海峡和自阪神大地震以来遭受重创的神户港,有很大可能借助北极航道开通的契机恢复日本港口物流基地的地位。对日本经济来说,经过日本的海域船只的激增,会带动工人形成新的聚居点,带动日本港口的发展,进而促进周边城市的振兴。北极航道开通后还是一条重要的能源运输路线,将北美、欧亚甚至北非的能源资源运到日本。基于此,日本分别与俄罗斯和加拿大进行磋商谈判,争取在北极东北航道和西北航道的双边甚至多边合作,建造符合北极规范的商船、培训船员、研发和建造破冰船等。

3. 安保防卫

日本虽为非北极国家,但北极的地缘政治对日本的国家安全具有至关重要的意义。北极开发中的航路开通、资源开采等各种各样的可能性都有可能成为国家间出现新摩擦的原因。针对安保防卫的新课题,日本政府提出"在充分关注相关国家动向的同时必须推进与北极圈国家的合作"。[1]

历史上,冰封的北冰洋制约了欧洲战争向东亚地区的蔓延。冷战时期,尽管美苏两国隔海相望,但在冰封的北冰洋无法发展水上海军,只能进行以陆战为主的军备竞赛,从而阻止了美苏两国的正面交锋。[2] 近年来,随着北极开发的可能性大大提升,各国在北极地区的军事存在也在加大,一方面是北极国家领土主权问题仍悬而未决,另一方面是以美国和俄罗斯为首的北极国家围绕北冰洋制海权的军事竞争日渐升级。2007 年 8 月,俄罗斯的"插

---

[1] 《北極海航路、資源開発にも積極関与北極政策決定》,http://scienceportal.jst.go.jp/news/newsflash_review/newsflash/2015/10/20151019_01.html,最后访问日期:2017 年 12 月 3 日。

[2] 金田秀昭:《北極海とわが国の防衛》,载中谷和弘主编《北極のガバナンスと日本の外交政策》,日本国际问题研究所,2012,第 39~50 页。

旗事件"被认为是"新冷战"的开端,俄罗斯甚至重新开始"冷战"结束后对北极圈的监事和巡逻飞行。2015年8月,美国战略与国际问题研究中心的研究报告《新铁幕的降临:俄罗斯的北极战略分析》将俄罗斯与美国及西方的北极对抗称为"新铁幕"。美国斥巨资建造海岸警卫队第九艘国际安全舰,以满足其在北极地区常驻舰现代化巡航的迫切需求。欧洲国家中,挪威加强与俄罗斯的军事合作,瑞典组建"鹰狮战斗侦察机"部队和建造潜艇等军备,丹麦在格陵兰岛组建北极责任部队并部署F-16战斗机。相毗邻的韩国在成为北极正式观察员后,紧接着于7月25日发表了由韩国水产部牵头,由外交部、产业通商资源部等多个相关部门协同合作推出的计划书等。这些都使日本政府感到不小的压力。北极航道开通之后,日本海北部海域将成为亚洲地区进入北极航道的主要通道,届时途经日本周边海域的船只会呈指数趋势上升,海上维稳难度也会空前增大,对日本甚至中国、韩国处理突发事故和实施救援的能力也会带来新的挑战。

今后,一旦开展航空母舰等水上海军的较量,北冰洋因各方军事力量的交织将成为世界上形势最紧张的海域。事实上,北冰洋已是目前核武器分布最为密集的地区。北冰洋的融化使北极通行成为可能,一方面各方的战略会更为灵活,另一方面西方国家通过北极进驻亚洲也将更迅捷,日本因其地理位置将首当其冲。因此,日本通过修改《防卫计划纲要》和《日美防卫大纲》,重新审视日本的防御体系,加强与相关国家在国家安全方面的安全合作,包括战略信息共享、指挥控制通信计算机智能监视侦察、弹道导弹防御、反潜战、搜救、人道救援、救灾等有关北冰洋安全的防务合作。① 在参与北极事务上,通过直接或间接强烈支持美国在北极理事会(AC)的领导人地位,深化美日同盟。

4. 科研

北极科学考察对于气象、冰川、海洋、地质、生物、地球物理和环境等

---

① 西村六善:《北極の環境問題》,载中谷和弘主编《北極のガバナンスと日本の外交政策》,日本国际问题研究所,2012,第51~62页。

学科均具有重要的科学意义。①尤其在气候方面，因北极是全球气候变化的敏感地区，北极地区受自然环境变化的影响剧烈，其反应也会反作用于全球，尤其是与北极地区息息相关的北半球的气候。日本离北极地区较近，陆地狭长，北极地区长期的气候变化和短期的气流、海水活动均会直接影响到日本的气候和天气，从而对日本的生态环境系统和农业生产等社会经济活动都有显著影响。②因此，对北极地区的考察和研究，有利于进一步认识北极影响全球大气环流和日本气候的物理过程及机理，通过气象观测卫星建立包括东西伯利亚海、查科奇海和白令海峡等区域的气候观测系统，可以提高预测日本近海气候变化的准确性，提前预防灾害，减少损失。

与韩国的官、产、学、研等全面发展，科学部、海洋水产部共同协作不同，日本对北极地区的科研一开始是各大学或科研机构各自为战、自找门路，与外国同行开展合作，且主要集中在北极高空物理、气候变化、生态、海洋等科研领域，近年来日本政府领导科研机构整合人员和科研力量，对北极地区研究成果明显增多。2011年5月，日本的北极环境研究联合会（Consortium for Arctic Environment）宣告成立，并下设运行委员会，负责制定规划、开展研究和交流以及人才培养等各项工作。此外，日本造船业发达，若北极航线开通后，国际上对适航北极气候的船舶的需求量将会激增，除货运船舶外，北极邮轮的需求量也不容小觑。

通过以上分析可以看出，日本作为能源消耗大国和进出口贸易大国，能源消耗量居全球前列，而其本身地域狭小、资源匮乏，参与北极事务最主要的关注点即在资源能源利益和航运利益上。随着北极地区海冰消融，资源开发逐渐成为可能，运输线路对日本更为便利，开发和利用北极航道及北极资源已成为日本在新格局下确保国家利益的必然选择。北极地区的气候条件和资源条件为日本的科研提供了大量数据基础，同时日本先进的科研技术也为日本在国际上参与北极事务提供了重要话语权，是日本以非北极国家身份参

---

① Lu Long Hua, Bian Lin Gen, "Review of Chinas Scientific Research Progress in Polarmeteorology in the Last 30 Years," *Chinese Academy of Meteorological Sciences*, March 2011 Vol. 22, No. 1, p. 2.

② 田中博：《日本の異常気象と北極振動の関係》，日本筑波大学，2013，第17页。

与北极事务的重要突破口。另外,日本位于从北极地区进驻东亚的"第一站",北极航道的开发在给日本带来重振经济的机遇的同时也导致全球战略格局发生变化,给日本的安全防务带来新的挑战,从这一角度来看,日本参与北极事务也是为自身的安全发声。

## 二 日本的北极事务机构设置

日本参与北极事务虽然起步较早,但前期主要集中在科研方面,未设立相关的政府机构,导致其发展较为滞缓。2007 年日本《海洋基本法》出台,日本在内阁组建制定海洋政策的"综合海洋政策本部",此时日本关于北极的外交政策由外务省国际法课下属的"海洋室"负责,可见日本当时对参与北极仍未引起足够重视。2009 年,日本政府开始重视参与北极事务,一方面加大科研方面的投入,以政府的名义委托国际问题研究所等科研机构针对日本参与北极问题展开调研;另一方面,日本紧跟中国和韩国的步伐,积极参与北极外交并申请加入北极观察员国。日本政府内部也开始在各自的行政领域内关注北极事务,但因无专门机构,各部门或相互推诿或相互牵扯,导致日本参与北极事务无实质性进展。2013 年,日本政府开始设置专门的北极相关政府机构,如外务省设立"北极担当大使",专门负责日本参与北极事务的外交工作,多部门成立北极问题联合会议,搭建关于北极问题的专门平台,促进各部门相互配合。

### (一)综合海洋政策本部

2006 年 12 月,日本政府推出《海洋基本法案》草案,提出要在内阁设立"综合海洋政策本部",新增一名"海洋政策担当大臣",全力整合和强化日本的海洋政策,这是日本首次提出综合性海洋政策法案,希望通过该法案改变以往管辖海洋事务纵向行政分割的制度,整合政府与民间的力量,综合性地制定和推进国家海洋政策。① 新设立的"综合海洋政策本部"以首相

---

① 金永明:《论东海问题与共同开发》,《社会科学》2007 年第 6 期,第 45~53 页。

为最高领导,成员包括"海洋政策担当大臣"等相关省厅的阁僚及专业人士。这个组织相当于目前日本内阁的"经济财政咨询会议",具有强大权限。除负责制定与海洋政策相关的预算外,"综合海洋政策本部"还要汇总作为长期海洋政策指针的"海洋基本计划"。"海洋基本计划"主要包括"开发、管理和利用专属经济区及大陆架,确保海上运输,确保日本海洋的安全保障"等,每5年修改一次。①

2007年4月,日本内阁正式颁布的《海洋基本法》(2007年法律第33号)第四章明确规定,在内阁官房设置"综合海洋政策本部",集中推进关于海洋方面政策的制定和实施。统一调度关于"海洋基本计划"的行政机关,综合调整关于"海洋基本计划"的立项、方案起草等工作,并负责"海洋基本计划"的制定和实施。"综合海洋政策本部"设置综合海洋政策本部长(以下简称本部长)、综合海洋政策副本部长(以下简称副本部长)及综合海洋政策本部员。本部长由内阁总理大臣担任,副本部长由内阁官房长官及海洋政策担当大臣(受命于内阁总理大臣、协助内阁总理大臣处理海洋事务)担任。本部员除本部长和副本部长以外的所有国务大臣都可以担任。"综合海洋政策本部"认为在进行管辖时,应通知有关行政机关、地方公共团体、独立行政法人及地方独立行政法人等单位的机关负责人、法人代表进行提交资料、解释意见或其他必要的协助。②

2007年6月26日,内阁总理大臣发布决定,将于7月20日在内阁官房设立"综合海洋政策本部事务局",在事务局设立事务局长、参事官、企划官和局员等职务,负责处理"综合海洋政策本部"的事务。2013年9月,"综合海洋政策本部事务局"发布《北極海に関する取組について》(关于北极海洋的行动)报告,为日本北极政策的制定和法制化演进进行充足的调研和论证。

### (二)北极工作组

2010年9月,日本外务省在原有的行政框架之外组建"北极工作组"

---

① 日本《海洋基本法案(草案)》第二章,2006,第39页。
② 日本《海洋基本法》,第四章,2007。

（北極タスクフォース，TFICA：Task Force on Improved Connectivity in the Arctic），专门负责制定包括北极国际法律观点的外交政策等跨领域工作框架，并不定时组织与北极问题相关的研讨会、推进北极政策的协商、调整，推动日本参与北极问题，加大参与北极的力度。①

### （三）北极担当大使

2013年3月19日，日本外务省设立"北极担当大使"一职，负责与各国就北极问题交换意见，由原本负责文化交流活动的外交官西林万寿夫兼任。②西林大使上任之初就以临时观察员国代表身份出席北极理事会高官会议和其他相关的北极问题会议，为日本申请北极理事会正式观察员国身份不断奔走，并与各国北极政策的代表交换意见。2015年6月26日，白石和子在立陶宛被任命为妇女·人权人道担当兼北极担当大使，在负责人权和人道主义国际事务的同时，作为日本参与北极事务的大使与其他国家就北极事务交换意见、出席北极理事会等国际组织的国际会议。2015年10月，白石和子在第三次北极圈论坛中介绍了日本的首个北极政策，意图树立日本在参与北极事务中"保护原著居民人权""共赢"的国际形象。此后，白石和子在北极参与问题上，以该政策为基础，强调日本先进的科研技术，期待与其他国家进行国际合作。

### （四）关于北极问题联合会议

2013年7月，日本内阁秘书处、内阁办公室、内部事务和通讯部、外交部、教育部、文化部、体育部、科技部、农业部、林业和渔业部、经济部、贸易和工业部、土地部、基础设施部、交通部、旅游部、环境部和国防部联合成立"关于北极问题联合会议"（Liaison Committee among Ministries

---

① http：//www.mofa.go.jp/mofaj/gaiko/bluebook/2013/html/chapter3/chapter3_02_02.html，最后时间日期：2017年10月3日。
② http：//www.mofa.go.jp/mofaj/press/release/25/3/press6_000016.html，最后访问日期：2017年12月1日。

and Agencies on Various Issues Related to the Arctic），负责利用北极航道与行政体制，应对环境问题；开展科考活动；促进国际合作；推动资源开发；推动与北极理事会的合作。① 当年为起草日本的北极政策共举行了10次会议，主要包括以下方面：1. 从全球角度充分利用日本的科学技术；2. 保护北极地区脆弱的生态环境；3. 确保北极地区的"法制"建设，和平有序地推进国际合作；4. 充分尊重原住民的传统经济和社会基础的可持续发展；5. 保障北极地区的安全；6. 经济社会适应气候、环境变动的影响；7. 探索北极航道和资源开发的经济潜力。

### （五）北极考察研究小组

2010年7月，日本文部科学省"环境能源课"为针对北极地区建立系统和长期的观测研究体系，加强相关部委和机构之间的合作，决定组建"北极考察工作组"（北極研究検討作業部会），以进一步推动北极研究。该小组联合文部科学省其他课室共同推进北极地区的科学研究，并于2011年4月联合北极研究战略小组发起"绿色卓越网络"项目（グリーン・ネットワーク・オブ・エクセレンス（GRENE）事業），着重开展北极气候变化领域的研究，搭建了"北极环境研究联盟"（北極環境研究コンソーシアムJCAR：Japan Consortium for Arctic Environmental Research）平台，通过分享研究课题、共享研究数据和成果联合各大学、研究机构等开展联合研究，评估北极气候变化对日本及世界的影响，开发和建设研究基础设施，以高效实施北极环境研究。截止到2016年8月，日本形成包括国立极地研究所在内的39个研究机构，360余人的研究体制。科研成果包括4个战略目标和7个研究课题，以及在该平台发表的论文377篇等，相较以前的科研状态，成果显著。该平台打破了日本国内以往各大学、研究机构各自为战的研究状态，将北极科研合作切实推进到大学和科研机构联合研究层面，并实现了科研人员跨机构跨团队的流动，重

---

① 陈鸿斌：《日本北极政策分析》，载刘惠荣主编《北极地区发展报告（2014）》，社会科学文献出版社，2015，第202~220页。

大的研究课题由北极考察研究小组牵头组织其他部门共同研究。此外，日本还建立了北极数据档案系统，与阿拉斯加费尔班克斯大学国际北极研究中心和加拿大北极研究中心等机构展开国际合作，使日本在北极科研领域进一步抢占先机，也为日本的北极政策和相关制度建设提供了有力的科技支持。

### （六）国立极地研究所

国立极地研究所是日本北极研究的核心机构，主要开展以挪威斯瓦尔巴群岛观测基地为重点的活动，包括观测极光、大气、冰雪、陆地生态系统等。1973年国立极地研究所由日本政府成立，成立之初主要针对南极进行观测研究，对北极地区仅限于中高空领域的研究，1990年国立极地研究所下设北极圈环境研究中心，正式开展北极研究。1992年，国立极地研究所在挪威斯瓦尔巴群岛建立非常驻观测基地，作为北极研究的共享基础设施。2004年国立极地研究所改制大学共同利用机关法人（直属文部省）和信息－系统研究机构，北极圈环境研究中心废除，设置了研究教育机构、极地信息机构和极地观测机构，并在北极另设尼罗森基地（ニーオルスン基地）。从2005年开始，国立极地研究所下设的北极观测中心开展国际共同研究项目"北极圈气候·环境变化"，除日本的大学和研究所外，挪威、德国、俄罗斯、加拿大、英国等国的大学和研究所均有参加，研究领域广，研究地区范围大，均超过以往的规模。从2011年开始，国立极地研究所下设"北极环境研究联合会"，文部科学省开展北极气候变动研究项目，国立极地研究所作为该项目的核心机关无论是在科研方面还是在联合其他机构、学校方面均起到了重要作用。

### （七）政府咨询机构

#### 1. 国际问题研究所

从2009年日本正式申请加入北极地区观察员国开始，日本众多的研究机构对北极地区的政策建设问题展开了研究，其中国际问题研究所就北极问题发布了《北極のガバナンス：多国間制度の現状と課題》报告，针对日本在北极地区的资源开发、北极航道、环境变化、国防建设、区域治理、国际关系等议题进行了全面的分析，并提出较为全面的北极政策主张。其中关于在内阁成立跨部门的"联席会议"和任命"北极担当大使"等诸多建议被日本政府采纳。

2. 海洋政策研究所

海洋政策研究所由"笹川平和财团""美日交流事业""笹川太平洋岛屿国基金""笹川中日友好基金""笹川中东伊斯兰基金""新领域开拓基金"等财团支持，其前身为海洋政策研究财团。自 2000 年起，该研究所以"人类与海洋的共生"的课题开展海洋政策的研究、政策提案、信息收集与传播等政府智囊团活动，为日本《海洋基本法》和综合海洋政策的制定做出了贡献。作为日本最早关注北极的财团之一，海洋政策研究财团为日本的北极政策提供了丰富的政策参考。在日本财团的支持下，海洋政策研究所从 1993 年开始关注北极研究：1993—1999 年，开展国际北极海航路开发计划（INSROP/JANSROP）；2002—2006 年，开展关于北极海航路的利用和寒冷海域安全航行体制的调查研究（JANSROP Ⅱ）；2007 年以后针对气候变暖问题对北极地区的环境、航路、资源安全保障等课题开展综合研究；2013 年 9 月，分别在东京和札幌举办关于可持续利用北极航道的国际研讨会。

通过梳理以上机构可以看出，日本的北极参与制度无论是人员还是设施都与南极的"司令塔"[①] 政策不同，仍处于各自为战的状态，有跨部门组织权限的综合政策本部的级别虽隶属内阁，但落实到具体部门则又要经过一番协商和组织，执行的力度难免要打折扣。对于日本法律和政策制定的过程来说，日本的决策是由政府、财团（基金会）、科研机构这个铁三角共同制定的，特别是在国外政策和外交方面，日本的企业家发挥着正式且重大的作用。政府依赖于科研机构收集的有关政治信息和科学评估提供智力保障，财团（基金会）为政府和科研机构提供财力支持，科研机构依靠政府对贸易

---

[①] 原指日本综合科学技术创新会议（Council for Science, Technology and Innovation），"司令塔"模式指在决策与审议重大政策时，能够统揽全局和横向串联，破除各省厅间的纵向分割，一体化推进政策执行，实现职能高度集中与资源集中投入。南极地区的观测研究由南极地区观测综合推进部主导，负责科技创新政策的规划、拟定、调查、审议与推进，承担着制定科学技术基本政策、统筹分配国家科技资源等职能。

相关问题进行支持和引导。日本在北极法律和政策制定前，委托国际问题研究所和海洋政策研究基金会等科研机构进行相关论证和调研，相关研究报告为日本北极政策提供了有力的科技支撑，各大财团（基金会）也为此提供了资金支持。北极地区的开发是一个长期且必然的过程，从国家安全的角度来看，北极开发和北极通航都会对日本造成威胁，但从经济发展的角度来看，北极开发和北极通航对日本和整个东亚都是重大利好。目前，日本企业家们看不到北极短期的商业价值，日本近几十年来的经济萧条也难以长期支持北极地区开发。政府制定的一系列的法律与政策虽然广泛而细致，但真正落到实处还需要政府、财团（基金会）、科研机构这三方长期共同努力才能实现。

## 三 系统化、制度化的日本北极事务法律与政策

日本参与北极事务虽起步较晚，但后期通过制定系统化的法律和政策为其官方北极政策的出台奠定了法律基础。一方面，日本社会对北极地区的价值认知仍停留在科研方面，对于北极地区的资源开发和航运利益关注度较低。另一方面，国际社会对北极地区的关注不断升温，尤其是与其毗邻的中韩两国参与北极事务的不断深入使日本政府深感落后。2007年，日本政府通过发布综合海洋政策，将海事政策作为一个整体进行推进，并首次提出海洋环境的可持续利用，但此时并未提及针对北极地区的政策。2008年，日本政府通过制定5年一期的海洋基本计划，逐步将北极地区纳入其计划范畴，并针对北极开发、海上运输和环境保护等课题开展综合性海洋战略研究。2015年，日本首次出台北极政策白皮书，系统地阐释了日本的北极政策，但并未制定具体措施。2017年，日本政府制定第三期海洋计划进一步加强北极环境保护和参与国际规则制定等方面的研究，并第一次制定了具体的执行措施，保证有效执行。至此，日本关于北极事务的法律和政策体系正式形成以《海洋基本法》为总纲、以北极政策白皮书为北极事务的纲领性指导、以海洋基本计划为阶段性补充并辅以配套法规政策的法制化体系。

## （一）综合性海洋政策

日本四面环海，作为"海洋国家"自古以来就与海洋保持着紧密的联系。日本的领海和排他性经济水域面积约447万平方公里，相当于国土面积的12倍左右。日本是通过进口石油、铁矿石等能源资源和原材料，再通过加工出口来实现经济增长的"贸易立国"，日本贸易中海上贸易占据的比重达到99%（进出口计、吨数），对于日本的发展和繁荣来说，海洋秩序的稳定是不可缺少的。此外，在日本周边地区存在非常丰富的渔场，日本需要适当的管理和利用这样的渔业资源。保护和开发海洋生物资源和日本大陆架的海底矿产资源（锰结核等）对日本也至关重要。

2007年7月20日日本《海洋基本法》出台，明确了海洋法的基本立场，海事政策要作为一个整体集中全面推进，综合海洋政策本部在内阁成立。今后，日本综合海洋政策本部将着力实现一个新的海洋国家，产业界、学术界和政府领域的海事官员将相互合作，共同推动海洋政策。《海洋基本法》旨在"在实现日本经济社会健全的发展和稳定国民生活的同时，对海洋和人类的共存做出贡献"。为实现这些目标，首先要促进海洋环境的平稳和可持续利用，同时在日本能够行使管辖权的水域中保护和协调海洋环境，即实现《里约环境与发展宣言》中在水域实现"可持续发展"的目标。

综合性的海洋政策的推进，需要各部门为配合海洋信息的收集、海洋课题的规整等进行有效的体制整顿。该政策的出台使各科研机构开始进行通力合作，配合海域和其他相关的调研、信息采集活动采取应对措施，在国际上适应了以《联合国海洋法公约》《联合国气候变化框架公约》为基础的法律秩序。

## （二）海洋基本计划

日本综合海洋政策本部于2008年1月22日发布了《海洋基本计划（草案）》，该草案指出，日本虽然于1996年加入了《联合国海洋法公约》，但由于该公约仍是新的国际海洋秩序框架，基于该框架或为补充该框架的各种领域规范仍在建立中,所以日本《海洋基本计划》并不会完全遵守《联合国海洋法公约》。在关于开发和环境保护的国际动向中,日本的海洋管理和利用方式被国际社会质疑。2008年3月,日本第1期《海洋基本计划》出台。

北极地区海冰减少、气候变化不断地影响着全球的气候系统,并导致北极航道的开发利用可能性大大提高。船舶通过北极航道将会使运输成本减少,这将带来海上运输改革,日本认为其作为海上大国有责任确保海上运输和海上交通的安全,推进北极地区环保、国际合作等方面的研究、调查活动,因此,日本针对北极地区的上述课题展开了综合性的战略研究。2013年4月26日,日本内阁发布了期限为5年的第2期《海洋基本计划》,概述了以立足全球的北极地区观察与研究、北极的国际合作和北极航道可行性研究为重点领域、关注环境问题和安全问题的综合海洋计划,声明对北极地区的观察研究和对北极航道的关注。日本期待能由此推动北极科考,在经济上与海运承运人、托运人合作审查可能的路线和北极航行的技术问题,降低航运成本,在政治上争取北极理事会观察员国地位。在政策执行上,第2期《海洋基本计划》虽然提出要加强政策执行的审查力度和加强秘书处职能,但只概括列出了由综合海洋政策本部负责推动执行的政策,包括编制各项措施流程图、制定综合战略、完善法律法规体系和根据实施情况的评估来推进有效措施等框架性规定,并未明确进行分工。

2017年9月13日,第3次北极未来研究会召开,审议了关于制定第3期《海洋基本计划》中北极问题的关注点。2017年12月18日,日本内阁发布了第3期《海洋基本计划》,阐明日本在2015年发布的官方北极政策基础上,继续推进关于北极环境等全球性课题的观察研究,积极参与国际规则的制定和促进有利于日本国家利益的国家间合作。在政策实施上,第3期《海洋基本计划》指出综合海洋政策推进事务局应采取措施,加强与有关部委和机构的合作,全面系统地推进海洋政策的实施,相关的部委和机构应密切配合。

为确保海洋计划的有效执行,综合海洋政策推进事务局和相关部委制定了以下三个具体措施:(1)引入PDCA循环管理机制(Plan-Do-Check-Act),把握政策的执行和评定执行效果。(2)由相关部委建立流程图,统计政策的目标、课题、措施、时间、实施单位等情况，2018年9月完成流程图模板，从2019年开始，每年的6月统计政策实施情况，9月进行评议并向议会报告。（3）2017年4月设置基本计划委员会，以审议海洋基本计划的执行情况。此外，针对海洋利益冲突，第3期《海洋基本计划》提出了"海上法治"和"执行科学政策"的原则。

## （三）北极政策白皮书

2015年10月26日，日本外交省首次公布了日本的北极政策，通过向世界宣示日本在北极问题上的立场，表明日本参与北极事务的目标是在围绕北极航道和资源开发的相关国际规则的制定上发挥主导性作用。一方面强调加强与中国、俄罗斯的北极合作，强调科研外交；另一方面强调加强同美国的合作以维护日本周边海域的安全。日本的北极政策可概括为四点：1. 最大限度地利用日本高端的科学技术，高度重视保护环境；2. 关注围绕日本安全保障的一切动向（主要指中俄）；3. 对国际规则的制定做出自己的贡献；4. 围绕北极资源的开发整备研究的要点。有人甚至以"无所不包"来评价日本的北极政策，也有人认为日本急于表现出一个负责人的观察员国形象，同时也是为其进一步参与北极事务寻找法律依据。

1. 政策背景

日本从20世纪50年代开始就对北极地区进行观测研究，1991年在北极圈设立观测基地，对北极环境变化拥有长期的观测数据和科学积累。日本高水平的卫星观测、海洋观测、陆地观测及模拟系统受到国际组织的高度评价。到2015年，随着国际社会对北极地区的关注度日益提高，在日本举办的北极科学峰会（ASSW）再次重申了北极问题对社会、政治、经济方面的影响，及包括非北极国家在内的国家合作的重要性。近年来，北极地区的环境问题虽然已成为国际社会的共同课题，但对北极问题的科学阐述仍然不足。因此，日本主张利用其科学技术的优势，进一步加强积极的国际合作、跨部门的综合研究和北极地区利益相关者的合作，从气候、物质循环、生物多样性、人类活动的影响等方面全面探究北极变化的原因和机制，通过进行

准确的预测,为未来的社会经济活动提供信息和解决方案。

北极环境变化虽然对全球气候造成不利影响,但海冰消融导致北极航道开通对日本确实是重大利好。从日本到欧洲经北极航道,特别是俄罗斯沿岸的航道,将比经由苏伊士运河的传统航道缩短约40%的距离。考虑到海冰和沿岸港口的基础设施状况、沿岸国家的规则和服务情况,北极航道目前未处于稳定可用的状态,国际社会对此仍在观望。但日本对进出口依赖较大,出于路线多样化的考虑,日本正积极寻求北极线路航行的可能性,政府层面和民间层面都在评估北极航道的未来潜力。但随着北极航道开通可能性的增加,船舶对海洋环境的影响和航行安全等问题的讨论也日渐激烈,日本积极参加有关国际讨论,谋求制定新的国际规则的话语权。另外,日本利用其先进的技术,积极开发有助于确保北极航行安全的技术。

北极地区的航运线路开发和资源开发将不可避免地引起各国之间的新摩擦,各国在加强北极地区军事存在的同时也加剧了北极地区的紧张局势,日本也在密切关注北极相关国的动态,寻求与北极国家的合作。

在现行《海洋基本计划》的基础上,日本进一步强调"积极和平主义"的国际合作原则,从外交、国防、环保、资源开发、通信、科技等角度,阐明本国具体的政策方向,制定跨行业、跨学界、跨政府的综合北极政策。日本也意图通过制定此政策,作为今后日本北极行动的基本方针,为其在国际社会的话语权提供法律依据。

日本认为,北极海冰急速消融是温室效应的影响,北极的环境变动也导致了日本等中高纬度国家极端天气频发。同全球变暖问题一样,北极问题也是全球问题,即使在北极地区的经济活动没有扩大的情况下,北极地区的环境变化依然在日渐加剧,因此阐明北极地区的环境变化机制及其对全球的影响并探讨应对策略是一个全球性课题。另外,北极地区经济活动一旦扩大,将不可避免地增加船舶污染物进而影响北极地区的生态系统、大气系统。对此,日本一直致力于反对全球变暖,以寻求在北极问题上掌握更多主动权,如签订《京都议定书》和《生物多样性公约》。2010年,在日本名古屋举行了《生物多样性公约》第10次缔约方大会，达成"爱知目标",① 使原本一直停留在纸面上的《生物多样性公约》在履约机制、履约内容和资源调集等方面都得到了确认和加强。同时，经《生物多样性公约》秘书处的推动和日本政府的资助，在20多个地区、160多个国家举办了"爱知目标"本土化研讨会，为"爱知目标"在世界不同地区的适用提供有力支撑。如在加勒比海地区的研讨会上，关于海洋生物多样性的议题被重点讨论。② 此后，日本建立"日本生物多样性基金"和"《名古屋议定书》实施基金"增加对国际生物多样性的资金支持和提高资金投入的生态效益，帮助生物多样性丰富区域履约。③

2. 具体措施

（1）科学研究

首先，政府推动科研，集中科研力量。虽然日本观察研究北极地区的年代较为久远，但主要集中在民间层面，且各自为战。1973年，日本成立国立极地研究所作为极地研究的主要基地，但也只停留在科研层面。1990年，北极圈环境研究中心正式成立，标志着日本北极事务研究体系的日臻成熟。④ 2015年，日本的北极政策正式提出由政府推进北极地区的课题研究。同年，日本启动北极科学研究推进项目（ArCS Project），旨在全面掌握北极地区的环境变化对全球自然环境和社会经济的影响。

其次，加强观测分析系统和观测仪器，建立基地网络。为了进一步获取和分析北极地区的科研数据，明确北极环境变化的机制，日本大力开发能够承受北极恶劣环境的观测仪器，使用卫星、观测基地和观测船进行连续观测。在日本国内，改进以往各自为战的研究局面，将国内多所大学和研究机

---

① 国际生物多样性新一期的十年工作计划，即2011—2020年生物多样性战略和相应的生物多样性目标，建立了新的目标体系，吸收了旧目标体系的经验，使各目标之间的逻辑结构更加清晰合理，更具有可操作性。
② 柴立伟、曹晓峰、张洁清：《"爱知目标"后〈生物多样性公约〉履约趋势分析和对策》，《生态与农村环境学报》2015年第1期，第7~11页。
③ Hosono G, "Japan's Continuous Support to Capacity-Building Activities," *Aichi Targets Newsletter*, 2011, p. 85.
④ 刘慧：《日本的北极战略研究》，中国海洋大学，2014，第15页。

构通过网络组合成研究机构,开展跨部门、跨学科,集卫星、研究船、计算机等资源于一体的研究网络,并促进研究基础设施的共同使用。在国际上,日本加强与其他国家的科研交流合作,在美国、俄罗斯和其他北极国家建立研究和观测基地,开展北极地区实地观测和国际合作研究,并制定了每个研究机构和研究人员的数据框架,创建国际数据共享机制。

最后,搭建新的研究平台和培养年轻研究员。通过建造配备无人潜水艇(AUV)的极地研究船,参与北极国际观测计划。不断向海外大学和研究机构派遣青年人才,开展国际交流。

(2) 国际合作

2013年5月日本成为北极理事会正式观察员国,日本专家和政府官员参加北极理事会相关会议(工作组,工作组等)的机会增加,这将进一步加强日本与交流会主席国和成员国等进行政策对话和加强对交流活动的贡献。此外,日本在密切关注北极理事会审议委内部讨论审议的趋势和审议角色,以期通过对审议委做出进一步贡献,扩大日本作为观察员的作用。

日本的北极政策提出要积极参与北极地区国际规则的制定和在国际合作中制定新议程。在此过程中传播日本长期的观察研究结果,为其广泛参与北极地区的国际合作提供更多话语权。首先,日本在国际海事组织(IMO)对现有《极地规则》的讨论中,根据国内相关业界的意见,参与了《海上生命安全公约》(SOLAS条约)、《海洋污染控制公约》(MARPOL条约)中关于海洋环境,船员的资格、培训、分配等既有极地规则的修订。日本还利用其先进的渔业技术,参与包括北极国家在内的渔业资源养护管理相关规则的制定。

在扩大双边和多边国家的北极合作,进一步促进与北极国家交换北极事务意见的同时,日本还在探索达成关于北极地区的双边协议的可能性。2013年4月,日本与俄罗斯发表联合声明,就"北方领土问题"和天然气资源的能源合作问题进行磋商,并声明将通过充分外交磋商促进北极合作。日本还计划利用自己先进的技术优势,达成与北极国家的科学技术合作协定,推进极地研究等相关领域的科学技术合作。日本针对北极国家的研究、观测据点的整备和研究人员的派遣,将加强对北极事务的国际共同研究。日本积极参加北极社团、北极边境地区等关于北极的国际论坛,为日本长期的科学观测、研究成果进行广泛宣传和提高日本参与北极问题的话语权和国际地位。2013年11月11日,日本外相岸田文雄在印度新德里参加亚欧外长会议期间与北欧和波罗的海地区八国外长举行专门会谈,涉及北极合作。①

(3) 可持续资源开发

2014年9月,北极经济委员会(Arctic Economic Council)成立,日本企业派团参加,讨论了关于扩大北极经济和建立北极国家经济联系的问题,阐明北极航道的自然、技术、体制和经济问题,并提出通过航运公司开发北极航道时建立海冰分布预报系统和天气预报系统等导航支持系统,推进环境改善。在资源开发方面,日本石油开发株式会社出资支援在格陵兰岛东北海域的勘探项目。在开展海洋生物资源开发时,日本结合加拿大等有关国家的科学依据,建立适应北极环境和可持续利用保护管理框架。

3. 政策特点

总体来看,日本的北极政策虽然"无所不包",但具体细节及如何实施并未做出明确阐述,属于纲领性政策。最核心的仍是以先进的科技为主导,实质是在为其科技能渗入外交、国际规则制定和资源开发等方面构建制度框架。作为新晋北极观察员国家,日本参与北极事务落后于相邻的中国和韩国,但日本的科技实力却领先世界,是日本追赶其他国家的优势。日本的北极政策在强化科技和外交的同时,对经济建设的主张却较少。笔者以为日本对北极地区的一系列活动最重要的落脚点应在于经济。

目前,日本尚未像韩国一样制定具体的北极政策,但2017年发布的第3期《海洋基本计划》引入了政策执行评价的体系,将纲领性的政策开始落到实处。

在法律方面,日本外交政策白皮书搭建了以《联合国海洋法公约》等国际

---

① 庞中鹏:《北极将成为各大国博弈的又一热点地区》,环球网,http://opinion.huanqiu.com/opinion_world/2013-12/4625157.html,最后访问日期:2017年10月20日。

公约为基础的法律框架。《联合国海洋法公约》第234条规定的保护区域仅限于"冰封区域",虽未明确提及北极地区,但该条规定使包括北冰洋在内的北极地区获得法律意义上的保护。该条规定赋予了北极沿岸国在其专属经济区内为防止、减少和控制船只污染"制定和执行非歧视性的法律和规章"的权利,第194条对沿岸国制定和执行法律规章的具体内容进行补充。① 因此,北极沿岸国家采取的单方面行为可认定为保护航行和海洋环境。② 日本虽为非北极沿岸国,但其北极政策白皮书一再强调的科技尤其是其先进的造船技术是日本政府企图参与北极地区国际规则制定的砝码,为其参与北极规则的制定制造话语权。

## 四 日本北极事务法律与政策的实施

从2007年海洋政策出台到2015年官方北极政策的发布和2018年针对第3期《海洋基本计划》召开关于北极未来研讨会,日本对北极的关注度随着北极开发的可能性升高而逐渐升温,并在官方北极政策中对科研、国际合作和资源开发等方面做出了具体规定。但日本要落实这些政策不仅需要法律和制度上的保证,还需要继续开展北极外交活动。

### (一)确保稳定的海上运输体系

制度上,国际海事组织在2002年制定了适应北极海域的《北极冰覆盖水域内船舶航行指南》,但鉴于极地航行和商业开发活动日渐增多,国际海事组织在2009年又通过了《极地水域内船舶航行指南》,在船员、培训课程、操作要求等方面做出明确要求,在航行、通信、救援、海上安全和污染等方面提出附加规定。近几年,北极地区严峻的气候形势和较差的基础设施

---

① 第194条作为一般规定,其第5款"按照本部分采取的措施,应包括为保护和保全稀有或脆弱的生态系统,以及衰竭、受威胁或有灭绝危险的物种和其他形式的海洋生物的生存环境,而有必要的措施"可以看作对第234条的补充。
② 如加拿大政府制定的《船舶安全航行控制区域条令》,俄罗斯制定的《北部海航线规则》,丹麦制定的《进入以及在格陵兰岛特定区域内旅游应具备条件的行政命令》等。

条件无法在船舶出现事故时施行有效快捷的救援，脆弱的生态环境也无法承受极地航行造成的污染，而北极航道通航在即，北极地区迫切需要具有强制力和精确的规则来约束各方的行为。国际海事组织一直致力于《极地规则》的完善和修订，日本依据先进的航行技术和造船技术在《极地规则》的制定中发挥了一定的作用，为其引领北极地区制度框架赢得了一定话语权。

在关注北极航道开发的同时，为促进与有关国家、航运公司和托运人等方面的合作，日本继续推进造船、港口建设和维护、海上交通线的整备、海员安全培养等工作。一方面，日本因国际航运的全球环境变化和对世界经济的积极贡献继续推进平衡竞争，通过国际谈判建立有序的竞争环境。另一方面，日本试图通过推广高环保性能的船舶技术建立一个低碳、循环型海上运输体系，加强日本航运业的竞争力和经营基础。与此同时，日本加强高环保性能船舶技术的开发，促进行业结构调整，加强造船业的竞争力。

### （二）推进海洋调查，发展极地科考技术

近年来，由于日本受北极环境变化影响较大，且对地球环境问题、航线、资源开发等问题均有所研究，所以日本也在谋求参与北极问题的国际决策和规则制定。因此，日本除继续参加北极理事会的国际活动外，还在积极参与其他科研论坛，并推进包括北极国家在内的双边对话与国际合作。

2017年5月11日，北极理事会成立第三个国际公约——《北极科学合作协议》，以促进科研活动的国际合作。与《南极条约》不同的是，该协议并未根据国际法将科研活动引入北极地区，鉴于北极国家或司法管辖区拥有科研活动的监管权，日本等非北极国家在此项协议的实施和运作过程中进行了探讨，并达成2个共识：1. 根据《北极科学合作协议》第1条，非北极国家以"参与者"的身份加入北极科考，获得协议利益；2. 根据《北极科学合作协议》第17条，非北极国家通过与缔约国签订单独协议，将协议利益扩大到非北极国家，事实上，此方法已存在于双边协议的实施和运作中（如日俄两国之间的科技合作协议）。

在国内，日本开始从国家层面来引导和整合科研机构、各大高校的人才研究和探讨全球变暖和气候变化问题。在被认为对日本气候产生重大影响的

地区，如北极和黑潮谷，以及包括南大西洋在内的南极洲等地区进行调查研究。日本主要的国家级研究机构除最核心的国立极地研究所外，还有海洋研究开发机构（JAMSTEC）和宇宙航空研究开发机构（JAXA）等。海洋研究开发机构通过国际合作进行实地观测、卫星资料收集和数值实验等综合资料分析，研究北半球寒冷地区海洋、冰雪、大气和陆地系统的实际状况、波动和过程。宇宙航空研究开发机构通过水循环变化观测技术卫星、温室气体观测技术卫星等观测卫星提供的观测数据，对北极地区的陆地和海洋进行研究。此外，日本和美国于1999年共同设立了国际北极圈研究中心（IARC），主要负责研究北极地区的气候变动，日本方面将观测结果存入数据库，并向世界研究人员提供。在硬件上，通过配备有自动船舶识别（AIS）接收机的卫星，与有关部委机构合作掌握海洋内船舶的航行状况，以及开展船舶在北极航道安全航行的示范实验，如开展与制作海冰破冰图相关的示范性实验。在海洋开发利用中使用卫星信息，可以确保海洋安全，综合管理海洋。目前，日本宇宙航空研究开发机构（JAXA）利用水文循环变化观测卫星（GCOM－W）和陆域观测卫星2号（ALOS－2）等卫星提供的海冰观测数据，为判定北极航道船舶航行安全的海冰破冰图提供了有利实证。

长期的科考和大量资金、人力的投入使日本获得了大量的极地气候、海洋、地质信息，为北极航道开发、船舶制造甚至资源勘探奠定了基础。日本在国家层面进行的关于气候和环境问题的交流探讨，将北极问题与全球气候变化和环境变化进行挂钩，实质是上将北极问题国际化，试图打破北极国家对北极问题的话语垄断权。

## （三）继续推进北极外交

1. 积极参与北极相关国际活动

2009年11月，在北极高级官员会议（高级事务者会议SAO）和可持续发展工作组会议（SDWG）上，日本开始申请正式观察员国资格。并通过持续参加北极理事会的各种会议和其他国际会议及相关论坛增加国际社会对日本参与北极问题的认可。除每年如期参加北极监测和评估计划工作组会议（AMAP）、北极高级官员会议、部长级会议、可持续发展工作组会议等活动外,日本还积极参加与北极相关的其他活动,并每年实现有效推动(如表1),从中可看出日本对北极事务的关注并积极行使观察员国家的权利,表现出负责任的观察员国形象。

表1

| 2015 年 12 月 | 联合国气候变化框架公约第 21 届缔约方会议,通过《巴黎协定》,即从 2020 年起的全球变暖对策国际框架。 |
|---|---|
| 2016 年 5 月 | G7 峰会《领导人宣言》,就促进强有力和可持续的全球性增长的许多措施达成一致,重申示范作用和快速实施可持续发展 2030 议程和《巴黎协定》。 |
| 2016 年 9 月 | 北极科学技术大会,与参会国、欧盟和北极原住民就加强科研合作达成协议。 |
| 2017 年 3~4 月 | 国家管辖海域外生物多样性(BBNJ)养护与可持续利用协定第 3 次预委会(美国纽约联合国总部),会议旨在《联合国海洋法公约》的框架下,就 BBNJ 问题拟定相关草案要点,并向联合国大会提出实质性建议。 |
| 2017 年 5 月 | 北极理事会第十届部长级会议(费尔班克斯),北极国家签署《费尔班克斯宣言》(北极科学合作协议),肯定观察员国家的贡献,促进国际科学合作。 |

2. 谋求国际上的身份认同

(1) 非北极沿岸国家(Non-Arctic Coastal State)

北极域外国家最普遍的身份表述为"非北极国家",意为除俄罗斯、美国、加拿大、丹麦、挪威、冰岛、瑞典和芬兰 8 个北极沿岸国家之外的其他所有国家,仅从地理位置的区分进行表述,并无政治含义。但北极沿岸国基于地理优势总将北极问题视为自己的特殊权益,非北极国家参与北极问题总是困难重重。基于此,日本有学者将日本参与北极问题的身份描述为"非北极沿岸国家",意在凸显日本与传统北极国家之间的联系。但因"非北极沿岸国家"并没有将日本与其他非北极国家区别开来,没有成为日本参与北极问题的最终身份选择。[①] 我国学者为强调中国在地理上距北极接近且生态环境很容易受北极气候影响而提出了"近北极国家"的概念,以区别于其他距离遥远的非北极国家,旨在强调与北极国家相比虽不能提出任何领土

---

① 阮建平:《近北极国家还是北极利益攸关者——中国参与北极的身份思考》,《国际论坛》2016 年第 1 期,第 47~52 页。

主张，但中国的"近北极国家"概念在其他问题上应拥有相应和合法的权益。但与日本的"非北极沿岸国家"概念一样，这均不足以对获得与北极国家相同的权益提供更充足的支撑，只能证明对北极地区环境变化更为关切。

（2）北极理事会正式观察员国

日本凭借其对北极地区长期以来的观察研究成果于 2009 年申请北极理事会正式观察员国席位，并于 2013 年 5 月 15 日被正式批准。北极地区的变化已经引起世界范围内的关注，为应对新的挑战和机遇，北极理事会在加强交流的同时，完善政策的制定和发布，通过了《基律纳宣言》，主要内容包括：1. 继续履行第 7 个北极理事会部长级会议签署的《北冰洋救助公约》，并在此基础上签署了《关于防范和应对北冰洋海上溢油事故的合作协议》；2. 批准了《北极高级官员报告》，其中包括《议事规则》《北极理事会附属机构观察员手册》《常设秘书处规则》《财政规则》《预算（分担金）》等；3. 采用"北极的愿景"，概述了北极变化的前景、北极的稳定、环境、可持续发展、原著居民的保护等。欧盟观察员申请的最后决定将推迟到北极理事会的部长达成协议为止。7 个国际非政府组织观察员申请都没有被批准。作为持续观察员资格的条件如下：1. 向部长级会议提供观察员资料等最新情况；2. 为重新评估每四年一期的观察员资格，需要继续提供该资格的声明。只要北极理事会成员国达成共识，观察员资格即可继续。但是，只要违反《渥太华宣言》(《交流成立文件》) 或《交流程序规则》，将予以暂停。

（3）北极利益攸关国（Arctic Stakeholder）

此概念并不涉及地理因素，只要具备利益相关性的国家（船舶通航北极航道的船旗国、船舶所属国家、参与北极资源开发的国家）均有权参与讨论北极地区可能影响到自身利益的议题和决策，以平衡各方利益。

日本长期以来奉行"海洋立国"的基本国策，必须对北极问题表明态度，保持参与。日本与中国、韩国、德国和挪威等国家在海事、资源、物流等领域拥有共同关切和利益。就中国、日本和韩国三个国家来说：三个国家同为北极理事会的正式观察员国，都是能源需求大国，参与北极事务最主要的利益点都基于能源需求；三个国家与北极的距离相互接近，在航运费用上差异并不巨大；在物流上虽有一定的竞争，但各国的人港口各有优势和货源，竞争相对和缓；在科研上，日本虽然科考基础深厚，但中韩两国的科技也较为发达，且科研合作一直保持良好互动等。中日韩三个国家在参与北极事务上有相似的利益和关切，同为北极利益攸关国。

## 五 日本北极政策法制化的困境

日本虽是亚洲最早开始北极科考的国家，但在政治上参与北极事务落后于中国和韩国，2009年以来日本突然发力，积极追赶中国和韩国的脚步，但目前来看，仍任重道远。在日本国内，虽然日本政府在推进北极事务法制化决策方面下了很大功夫，但日本的政治体制决定了民间企业作为市场主体对北极地区的开发从眼前经济利益考虑并不积极。政府无权强制命令企业开展与北极地区相关的市场业务。因此，从执行效果来看，并不理想。在国际上，日本政府通过关注资源开发和环境保护来强化北极国际合作，提高日本对北极事务的参与度进而提升话语权，但鉴于北极地区的国际形势日益复杂，日本二战战败国的身份使其国际地位将在很长时间内不会有所改变。

### （一）日本民间企业对北极开发的消极态度

日本北极政策的执行不仅需要财团（基金会）的引领，更需要民间企业的支持，但日本从事北极开发的公司以合资企业为主，政府下属企业的资本较小，政府无权强制命令企业开展与北极地区相关的市场业务，长期的经济不景气也使大多数企业对此望而却步。

首先，北极航道目前既不便宜也不稳定。日本民间企业认为，通过北极航道运输虽然大大缩短了距离，但并不会节省成本。在船舶运输成本中，约一半是港口的装卸成本，通过北极航道运输距离缩短35%到40%，但实际运输成本的降低与距离并不成正比。相反，在北冰洋航行，船舶的碰撞和损害会大大增加，船舶公司需要重新添置适合在北冰洋航行的耐用专业商船，且后期的维护费用也是一笔不小的开支。其他的费用开支也会大大增加，例

如经过俄罗斯沿岸时,需要在导航费和航路使用费之外,加收每吨2美元的保险费。① 此外,北极航道不适宜大规模利用。例如,传统航道中,苏伊士运河的使用费和各种定价成本与货运量总体上成反比,而北极航道目前不仅无法承载大规模的运输(马六甲海峡可通行的船舶规模是北极航道的3~10倍),每吨位的成本也不会随规模增加而减少。

其次,在航线可行性上也有诸多考量。第一,20世纪90年代以来,日本、俄罗斯和挪威就北极航道商业化的可能性开展国际北极航行计划(INSROP)合作,认为目前从技术和经济的角度北极航道的开发并非有利可图。近年来,北冰洋海冰融化,日本航运业重新考量北极航道的商业用途,挑战依然存在。北极航道冬天无法使用,即使在夏季无冰期,极端天气的恶劣程度也是传统航道无法比拟的,且目前在北极地区的基础设施匮乏,导航、无线电和卫星通信以及包括搜救在内的应急机制仍不完善,观测网络对天气、海冰、海浪的预测也不足够准确。此外,北极国家的海上救援制度并不统一,一旦在北极航道出现落水、火灾、突发疾病等情况时,各方面的救援都难以保证。第二,日本和欧洲之间没有直航海运的集装箱船,北极航道是满足中欧之间的运输需求,从日本出发的运输是中国和欧洲之间捎带的形式。因此,日本民间企业认为欧洲和日本直通北极航道的前提并不存在,② 且存在可替代的运输方式:如果追求速度,可选择西伯利亚大陆桥和中国大陆桥的铁路运输;如果追求规模,传统的苏伊士运河—马六甲航道即可满足。另外,即使传统的南海—马六甲海峡—亚丁湾—苏伊士运河航道出现问题,也可选择龙目海峡—好望角航道。第三,北极地区虽无海盗危险,但作为最为敏感的政治地带,政治风险较大。目前各国之间遗留的归属和边界问题是在双边协定和海洋法公约的框架内处理的,审查大陆架延期请求也需要时间。因此北极航道的开通仍需要依据相关条约的实施情况、国际海事组织

---

① 石黑一彦:《海洋经济学研究》,日本神户大学,2015,第11~20页。
② 文谷数重:《〈北極海航路〉の研究投資は予算の無駄遣いだ——コストも安定性も多様性も期待できない》,http://toyokeizai.net/articles/-/92762?page=3. 最后访问日期:2018年1月2日。

和北极理事会的对话合作框架进行调整。因此，尽管经北极航道从日本到欧洲的距离很短，但在经济上目前难以利用。

最后，北极地区的资源开发短期内难以实现。北极地区虽然矿产资源丰富，但资源开发困难重重，且随着石油、天然气的价格一路走低，北极资源昂贵的开发成本有可能导致北极地区的开发更加难以实现。另外，即使原油价格上涨，页岩油气和超稠油（シェールガスやオイル）的开发可能更能满足资源的需求。综合开采成本、运输成本、劳动力成本、环境风险等，北极地区的资源开发短期内并不被看好。

## （二）国际社会在北极区域的法制合作的复杂现状

在区域合作的政治浪潮中，推动法制合作的前提是政治共识与经济合作。而当前北极国家之间关于领土主权问题和海洋划界问题的纷争仍在持续。北极国家和非北极国家之间关于航行的自由和安全、海洋环境的保护等方面的法制都有不同的解读。北极地区适用《联合国海洋法公约》等国际条约，但由于仍存在个别不明之处，所以北极国家和非北极国家的利益难以平衡。目前北极地区的法律体系分为两国或多国之间的公约、协议和适用于多国的《渥太华宣言》。北极治理方面主要依赖于国际海事组织的决议、建议、指导等文件和北极理事会的申报、推荐、计划、指引等运作规范。事实上，因北极地区不同于南极地区有《南极条约》这样具有约束力的体制框架，所以在北极事务上北极沿岸国总有"排除"非沿岸国的趋势。加拿大和俄罗斯的北极竞争随着北极开发成为可能而越发激烈。俄罗斯将北极东北航道视为境内交通线的一部分，并制定法律规定通过东北航道的许可制度；加拿大则将北极部分航道划入加拿大内水范围，并对北极西北航线实行登记制度，将不符合航行标准的船只进行拦截、扣押。美国依靠其强大的军事力量，在靠近北极的阿拉斯加部署大量军事存在与俄罗斯和加拿大进行抗争。欧盟则日渐形成统一的北极政策。可见各北极利益方围绕北极地区的制度框架并不稳定。

政治共识与合作是经济合作的前提，北极问题的复杂性和敏感性使任何国家在参与北极事务时都必须多方权衡。就亚洲国家来说，基于参与北极的

共同利益，携手合作，形成对抗北极国家的合力，对整个亚洲地区更有利。2017年7月，中俄两国探索区域发展合作时在"一带一路"构想的基础上达成"冰上丝绸之路"的合作意向，这有助于促进东北亚地区的区域合作和经济发展，充分发挥北极航道的优势，但日本目前仍持观望态度。①

中国、日本、韩国在2013年同时成为北极地区正式观察员国，由于距离北极位置相近，有相似的北极利益，对参与北极事务的发展势头近几年都较为迅猛，所以中日韩三国与北极大国在政治、军事、资源、科研等方面的博弈中，也存在相互合作与竞争。对于日本和韩国来说，资源能源相对匮乏，政治上依附美国，经济上正遭遇瓶颈，因此日本和韩国类似，都希望能够通过找到具有创新意义的突破口，为经济发展创造新的动力，不断提高国力。而日本因其二战战败国的身份和对历史问题的态度而与亚洲诸多国家关系紧张，难以实现真正的合作，所以更依赖于美国。中国经济发展迅猛，在成为其他国家合作对象的同时，也招致日本等个别国家的忌惮。另外日本与中国的领土纷争日益激烈，欧美和日本因其自身的原因而不断宣扬所谓的"中国威胁论"也不利于国家间的交流合作，所以东亚地区在将来能否真正走向密切的合作仍有待考察。

## 六 日本北极政策法制化特点及对中国的启示

### （一）阶段性和发展性

日本在最初的《海洋基本法》中虽设有负责海洋事务的综合海洋政策本部，提出了对海洋的基本立场，但直到2008年第1期《海洋基本计划》才开始涉及北极，此时只提出日本作为海上大国有责任确保海上运输和海上交通安全、推进北极地区环保、国际合作等方面的研究、调查活动，并在北

---

① 富坂總：《中国一带一路構想に日本は乗るか乗らないか？高嶋ひでたけのあさラジ！》，www.1242.com/lf/articles/54939/？cat = politics_economy&pg = asa，最后访问日期：2018年1月25日。

极地区针对上述课题展开了综合性的战略研究。2013年第2期《海洋基本计划》表明日本对北极地区的观察研究和对北极航道的关注，经济上开始针对北极航行展开探究，政治上申请北极理事会正式观察员国地位。2015年，日本正式出台北极政策白皮书，对其参与北极事务提出"无所不包"的框架性纲领文件，强调了日本具有优势的科学技术，明确写到日本将在未来的国际规则制定中发挥主导作用，但并未给出具体的政策目标和时间表。2017年的第三期《海洋基本计划》进一步加强了日本在北极环境保护和国际规则制定等方面的研究，并制定具体的执行措施，保证有效执行。因此，日本接下来的北极相关法制建设仍将是在北极政策白皮书的基础上，进一步细化和执行。

2018年1月26日，我国发布《中国的北极政策》白皮书，这是我国对外发布的第一份北极政策文件，阐明我国在北极事务中秉持"尊重、合作、共赢、可持续"的基本原则，倡导构建人类命运共同体的北极政策，将与极地相关国家分享利益，共建"冰上丝绸之路"。①《中国的北极政策》白皮书的发布，一方面回击了日本长期以来宣扬的"中国威胁论"，和对中国参与北极事务动机的质疑。另一方面，该白皮书也起到指导性和目标性的作用，为我国进一步参与北极事务提供政策指导，推动我国与时俱进地参与北极事务。对此，可借鉴日本北极政策法制化阶段性和发展性的特点，在参与北极事务的过程中根据自身的发展和国际的动态进行补充和完善。

## （二）适应性和专业性

日本因其经济泡沫的影响和二战战败国的身份使其难以像中国和韩国一样直接面对北极资源和航道开发等"高投入、快回报"的经济目标。因此日本北极政策的法制化更多关注国际上北极治理的新进展，并善于利用自己先进的科技优势提高话语权。如在国际海事组织（IMO）对现有《极地规则》的讨论中，日本因其先进的造船技术和丰富的救援经验参与了《海上

---

① 《中国的北极政策》，人民出版社，2018，第7页。

生命安全公约》（SOLAS 条约）、《海洋污染控制公约》（MARPOL 条约）中关于海洋环境，船员的资格、培训、分配等既有极地规则的修订。在北冰洋公海渔业协定谈判中，日本利用其先进的渔业技术，参与包括北极国家在内的渔业资源养护管理相关规则的制定。

中国在参与北极事务过程中，可结合自身优势着重关注相关的北极问题。首先，中国与俄罗斯等有关国家共建的"冰上丝绸之路"依托中国经济发展的巨大优势和国际地位的提升，在此基础上应重点关注北极航道和资源的开发利用，推动欧亚经济联盟建设。其次，近年来北极地区成为旅游热点，中国游客数量激增，而中国作为境外旅游消费最多的国家，境外旅游发展迅速、经验丰富，可以此为新的基点，加强与北极国家的交流合作。最后，中国科研水平大幅提升、软硬件实力均为世界前列，下一步应提升中国的科研影响力并提升话语权。

### （三）科研机构的先进性和管理体制的滞后性

一方面，日本因深厚的科研积累，在进一步强化其科技方面的优势，不仅各高校内部的科研机构较多，还成立了专门的国立极地研究所和国际交流合作等项目。此外，日本政府和财团（基金会）都大力支持相关课题，如海洋政策研究所的建立和北极科学研究推进项目的启动等。另一方面，囿于日本自身行政制度的缺陷，其海洋管理体制一直存在专业性不足且决策性较差的弊端，直到2013年建立关于北极问题联合会议，在行政机关内部搭建了关于北极事务的专门平台才缓解了这一弊端，但因该平台不是决策机构，所以仍无法解决各部门各自为战的问题。

中国的科研机构建设取得了一定的进展，但主要集中在自然学科且缺少针对北极地区的专门研究机构，中国政府可借鉴日本的经验，增加科研机构建设，建立专门的研究机构并进行国际合作，搭建共同的研究平台，提升研究效率并增加人文社科类的研究。在管理体制方面，中国目前的北极主管机构有海洋局、极地研究所等，部门相对较少，在中国海洋强国的大环境下，应吸取日本在管理方面的教训，及时设立专门的极地管理机构，建立高效完善的体制。

### （四）主体的多边性和执行的复杂性

从上文可以看出，日本北极政策的法制化由政府、科研机构和财团（基金会）三方共同推进，政府在科研机构的充分调研和财团（基金会）的大力支持下制定了一系列广泛而细致的法律与政策，但真正落到实处仍任重道远。因此，日本在国内继续加大科研力度的同时自上而下地搭建更有效的北极政策实施平台，并开始引入实施效果评价体系以督促执行，此外，日本还在国际上扩大北极外交，利用自己的优势在国际规则的制定中制造更多话语权。

中国政策由政府制定且执行性强，应在保持既有优势的基础上稳中求进，避免在国际上引起不必要的纠纷。中国可借鉴日本近几年的做法，在《中国的北极政策》白皮书的基础上关注最新动态制定阶段性的海洋战略，引入执行评价体系。在国际上，中国应积极开展多渠道、多形式、多方位的北极外交，发挥北极观察员国的职权，推动北极地区新秩序的建立。

## 结　语

日本作为海洋和贸易大国，资源匮乏，经济发展对进出口贸易依赖严重，参与北极事务越早对其今后参与北极航道和资源的开发等国际问题越有利。近年来日本通过制定一系列的政策、法律，希望将日本参与的北极事务由科研领域转向资源和环境领域，为日本真正参与北极事务打下一定的法制基础，使日本国内对研究北极、开发北极达到空前的高度。日本国内目前仍是以科研领域为基础，试图以日本先进的北极科考技术为切入点，引领相关的国际框架的制定，但是日本关于北极的经济建设并未制定具体的规划。中国作为距离日本最近的国家，经济发展迅猛，"冰上丝绸之路"的建设将惠及亚洲国家，符合日本的根本利益，存在合作的可能性。但非北极国家在参与北极事务时应当根据既有的国际法规则，在此基础上谋求本国的利益诉求。在未来北极资源能源的开发上中日两国会不可避免地出现竞争，但当前关于航运、科研等方面的合作立场中日两国是一致的，中日两国可以科考、环保和航运建设等低政治领域为切入点，达成政治共识，进而在北极事务上谋求合作。

# B.11
# 阿拉斯加州北极政策：
# 利益、实践与困境

闫鑫淇*

**摘　要：** 阿拉斯加州的地理位置使得美国得以成为北极国家，在北极事务上阿拉斯加州具有独特的战略地位。进入21世纪，全球气候变暖使得阿拉斯加州的北极环境利益、资源利益和社会利益凸显。为进一步维护自身利益，阿拉斯加州力图通过制定本州的北极政策以实现本地区经济社会的可持续发展。中国与阿拉斯加州有着良好的合作基础，阿拉斯加州有望成为中国北极次区域合作的重要合作伙伴。中国积极参与阿拉斯加州的北极开发，与阿拉斯加州形成良好的北极合作关系，可以为中国参与北极治理开辟一条新途径。

**关键词：** 北极合作　阿拉斯加州北极政策　北极治理

随着北极地缘态势的变迁，北极事务在各国政治议程和对外政策中的地位不断提升。近年来，美国政府对于北极事务的重视程度日益增加，2013年奥巴马政府发布《北极地区国家战略》，正式确立了美国联邦政府的北极政策。一直以来，阿拉斯加州都在北极事务上拥有一定的话语权。特别是在特朗普政府的北极政策尚未明确之前，阿拉斯加州的北极政策不仅影

---

\* 闫鑫淇，武汉大学中国边界与海洋研究院2017级博士研究生。

响美国联邦政府的北极政策，还将对未来的北极次区域合作产生深远影响。2017年，中国国家主席习近平访问阿拉斯加州，中国与阿拉斯加州的双边合作迎来新的发展阶段，阿拉斯加州有望成为中国进一步参与北极治理的新场域。现阶段针对北极问题研究的切入视角多以区域治理和国家主体为主，较少涉及北极次区域主体，特别是针对美国阿拉斯加州尚未有专门的研究，本文希望通过梳理阿拉斯加州的北极利益、北极政策主要内容、北极政策特点以及实施困境，对中国与阿拉斯加州就北极问题展开合作提供相关讨论。

## 一 阿拉斯加州的北极利益

根据美国政府1984年出台的《北极研究与政策法案》中关于北极的定义，整个阿拉斯加州都可以被认为是美国的北极地区，独特的地理位置决定了阿拉斯加州美国"北极洲"的地位。① 进入21世纪，全球气候变暖对于北极地区的影响日益增加。一方面，气候变暖所造成的生态问题对阿拉斯加州居民的生存环境带来了挑战，另一方面，全球变暖也为阿拉斯加州的北极开发带来了机遇，阿拉斯加州的北极资源开发性价比在逐步升高。这些因素使得阿拉斯加州需要对自身的北极利益进行正确认知并积极维护。

### （一）环境利益

全球气候变暖给阿拉斯加州北极地区的自然生态环境带来了巨大的影响，如何确保阿拉斯加州北极居民的环境利益是阿拉斯加州政府所面临的一个关键问题。环境保护问题对于阿拉斯加州北极区域的可持续发展具有重要意义，良好的生态环境是阿拉斯加州未来实现可持续发展的基石。科学研究

---

① 相关内容参见 https://obamawhitehouse.archives.gov/sites/default/files/microsites/ostp/IARPC%20Charter%202011%20(signed)%20(2).pdf, p.9。

表明北极地区脆弱的生态环境极易受到极端气候的影响，全球变暖使得北极地区面临包括永久冻土层融化、海岸侵蚀、北冰洋酸化等种种生态危机。同时，阿拉斯加州地区还面临来自本地区之外的持久有机污染物和重金属污染，如汞、铅和镉等重金属和持久污染物会通过食物链进行积累，并影响到个体动物和人类的健康。① 这些环境危机正在影响阿拉斯加州北极地区居民的生存安全、食品安全和经济安全。此外，途经阿拉斯加州周边海域的船舶所造成的污染是阿拉斯加州所担忧的另一环境问题，船舶交通所产生的垃圾以及污染物可能会对海洋以及陆地生态系统带来危害。严峻的环境问题使阿拉斯加州必须更加重视本地区的环保状况，以期在维护环境安全和合理开发本地区资源之间取得平衡。

### （二）资源利益

随着全球气候变暖，北极地区所蕴含的丰富资源的开发价值日益凸显，阿拉斯加州北极地区丰富的自然资源使本地区居民拥有重大的资源利益。美国国家地质局（USGS）的报告表明，"北极大陆架可能是当今世界最大的石油未开发地区"，而北极地区84%的资源都存储在近海地区，阿拉斯加州环北极地区更是其中重要的分布地之一，目前阿拉斯加州北部海湾的楚科奇海和波夫特海是美国国内仅次于墨西哥湾的石油资源区。② 巨大的石油和天然气储量推动了相关行业的快速发展，石油和天然气产业已经成为阿拉斯加州当之无愧的支柱产业。2012年阿拉斯加州石油收入进账89亿美元，占州政府当年财政收入的56%。③ 今天，石油和天然气占到阿拉斯加州当地经济

---

① 北极问题研究编写组：《北极问题研究》，海洋出版社，2011，第77页。
② The U. S. Geological Survey, "Circum-Arctic Resource Appraisal: Estimates of Undiscovered Oil and Gas North of the Arctic Circle," http://energy.USgs.gov/arctic/. USGS Fact Sheet 2008 – 3049. U. S Department of the Interior, "OnshoreOffshoreResources," March 9, 2009, https://www.doi.gov/ocl/hearings/111/OnshoreOffshoreResources_030509, visited on 26 Oct. 2017.
③ "Alaska's oil and gas job industry-a look at a jobs and oil's influence on economy," Alaska Enomic Trends, June, 2013, http://laborstats.alaska.gov/trends/jun13art1.pdf, visited on 26 Oct. 2017.

活动的 1/3，并且为阿拉斯加永久基金（Alaska's general fund）提供了 90% 的资金来源。① 现阶段阿拉斯加州最为看重的就是其在北极地区的资源利益，这直接关系到阿拉斯加州未来的发展前景。

### （三）社会利益

经济发展和社会进步的最终落脚点是对个人权益的保障。对于阿拉斯加州北极地区而言，能否促使本地区形成更多的弹性社区（Resilient Communities）是衡量北极政策成效的重要标志。对于生活在农村地区的阿拉斯加人而言，这意味着除了自给自足的传统生活外，他们还会参与到与外界的双向经济生活中来。"弹性社区"这一表达旨在揭示阿拉斯加北极社区希望在应对未来可能出现的挑战中充分增强自身适应能力的愿景。② 更好地解决阿拉斯加州北极问题不仅意味着针对本地区的环境问题或外来人类活动，还要进一步关注阿拉斯加原住民的生活质量。阿拉斯加州处在北极地区气候变化的前沿地带，原住民的利益正在受到越来越多的挑战，阿拉斯加原住民要求在经济、社会等具体事务方面享有一定的自主权，能够决定关系到自身利益的北极事务。③ 阿拉斯加北极原住民与本地区所有公民一样拥有享有高质量生活的权利，当然他们也有权利保留自己的传统生活方式以及与之息息相关的传统自然环境。弹性社区的构建将有助于建立阿拉斯加州政府、原住民部落和私营部门之间紧密的伙伴关系，同时为本地区的资源开发和环境保护寻找平衡点。目前，阿拉斯加州已经建立了阿拉斯加州复原倡议机构（Alaska Resilience Initiative）作为协调不同行为体之间实现纵向多层次联合

---

① Arthur C. Banet, "Oil and Gas Development on Alaska's North Slope: Past resultsand future prospect," http://www.blm.gov/pgdata/etc/medialib/blm/ak/aktest/ofr. Par. 49987. File. dat/OFR_34. pdf, visited on 26 Oct. 2017.
② Alaska Arctic Policy Commission, "Final Report of the Alaska Arctic Policy Commission. 2015," http://www.akarctic.com/wp-content/uploads/2015/01/AAPC_final_report_lowres.pdf, visited on 26 Oct. 2017.
③ 孙凯、杨松霖：《美国北极事务中阿拉斯加州与联邦政府的合作与博弈》，《国际论坛》2016 年第 4 期，第 38 页。

的非营利联络组织,随着阿拉斯加州北极政策的实施,该地区弹性社区的建设将进入快车道。

## 二 阿拉斯加州北极政策的主要内容

2012年4月,阿拉斯加州正式成立"阿拉斯加州北极政策委员会";① 经过数年的调研和考察,委员会在2015年发布了《阿拉斯加州北极政策委员会最终报告》和《阿拉斯加州北极政策委员会执行报告》;2015年4月,阿拉斯加州最终通过《阿拉斯加州北极政策法案》,以立案的形式正式确立阿拉期加州的北极开发政策,其主要内容如下。

### (一)促进本地区经济发展和资源开发

北极地区自然资源的开发利用状况是影响阿拉斯加州经济发展的最重要因素。长期以来,阿拉斯加州都是美国北极资源开发的引领者,包括普拉德霍湾(Prudhoe Bay)油田、② 红狗矿(Red Dog Mine)③ 等都是阿拉斯加州对于北极资源开发的鲜明例证。以石油天然气产业为支柱的地区经济更是表明了阿拉斯加州对于资源开发的依赖程度。虽然在北极资源开发上阿拉斯加州有着丰富的经验,但独特的自然地理条件依然使阿拉斯加州北极地区面临着资金缺乏、基础设施落后等问题。这无疑在很大程度上制约了阿拉斯加州的北极资源开发。因此,阿拉斯加州需要采取多种措施优化当地经济投资环境,实施积极的财税政策,吸引阿拉斯加州域外的资本对

---

① Alaska State Legislature, "Alaska Northern Waters Task Force Findings and Recommendations 2012," http://www.housemajority.org/coms/anw/pdfs/27/ANWTF_Preliminary_Recommendations.pdf, visited on 27 Oct. 2017.
② Alaska Oil and Gas Conservation Commission, "Prudhoe Bay Unit: Prudhoe Oil Pool," http://doa.alaska.gov/ogc/annual/current/18_Oil_Pools/Prudhoe%20Bay%20-%20Oil/Prudhoe%20Bay,%20Prudhoe%20Bay/1_Oil_1.htm, visited on 7 Nov. 2017.
③ Teck, "Red Dog-Teck," http://www.teck.com/operations/united-states/operations/red-dog/, visited on 7 Nov. 2017.

本地区进行投资。同时，阿拉斯加州需要意识到本地资源的重要性，进一步动员阿拉斯加州当地社区的资本力量，增强本地区创新意识、鼓励和支持小微经济体的发展和崛起。此外，发展白令海峡北极港口、建立150+微电网孤立体系①和进一步完善渔业、矿产产业管理体系等都是阿拉斯加州在促进北极经济发展过程中需要重点关注的方面。全面推进阿拉斯加州北极政策实施，将帮助本地区制定可持续的经济政策，实现资源的科学开发。

### （二）提升阿拉斯加州政府自身反应能力

北极地区日益增多的社会经济活动使得该地区居民的生活环境正在面临诸多挑战。一方面，持续增多的社会经济活动为北极地区带来了额外的经济收益；另一方面，日益增多的人类活动对北极地区的可持续发展提出了更大的挑战。面对北极地区独特的地理位置和脆弱的生态环境，如何提升阿拉斯加州的北极应对能力②是一个复杂的问题。这需要阿拉斯加州政府提高自身的反应能力包括建立专业咨询通道、完善北极地区相关测绘测量数据、建立石油溢出预防和应对计划等。现阶段，加强阿拉斯加州自身反应能力的建设是一个系统化工程，需要与各方面建立多层次的合作。对此，美国联邦政府、阿拉斯加州政府以及原住民部落构成的阿拉斯加州区域响应小组是其中的重要代表，阿拉斯加州区域响应小组通过制订和实施统一计划，为该地区可能出现的石油溢漏事件提供全面的应对指导。面对北极地区开发大趋势，阿拉斯加州政府只有负责任地开发北极资源、保护北极生态环境才能抓住北极发展机遇，因此提升自身的反应能力势在必行。

---

① 微电网：一种新型网络结构，是一组微电源、负荷、储能系统和控制装置构成的系统单元。微电网是一个能够实现自我控制、保护和管理的自治系统，既可以与外部电网并网运行，也可以孤立运行。
② 阿拉斯加州的应对反应能力是指在进行合理资源规划、应对石油污染、搜救和救援或应对自然灾害的能力。参见 Alaska Arctic Policy Commission, "Implementation Plan for Alaska's Arctic Policy. Anchorage, 2015," http://www.akarctic.com/wp-content/uploads/2015/01/AAPC_ImplementationPlan_lowres.pdf。

## （三）构建阿拉斯加州北极地区"健康社区"

日益深入的全球化发展进程对北极地区产生了重要的影响，阿拉斯加北极地区的社会发展正在承受额外的压力。面对诸多挑战和额外压力，阿拉斯加州必须对此做出积极的反应。充满活力的社会经济与健康社区之间存在强烈的相关性。对于阿拉斯加北极社区而言，阿拉斯加州政府需要确保自身公共政策的透明度，这涉及阿拉斯加地区居民的决策知情权以及决策者所应承担的告知责任。阿拉斯加州正处在北极开发的窗口期，州政府需要采取措施以促进本地区经济活动的增长，阿拉斯加州完全可以促使自身成为一个充满活力的经济体。同时，阿拉斯加州政府还可以提供足够的社会支持以满足构建健康社区的需要。通过广泛而有意义的公民参与，阿拉斯加北极地区将实现有效的区域治理。在保护本地区的海洋和陆地生态系统的基础上，阿拉斯加州可以提高整个北极社区的生活质量，而不损害其他社区或整个国家的经济安全和福祉。①

## （四）促进北极科学研究

阿拉斯加未来的繁荣主要取决于它能否促进北极地区的科学技术进步，以及在多大程度上将这些科学研究成果融入本地区决策，实现阿拉斯加州北极地区的可持续发展。面对北极地区日益严峻的气候问题以及由此衍生的潜在威胁，阿拉斯加州政府必须在本地区开展持续的科学研究。将科研机构的预测评估与政府决策相结合，推行适当的政策措施，维护北极社区的健康安全和保护北极地区的生态系统。科学研究将在辅助本地区开展成功的区域规划方面起到关键作用。目前，在阿拉斯加州北极地区开展科学研究的机构，包括政府的公共部门、部分私营部门以及世界自然基金会等非政府组织和州立大学等。推动阿拉斯加州北极地区科研能力发展的关键，在于建立该地区

---

① Alaska Arctic Policy Commission, "Implementation Plan for Alaska's Arctic Policy. Anchorage, 2015," http://www.akarctic.com/wp-content/uploads/2015/01/AAPC_ImplementationPlan_lowres.pdf, visited on 7 Nov. 2017.

的科研秩序，打通科学研究与政策沟通之间的壁垒。阿拉斯加州需要建立联系各方的信息资料库，通过协调各方在北极地区的科研活动，实现北极科学研究的协调有序发展。通过对阿拉斯加州北极科研体系的再梳理，州政府将增强本地区对于科研数据的利用，充实自身的科学知识储备，在最大限度上将科学研究融入阿拉斯加州北极地区的开发进程。

## 三 阿拉斯加州北极政策的特点

现阶段，阿拉斯加州北极政策的特点主要表现为：阿拉斯加州北极事务以维护阿拉斯加州的整体利益为核心目标、以促进经济发展为重要突破点，阿拉斯加州将积极参与联邦政府北极政策的制定和实施，维护阿拉斯加州的北极权益。

### （一）以维护阿拉斯加州的整体利益为核心目标

作为美国地方政府的阿拉斯加州政府，与主权国家相比其政治目标相对简单。阿拉斯加州北极政策的最大特点就是紧密结合自身现状，以维护阿拉斯加州的整体利益为核心目标。阿拉斯加州主要从三个方面实现其核心利益：推动以石油天然气产业为核心的经济发展；构建阿拉斯加州弹性社区，推动本地文化的繁荣，保护生态环境，努力提高阿拉斯加州居民的生活质量；积极参与北极治理，增强对美国联邦政府北极政策的影响力，成为北极政策的重要领导者和推动者。[①] 作为美国北极政策的直接利益方，阿拉斯加州需要持续影响美国联邦政府的北极政策议程，积极引导其北极政策走向，使其政策充分反映阿拉斯加州的北极利益。同时，阿拉斯加州将充分发挥自身地理优势参与北极治理和国际合作，努力推动北极合作伙伴关系的构建，成为北极治理合作的推动者。

---

① Alaska Arctic Policy Commission, "Final Report of the Alaska Arctic Policy Commission. 2015," http://www.akarctic.com/wp-content/uploads/2015/01/AAPC_final_report_lowres.pdf, visited on 7 Nov. 2017.

## （二）以推动经济发展为首要突破点

对于地方政府而言，本地区经济发展是其重要议题。根据阿拉斯加州政府财政报告，2016年，阿拉斯加州人均GDP较2015年降低了1.6%，其人均GDP的增幅已经连续三年下滑。矿产产业占阿拉斯加州全年GDP的14.8%，并且较2015年出现了高达19.8%的降幅。① 美国学者斯科特·戈尔史密斯（Scott Goldsmith）认为，阿拉斯加州属于典型的"三条腿经济"（three-legged stool），石油矿产业是支撑阿拉斯加州经济和就业的三支柱之一，阿拉斯加州经济对于石油产业的依赖在美国各州中是绝无仅有的。② 在后金融危机时代，国际油价的持续走低和阿拉斯加州石油产量的下降使得阿拉斯加州陷入石油财政危机，2015年，阿拉斯加州政府面临高达35亿美元的财政赤字。③ 长期来看，阿拉斯加州经济前景黯淡，经济发展面临严峻危机。目前，北极开发正在融入全球市场，阿拉斯加州的北极能源商业开发面临重大的发展机遇。当下，特朗普政府大力支持北极资源开发，阿拉斯加州必须采取多种措施把握北极经济发展机遇，将"促进阿拉斯加北极经济与资源开发"作为北极政策的优先事项。随着阿拉斯加州北极政策的日益实施，经济开发议题在阿拉斯加州北极政治议程中的地位将不断提升。

## （三）积极参与和影响美国联邦政府北极政策的制定和实施

冷战时期北极一度成为美苏两国对峙的前沿地区，然而随着冷战结束，北极在美国全球战略中的地位相对降低。在冷战后一段时间内美国政府曾较

---

① US Department of Commerce, "Alaska-Bureau of Economic Analysis," https：//www. bea. gov/Regional/bearfacts/pdf. cfm？ fips = 02000&areatype = STATE&geotype = 3, visited on 7 Nov. 2017.
② Scott Goldsmith, "What Drives The Alaska Economy?" http：//www. iser. uaa. alaska. edu/Publications/researchsumm/UA_RS_13. pdf, visited on 7 Nov. 2017.
③ Dermot Cole, "Alaska's Financial Foundation Is Built on Oil. That's a Huge Problem," http：//www. governing. com/topics/finance/alaskas – finances – are – built – on – oil – thats – a – huge – problem. html, visited on 7 Nov. 2017.

为忽视阿拉斯加州。在很长一段时间内，美国联邦政府被视为北极事务"不情愿的参与者"。① 为改变这一状况，阿拉斯加州政府积极推动美国联邦政府出台相应的北极政策，对相关政策的实施施加影响，保障其北极利益。为加强国会对北极事务的理解和提升美国政府对北极事务的重视，2012 年，阿拉斯加州参议员马克·贝奇（Mark Begich）和丽萨·穆尔科斯基（Lisa Murkowski）致信奥巴马总统，呼吁美国联邦政府尽快出台一份正式全面的北极政策，以应对北极快速变化的生态环境和日益增长的社会经济活动，同时这一北极战略的出台也反映了目前美国分散独立的北极行动亟须整合的客观需求。② 2013 年 5 月，奥巴马政府出台《北极地区国家战略》，正式形成美国联邦政府的北极战略。通过主动参与美国联邦政府北极政策的制定和出台，阿拉斯加州在美国北极政策中的影响力稳步提升。

## 三 阿拉斯加州北极政策的实施困境

阿拉斯加州北极政策的出台为本地区北极问题的解决提供了指导，然而目前阿拉斯加州所面临的内外问题也在影响着北极政策的实施，包括财政困境、政策偏向、利益集团以及公众北极认知匮乏等都是阿拉斯加州北极政策实施所必须面对的难题。

### （一）美国联邦政府和阿拉斯加州财政困境的制约

作为典型的石油州，阿拉斯加州经济发展深受国际能源市场的影响。2000 年以来，石油产业迎来了价格上涨的黄金时期。石油产业的繁荣为阿拉斯加州带来了巨额的财富。2008 年原油价格达到了创纪录的 144 美元/桶，原油交易市场空前繁荣，这一时期石油收入一度占到阿拉斯加州财政收

---

① 郭培清、董利民：《美国的北极战略》，《美国研究》2015 年第 6 期，第 48 页。
② "Begich, Murkowski Call for National Arctic Strategy", http://www.akbizmag.com/Alaska-Business-Monthly/July-2012/Begich-Murkowski-Call-for-National-Arctic-Strategy/., visited on 7 Nov. 2017.

入的90%。然而原油市场的涨跌是无可避免的现实，2014年高涨的原油价格走向转折，原油价格在几周之内跌到谷底，之后反弹到48美元/桶。① 石油价格的暴跌使得阿拉斯加州政府的财政收入出现巨额赤字，陷入财政困境。北极地区基础设施建设、北极资源开发以及应对北极气候变化问题等都需要大量的经费支持，阿拉斯加州政府当时的财政状况难以承担起北极政策实施所需要的资金。金融危机以来，美国联邦政府对于财政支出也持续收紧。2018年，特朗普政府提出的财政预算方案中对于商务部的预算削减达到16%，主要针对美国国家海洋与大气管理局所涉及的气候变化项目。② 美国环境保护署（Environmental Protection Agency）的预算被削减了31%，包括涉及阿拉斯加州土著居民社区基础设施建设项目的"能源之星"计划（Energy Star program）被取消。联邦政府的财政窘况使阿拉斯加州政府获得资金支持的难度增大。

### （二）美国联邦政府和国内民众对北极事务缺乏战略关注和正确认知

远离美国本土的地理位置使阿拉斯加州长期脱离美国民众的视野，美国民众对阿拉斯加州以及北极问题的认知相对浅显，缺乏对于北极的认识和理解。美国是一个北极国家，但在相当长一段时间内北极事务处于其全球战略与国内政策相对边缘的地位，美国甚至被称为"勉强的北极大国"（Reluctant Arctic Power）。③ 虽然近年来北极事务在美国联邦政府政治议程中的地位有所提升，但依然难以与亚太、中东等美国传统的战略关注中心相比。作为"非核心"地区，北极地区难以在预算削减的大环境下取得更多的资金支持。北极事务在美国全球战略中的相对劣势使阿拉斯加州北极政策

---

① 《美国产油州集中爆发财政危机》，中油网，http://www.cnoil.com/oil/20160630/n49427.html。
② Chris Mooney, "Proposed budget for Commerce would cut funds for NOAA," http://www.washingtonpost.com/business/economy/proposed-budget-for-commerce-would-cut-funds-for-noaa/2017/03/15/6c93d864-09ad-11e7-93dc-00f9bdd74ed1_story.html. visited on 9 Nov. 2017.
③ 孙凯：《主导北极议程：美国的机遇与挑战》，《国际论坛》2015年第4期，第35页。

的实施难以获得优势资源，美国联邦政府优先政策的偏向性也不利于阿拉斯加州北极政策的落实。此外，美国本土民众对于北极地区战略价值的低估使北极政策难以在美国国内取得舆论优势。美国海岸警卫队的副司令彼得·内芬格（Peter Neffenger）指出，长期以来，我们的民众认为美国只是一个拥有北极圈内一个州的国家而不是一个北极国家。① 美国普通民众对于北极事务的不了解乃至误解阻碍了他们对阿拉斯加州北极政策的理解，不利于阿拉斯加州北极政策的实施。

### （三）美国国内环保组织与利益集团的掣肘

美国国内强大的环境保护组织和利益集团是影响阿拉斯加州北极政策实施的另一重要因素。环境保护组织对于北极开发的态度相对消极，认为现阶段北极地区的能源开发具有极大的风险，其对于自然环境的破坏是难以挽回的。包括绿色和平组织、世界自然基金会、阿拉斯加荒野联盟等在内的环境保护组织都曾对阿拉斯加州的北极开发表达了异议，早在 2007 年绿色和平组织就发布了题为《北极不是赌场：波弗特海项目与北极海上石油钻探的持久危害》的科学报告，② 对阿拉斯加州的北极石油开采发出警告。此外，以共和党人士为主的利益集团则反对美国通过《联合国海洋法公约》，美国参议院中有势力庞大的保守派反对此公约，他们担心签署后，美国将受到公约的更多限制从而损害本国某些集团的利益。③ 对于阿拉斯加而言，美国未批准《联合国海洋法公约》意味着其无法主张 200 海里的大陆架界限，以及无法从法理上获得阿拉斯加州沿岸以外大约 600 海里的海底资源储备。这对于阿拉斯加州北极政策的落实无疑是一个巨大的障碍。

---

① 程保志：《阿拉斯加州在美国北极战略中的作用》，《中国海洋报》2014 年第 4 期，第 1 页。
② 郭培清、闫鑫淇：《环境非政府组织参与北极环境治理探究》，《国际观察》2016 年第 3 期，第 84 页。
③ 郭培清、孙兴伟：《论小布什和奥巴马政府的北极"保守"政策》，《国际观察》2014 年第 2 期，第 90 页。

## 四 中国与阿拉斯加州北极合作展望

阿拉斯加州作为美国唯一的"北极州",是中国进行次区域合作的重要合作伙伴。作为当前阿拉斯加州第一大贸易伙伴,中国如能积极参与阿拉斯加州的北极开发,与阿拉斯加州进行良好的北极合作,将为自身的北极参与开辟一条新途径。

### (一)中国与阿拉斯加州北极经济合作前景广阔

从2012年起,中国成为阿拉斯加州第一大贸易伙伴,双方在经贸、投资和货运等领域都取得了显著成果。随着中国经济的腾飞,阿拉斯加州已经将中国视为其最重要的和最有活力的国外市场之一。2014年,阿拉斯加州与中国的进出口总额为17.9亿美元,同比增长26.1%。其中阿拉斯加州对中国出口14.6亿美元,增长17.7%;自中国进口3.3亿美元,增长了83.3%。① 中国是阿拉斯加州海产品最大进口国之一,中国与阿拉斯加州在海产品进出口、物流运输等方面有广阔的合作空间。② 目前,油气作为阿拉斯加州北极地区最重要的能源尚未对外进行出口。根据美国国际贸易委员会统计,2013年阿拉斯加州对外出口45.7亿美元,其中油气出口只有5000万美元,占出口额的1.1%。为更好地开发利用北极资源,阿拉斯加州已经确定实施液化天然气出口项目(LNG Export Project),通过与埃克森美孚、康辉、英国石油、加拿大能源公司(TransCanada)等国际石油公司合作,开发世界上最大的天然气开发项目,该项目完工后预计每天可以传输30亿~35亿立方英尺天然气,其中绝大多数将用于出口。③ 2017年11月阿拉斯加州州长比尔·沃克(Bill Walker)跟随美国总

---

① 《最后的战略边疆:投资美国阿拉斯加》,国家能源网,http://www.ocpe.com.cn/show - 15005 - lists - 7. html,最后访问日期:2017年11月10日。
② International Trade Administration, "Alaska exports, jobs &foreign investerment," http://www.trade.gov/mas/ian/statereports/states/ak.pdf, visited on 10 Nov. 2017.
③ 《阿拉斯加州油气资源概况与加强我与阿州油气合作》,中华人民共和国商务部网,http://www.mofcom.gov.cn/article/i/dxfw/nbgz/201405/20140500603416.shtml,最后访问日期:2017年11月10日。

统特朗普访华,与中国就阿拉斯加州能源合作达成合作备忘录,中国石油化工集团公司将投资430亿美元参与阿拉斯加州政府的石油天然气开发工程,这一工程预计将创造12000多个工作岗位。① 随着中国与阿拉斯加州在资源领域合作的逐步实现和加深,双方经济合作领域日益广阔,借助与阿拉斯加州的合作中国将进一步参与到北极资源开发中去。

### (二)中国与阿拉斯加州的北极航道合作有待拓展

随着北极航道可通航性的逐步提高,北极航道作为后备海运通道和北极资源转运动脉的战略价值凸显。② 中国作为北半球重要的航运贸易大国,对实现商业通航后的北极航道有较大的需求。因此,促进北极航道的国际通航自由,维护我国在北极海域享有的航行自由等权利符合我国的长远利益。美国在北极航道上推行的航行自由原则符合中国的北极航道利益。当前正值中国推进"一带一路"合作倡议的重要时期,开拓北极航道将帮助我国进一步拓展和深化与欧盟、美国等国家的经贸联系,进一步提升和完善我国的对外经贸网络。阿拉斯加州是全球航运的十字路口,其北部水域所构成的"北极西北航道"是连接大西洋至太平洋的最短航线。近年来,北极航运行业的发展正在改变阿拉斯加州航运产业的现状。2009年,北极东北航道实现首次商业通航,2013年中国商船"永盛"轮实现中国在北极东北航道的商业首航。2017年9月6日中国成功实现北极西北航道首航。阿拉斯加州濒临的白令海峡在北极航道上具有得天独厚的地理优势。两条北极航道都必须经过白令海峡,一旦北极航道未来商业通航成为现实,白令海峡将有机会成为新的"马六甲"。独特的地理位置使得阿拉斯加州在北极航道中具有战略地位,中国需要进一步加强与阿拉斯加州在北极航道上的合作,抢占北极航道发展先机。中国作为美国最重要的贸易国,中美在北极航道上存在客观

---

① Daniel Shane, "These are the companies behind Trump's $250 billion of China deals", http://money.cnn.com/2017/11/09/investing/china-trump-business-deals/index.html, visited on 10 Nov. 2017.
② 杨剑:《北极航运与中国北极政策定位》,《国际观察》2014年第1期,第123页。

的商业需求。北极航道实现商业通航,阿拉斯加州将成为中美北极航运的重要一环,提前布局阿拉斯加州北极航道与白令海峡港口建设是实现我国海洋强国战略的重要举措,对于维护我国北极航道利益具有重要意义。

### (三)中国与阿拉斯加州的双向交流趋势向好

随着中国逐步参与北极事务,关于中国参与北极治理的质疑不绝于耳,一些西方媒体甚至炮制所谓的"中国北极威胁论"。① 对此,中国需要采取积极手段,加强中国参与北极事务的正面宣传。通过建立与阿拉斯加州良好的双向交流,加强官方和民间的对外合作,有利于中国展现参与北极事务的"正能量",化解外界对于中国参与北极治理的疑虑和恐惧。中国与阿拉斯加州有着良好的合作与交流历史,近年来双方社会文化沟通渠道日益增多,交流了解日益深入。早在1985年,时任阿拉斯加州州长的史蒂夫·库柏就曾率领代表团访问中国黑龙江省,并且双方结为友好省州。2009年9月,时任全国人大常委会委员长的吴邦国率团访问阿拉斯加州,对增进我国与阿拉斯加州的政治及经贸关系起到了重要作用。2017年4月随着中国国家主席习近平访问阿拉斯加州安克雷奇市并会见阿拉斯加州州长沃克,中国与阿拉斯加州的双边交流进入新的历史发展阶段。习近平指出,地方合作是中美关系中最具活力的组成部分之一。阿拉斯加州和安克雷奇市是中美关系发展历程的参与者和见证者。②除官方经贸交流外,中国与阿拉斯加州之间的民间往来交流日益频繁。1976年,为维护华人利益,在阿华人创办非营利组织阿拉斯加华联会(Alaska Chinese Association)。2008年东北师范大学与安克雷奇大学合办了阿拉斯加州安克雷奇大学孔子学院,通过传播中国传统文化,极大地增进了阿拉斯加州居民对于中国的了解。中国与阿拉斯加州良好的互惠交流给双方的进一步的合作发展奠定了良好的基础。

---

① 贾桂德、石午虹:《对新形势下中国参与北极事务的思考》,《国际展望》2014年第4期,第27页。
② 《习近平会见阿拉斯加州州长沃克》,新华网,http://news.xinhuanet.com/world/2017 - 04/08/c_1120773120.htm,最后访问日期:2017年11月10日。

## 结　语

　　阿拉斯加州的北极政策是全球变暖背景下北极开发新窗口的产物，独特的地理位置和自然环境使得该地区在漫长的时间内并不为人所关注。奥巴马政府上台后对北极问题的关注和北极地区经济发展的新机遇使得阿拉斯加州意识到北极问题的迫切性。通过确立阿拉斯加州政府的北极政策，阿拉斯加州力图把握北极经济开发的机遇，实现本地区社会经济的健康发展。然而，资金短缺、国内利益集团掣肘以及人们北极意识缺乏等问题依然是困扰阿拉斯加州北极政策的重要因素。中国作为阿拉斯加州第一大贸易伙伴，应充分利用自身优势，抓住阿拉斯加州北极开发的机遇期，进一步推动参与北极治理。随着共和党特朗普政府的上台，阿拉斯加州在美国国内北极问题上的发言权日益增大，美国联邦政府的北极政策是否将更符合阿拉斯加州的利益值得我们进一步关注。

# 北极治理新议题篇

New Issues in Arctic Governance

## B.12
## 北极理事会发展变迁的制度逻辑
——基于历史制度主义的分析

王晨光*

**摘　要：** 北极理事会是北极治理中最重要的区域性组织，历史制度主义为认识其发展变迁的制度逻辑提供了理论视角。北极理事会的"前身"《北极环境保护战略》（AEPS）是在冷战结束的背景下，北极8国为弥补既有制度的不足、更好地应对北极环境问题而创设的。AEPS的制度设计虽不完美，但因在时间序列上占据优势并在北极治理中实现了"收益递增"，从而使北极理事会对之形成了"路径依赖"。2007年，"插旗事件"改变了北极局势的发展走向，北极理事会也迎来了"关键节点"，在

---

\* 王晨光，男，武汉大学中国边界与海洋研究院国际法学专业2016级博士研究生，国家领土主权与海洋权益协同创新中心、武汉大学国家治理与公共政策研究中心研究人员。

治理功能、组织结构等方面进行了一系列的制度突破。然而，鉴于"沉没成本"和防止出现"裂口效应"，北极8国仍不愿对北极理事会进行根本变革。中国作为北极理事会正式观察员和北极事务"利益攸关方"，一方面应认识到北极理事会在机制化、开放性方面的努力，另一方面也应以适当的方式助其破解"路径依赖"，为完善北极治理机制贡献智慧和力量。

**关键词：** 北极理事会　北极环境保护战略　制度变迁　路径依赖　关键节点

2017年5月11日，北极理事会（Arctic Council）第10届部长会议在美国阿拉斯加州的费尔班克斯（Fairbanks）召开。在这次会议上，美国、俄罗斯、加拿大、挪威、丹麦、冰岛、芬兰、瑞典等8个北极理事会成员国（也即"北极8国"）的外长共同讨论了北极地区的安全管理、经济发展、环境保护、科学合作等问题，推出了《费尔班克斯宣言》和北极理事会框架下的第3份具有约束力的文件——《加强国际北极科学合作协议》，并一致同意接纳瑞士、西北欧理事会（West Nordic Council）、世界气象组织（World Meteorological Organization）等7个国家和国际组织为正式观察员。[①] 与2015年的伊魁特（Iqualuit）部长会议相比，费尔班克斯会议可谓成果丰硕，使北极理事会在机制化、开放性的方向上又迈出了坚实的一步。

作为当前北极治理中最重要的区域性制度安排，北极理事会的发展变迁不仅吸引着相关国家的关注，也引起了国内外学者的热议。从现有研究成果看：有学者通过回顾北极理事会的发展历程并分析其在北极治理当中的作

---

[①] Arctic Council, "Fairbanks Declaration," https://oaarchive.arctic-council.org/bitstream/handle/11374/1910/EDOCS-4339-v1-ACMMUS10_FAIRBANKS_2017_Fairbanks_Declaration_Brochure_Version_w_Layout.PDF?sequence=8&isAllowed=y.

用，总结其变化特征，研判其变化趋势；① 有学者剖析了北极理事会存在的问题，如权威性不足、开放性有限、只涉及低政治领域、缺乏资金支持等，进而提出了相应的改进建议；② 还有学者从相关国际制度、国际行为体与北极理事会的关系出发，探讨其参与北极理事会的进程、如何影响北极理事会的发展等。③ 既有成果为本文的研究提供了基础，但不可否认，这些研究多是描述性、评估性或对策性的，对北极理事会发展变迁的发生机理、因果逻辑等尚缺乏科学理性的探讨。鉴于此，本文将以强调宏观背景、过程追踪以及关系特征等内容的历史制度主义为理论视角，在回溯北极理事会发展历程的基础上分析其背后的制度逻辑，进而为更好地认识北极理事会以及北极治理的现状和走向提供启发。

## 一 历史制度主义的制度变迁分析框架

历史制度主义，是20世纪80年代以来在西方政治学界兴起的、与理性

---

① 参见 Torbjørn Pedersen, "Debates over the Role of the Arctic Council," *Ocean Development and International Law*, Vol. 43, No. 2, 2012, pp. 146 – 156; Klaus J. Dodds, "Anticipating the Arctic and the Arctic Council: pre-emption, precaution and preparedness," *Polar Record*, Vol. 49, No. 2, 2013, pp. 193 – 203; 孙凯、郭培清：《北极理事会的改革与变迁研究》，《中国海洋大学学报》（社会科学版）2012年第1期，第5~8页；程保志：《试析北极理事会的功能转型与中国的应对策略》，《国际论坛》2013年第3期，第43~49页。

② 参见 Timo Koivurova, "Limits and possibilities of the Arctic Council in a rapidly changing scene of Arctic Governance," *Polar Record*, Vol. 46, No. 2, 2010, pp. 146 – 156; Oran Young, "Arctic Politics in an Era of Global Change," *Brown Journal of World Affairs*, Vol. 19, No. 1, 2012, pp. 165 – 178; 郭培清、孙凯：《北极理事会的"努克标准"和中国的北极参与之路》，《世界经济与政治》2013年第12期，第118~139页；肖洋：《排他性开放：北极理事会的"门罗主义"逻辑》，《太平洋学报》2014年第9期，第12~19页。

③ 参见 Peter Adam, "The Arctic Council, Antarctica and Northern Studies in Canada," *Arctic*, Vol. 53, No. 3, 2000, pp. 334 – 338; Svein Vigeland Rottem, "A Note on the Arctic Council Agreements," *Ocean Development and International Law*, Vol. 46, No. 1, 2015, pp. 50 – 59; Sebastian Knecht, "The politics of Arctic international cooperation: Introducing a dataset on stakeholder participation in Arctic Council meetings, 1998 – 2015," *Cooperation and Conflict*, Vol. 52, No. 2, 2017, pp. 203 – 223; 刘惠荣、陈奕彤：《北极理事会的亚洲观察员与北极治理》，《武汉大学学报》（哲学社会科学版）2014年第3期，第45~50页。

选择制度主义和社会学制度主义并列的新制度主义三大流派之一。历史制度主义有着广泛的理论来源，如旧制度主义、行为主义、结构－功能主义、历史社会学等，且至今仍未完全定型，这使不同的研究者在认识和运用这一理论时显得见仁见智。如彼得·霍尔（Peter Hall）和罗斯玛丽·泰勒（Rosemary Taylor）指出，历史制度主义倾向于在相对广泛的意义上界定制度与个体行为之间的关系，重视与制度运作和演进相联系的非对称的权力分配，在分析制度演进时强调路径依赖和意外结果，以及关注将制度分析和能够产生某种政治结果的其他因素（比如观念）进行整合。[①] 保罗·皮尔逊（Paul Pierson）和西达·斯考切波（Theda Skocpol）则认为，历史制度主义注重自身研究领域内部或外部的重要议题，倾向于以宏观背景来分析社会或政治过程得以展开的中观或微观制度构造，以及追踪社会或政治过程的历时性。[②] 但总体而言，历史制度主义最大的特征就是将历史分析和制度研究结合起来，即：它是历史的，把政治发展理解为随时间和环境而展开的进程；同时它又是制度的，认为现时进程的当前含义都存在于制度之中。[③] 这使其抛弃了绝对的、简单的理论假设，注重特殊历史过程和环境要素的综合作用。同时，历史制度主义聚焦于中层制度（intermediate-level institutions）的分析，旨在通过中间层次的制度来联结宏观背景和微观行为，并站在理性选择制度主义的"算计途径"（calculus approach）和社会学制度主义的"文化途径"（cultural approach）的中轴线上将文化、结构和理性等因素纳入具体的研究过程。这使其更具包容性和多样性，在很大程度上具备了整合新制度主义三大流派的潜力。[④]

---

① Peter A. Hall and Rosemary C. R. Taylor, "Political Science and the Three New Institutionalisms," *Political Studies*, Vol. 44, No. 5, 1996, pp. 46–53.
② Paul Pierson and Theda Skocpol, "Historical Institutionalism in Contemporary Politics Science," in Ira Katznelson and Helen V. Milner eds., *Political Science: State of the Discipline*, New York: W. W. Norton, 2002, pp. 693–721.
③ Paul Pierson, "The Path to European Intergration: A Historical Institutionalist Analysis," *Comparative Political Studies*, Vol. 29, No. 2, 1996, pp. 123–163.
④ Peter A. Hall and Rosemary C. R. Taylor, "Political Science and the Three New Institutionalisms," *Political Studies*, Vol. 44, No. 5, 1996, pp. 46–53.

北极蓝皮书

所谓制度变迁，就是把制度当作因变量，分析制度在什么条件和情境下产生、维系、转变、消亡等。对于这一政治学领域的传统问题，历史制度主义根据其制度观和历史观，形成了独具特色的分析概念和框架。在制度生成方面，历史制度主义不赞同理性主义的设计论，而致力于研究某一历史环境下旧制度对新制度产生的影响，并强调旧制度体系中相关行动者之间的斗争和冲突。① 这使历史制度主义的制度生成理论主要涉及环境、旧制度和行动者三个变量，制度的起源方式和时机取决于三个变量的两种组合：一是旧制度下各行动者的地位和冲突程度，二是环境变化给行动者带来的改变现状的机会。有学者进一步总结了历史制度主义视角下的三种制度生成模式：第一，当旧制度在面临内外压力时，相关行动者往往会围绕针对压力的不同态度而分成若干力量，各力量之间的内在冲突往往会产生新的制度；第二，即使旧制度不存在压力，某些行动者特别是处于不利地位的行动者也可能抓住时机挑起冲突，创造出新的、有利于自己的制度；第三，新观念的产生和输入可能会使旧制度下的某些行动者重新思考它们的利益，并引起政治力量的重新组合和对原有制度的改变。②

不过在现实政治生活中，制度变迁并非简单的新旧交替，而是可能因前后顺延关系使旧制度陷入难以改变或不愿改变的境地，这就是历史制度主义特别强调的"路径依赖"（path dependence）现象。"路径依赖"这一概念由著名的制度经济学家道格拉斯·诺斯（Douglass North）提出，有着广义和狭义之分：广义的"路径依赖"是指历史上某一时间发生的事件将影响其后发生的一系列事件；狭义的"路径依赖"则指一旦一个国家或地区沿着一种轨迹开始发展，改变发展道路的成本就会非常高昂，即使存在其他选择，既存制度也会竭力设置障碍。③ 皮尔逊在《回报递增、路径依赖和政治

---

① Paul Pierson, "The Limits Of Design: Explaining Institutional Origins and Change," *Governance*, Vol. 13, No. 4, 2000, pp. 475 – 499.
② 何俊志：《结构、历史与行为——历史制度主义对政治科学的重构》，复旦大学出版社，2004，第 225~232 页。
③ 道格拉斯·诺斯：《制度、制度变迁与经济绩效》，刘守英译，三联书店上海分店，1994，第 147~149 页。

科学研究》这篇经典论文中，几乎完全沿用了诺斯的定义，并借鉴经济学中的"收益递增"（increasing returns）概念分析了"路径依赖"的形成机理。① 当然，"路径依赖"并非总是积极的，制度在创设之初也可能是低效的，但在制度创设者或受益者的竭力维护下会进入"锁定"（lock-in）状态。② 不管是良性的还是恶性的，"路径依赖"作为制度的自我强化机制，在很大程度上解释了制度何以维系和持续的问题。

既然大部分制度都存在"路径依赖"，那么又该如何解释制度突变呢？在这个问题上，历史制度主义借鉴了生物进化的"间断均衡"（punctuated equilibrium）学说，③ 将制度演变分成了制度存续的"正常时期"（normal periods）和制度断裂的"关键节点"（critical junctures）两个阶段。斯特芬·克拉斯纳（Steven Krasner）据此提出了制度的"断续平衡"理论，认为制度在经历了一段长时期的稳定发展之后，会在某一时刻被外部环境变化导致的危机所打断，从而产生突发性制度变迁，此后制度会再次进入稳定平衡期。④ 由此可见，"关键节点"对制度变迁意义重大，这段时期内发生的重大事件、做出的重要决策等，将直接决定下一阶段历史发展的方向和道路。⑤ 这使"关键节点"既是时间概念，又是事件概念，可谓事件序列和时间序列逻辑排列的结果。⑥ 进一步来看，"关键节点"的出现是一个从量变

---

① Paul Pierson, "Increasing Returns, Path Dependence, and the Study of Politics," *American Political Science Review*, Vol. 94, No. 2, 2000, pp. 251-266.

② W. Brian. Arthur, "Competing Technologies, Increasing Returns, and Lock-In by Historical Event," *The Economic Journal*, Vol. 99, No. 394, 1989, pp. 116-131.

③ "间断平衡"是由美国古生物学家古尔德（Stephen Jay Gould）提出的一种有关生物进化模式的学说。该学说认为，生物的进化不像达尔文所言是一个缓慢的、连续渐变的过程，而是长期稳定与短暂剧变交替的过程。也就是说，物种进化在很大程度上是源于一段时期内环境的急剧变化，之后进化速度会变慢，直到再次面临环境的挑战。

④ Steven D. Krasner, "Approaches to the State: Alternative Conceptions and Historical Dynamics," *Comparative Politics*, Vol. 16, No. 2, 1984, pp. 223-246.

⑤ Ruth Berins Collier and David Collier, *Shaping the Political Arena: Critical Junctures, the Labor Movement, and Regime Dynamics in Latin America*, Princeton University Press, 1991, p. 29.

⑥ 段宇波、赵怡：《制度变迁中的关键节点研究》，《国外理论动态》2016年第7期，第98~107页。

到质变的积累过程，与"阈值效应"（threshold effect）紧密相关。同时，事件的发生在很大程度上受制于背景环境所提供的机会，而这种机会的出现具有极大的偶然性。

当然，现实世界中的制度变迁并非都源自外部环境冲击所造成的"断裂"。如果只突出"关键节点"的意义，就会显得"过于强调偶然性和决定性"，① 而忽视制度变迁的内部影响因素。为了进一步完善对制度变迁原因的解释，一些历史制度主义学者提出了制度变迁的内生理论，开始关注行动者的选择及其互动对制度变迁的影响。② 在这一视域下，行动者被赋予了自主选择和行动的能力，能够突破结构性因素的制约进而促成制度变迁。其中，对于制度约束条件下行动者的选择问题，学者们除了关注利益的驱动作用外，还加入了理念的作用，认为理念可以形塑和改变行动者的偏好以及对时机和情境的认知，从而导致行为选择的改变。不过，历史制度主义并不是单纯分析理念本身，而是把理念当作一种既定的价值观念，分析它与制度、利益等要素的内在关联。理念也不可能脱离历史情境和制度脉络而存在，既有的制度结构可能会限制理念作用的发挥，也可能会为理念作用的发挥提供所需的资源。③

在这些研究的基础上，沃尔夫冈·斯崔克（Wolfgang Streeck）和凯瑟琳·西伦（Kathleen Thelen）提出了制度的渐进转型理论（gradual transformation），并具体划分了"替代"（displacement）、"堆叠"（layering）、"漂移"（drift）、"转换"（conversion）和"衰竭"（exhaustion）五种制度变迁类型。"替代"是指按照背离机制，制度在内部要素和外部力量的影响

---

① Kathleen Thelen, "Historical Institutionalism and Comparative Politics," *Annual Review of Political Science*, Vol. 2, No. 2, 1999, pp. 369 – 404.
② See Avner Greif and David Lairin, "A Theory of Endogenous Institutional Change," *American Political Science Review*, Vol. 98, No. 4, 2004, pp. 633 – 652; James A. Caporaso, "The Promises and Pitfalls of an Endogenous Theory of Institutional Change: A Comment," *West European Politics*, Vol. 30, No. 2, 2007, pp. 392 – 404.
③ B. Guy Peters, Jon Pierre and Desmond S. King, "The Politics of Path Dependency: Political Conflict in Historical Institutionalism," *The Journal of Politics*, Vol. 67, No. 4, 2005, pp. 1275 – 1300.

下不适应外部环境，使替代制度逐渐变得显著进而取代主导制度，引发制度变迁。"堆叠"是指按照差别性增长机制，新生的边缘制度逐渐成长并取代旧制度的地位和作用，从而改变旧制度。"漂移"是指按照协商性忽略机制，在外部因素影响下，行动者不得不忽略制度的持续性要求，通过协商性互动来实现制度变迁以适应环境的变化。"转换"是指按照再导向机制，重新部署旧制度的结构和内容来迎合新目标，其原因主要有制度设计缺乏预见性、制度本身具有模糊性、社会底层的力量要求推翻旧制度、必须向新要素开放机会等。"衰竭"是指按照消耗机制，制度不适应环境变化或制度运作产生负面作用，这与回报减少和盲目扩张等有关。[1]

历史制度主义的制度变迁分析以现实问题为研究取向，由制度生成理论、路径依赖理论、断续平衡理论及渐进转型理论等具体部分构成，涉及制度变迁的肇因、动力、特征、类型等内容。历史制度主义在一定程度上秉持了"吉登斯意义上的结构-行动二元化理论",[2] 既强调制度或结构性因素对行动者的制约作用，又承认行动者的选择及其互动关系对制度变迁的影响，历史制度主义已被广泛运用于制度变迁的研究领域。作为北极治理中最重要的区域性组织，北极理事会20多年的发展历程不仅是北极治理的历史缩影，还蕴含着丰富的制度遗产。因此，从历史制度主义的视角来审视北极理事会的发展变迁，将为我们带来更加深刻的认识。

## 二 北极理事会的"前世今生"

1996年9月，北极8国的政府代表在加拿大渥太华（Ottawa）签署了《关于成立北极理事会的宣言》（以下简称《渥太华宣言》），北极理事会正

---

[1] Wolfgang Streeck and Kathleen Thelen, "Introduction: Institutional Change in Advanced Political Economics," in Wolfgang streeck and Kathleen Thelen eds., *Beyond Continuity: Institutional Change in Advanced Political Economies*, New York: Oxford University Press, 2005, p. 31.

[2] Colin Hay and Daniel Wincott, "Structure, Agency and Historical Institutionalism," *Political Studies*, Vol. 46, No. 5, 1998, pp. 951–957.

式宣告成立。但历史制度主义倾向于从充满制度的世界中探寻制度的起源，若考察北极理事会的来龙去脉，还必须从其"前身"——《北极环境保护战略》（Arctic Environmental Protection Strategy，以下简称 AEPS）说起。

### （一）AEPS 的成立背景及过程

AEPS 是第一个涵盖整个北极地区的多边协定，也是北极区域性合作的第一步。AEPS 的成立过程有着特殊的历史背景，体现了历史制度主义在制度生成方面所强调的环境、旧制度和行动者三个因素的作用。

从环境层面看，"冷战"结束后美苏关系缓和改变了北极地区的政治局势并凸显出生态环境问题，这为北极国家开展合作提供了可能和机会。"冷战"时期，北极作为美苏两大军事集团彼此攻击对手的最短距离，双方在这一地区进行了大量的、针锋相对的军事部署。① 因此，尽管从 20 世纪 70 年代开始，全球气候持续变暖和人类活动日益频繁给北极的生态环境带来了严峻挑战，但这一问题在很大程度上处于政治安全问题的"压制"之下。戈尔巴乔夫上台后，苏联开始推行"新思维"并寻求与西方国家改善关系，北极局势也迎来了历史性转折。1987 年 10 月，戈尔巴乔夫发表了"摩尔曼斯克讲话"，称要将北极打造为"和平之地"，并提出了在北欧建立无核区、实现北极资源和平开发、重视北极科学研究对全人类的意义等六点倡议。② 为了落实"摩尔曼斯克讲话"，美苏两国首脑于 1987 年 12 月举行了会谈，苏联也先后与挪威、瑞典、芬兰、加拿大等国签署了一系列关于北极合作的双边协议。③ 随着北极由"对峙前沿"转变为"对话之地"，"压抑"已久的北极生态环境问题，如臭氧空洞变大、有机污染加剧、冰雪消融变快、动

---

① 张佳佳、王晨光：《地缘政治视角下的美俄北极关系研究》，《和平与发展》2016 年第 2 期，第 102~114 页。
② "Mikhail Gorbachev's Speech in Murmansk at the Ceremonial Meeting on the Occasion of the Presentation of the Order of Lenin and the Gold Star to the City of Murmansk," http：//www. arctic. or. kr/files/pdf/m2/m22/1/m22_ 1_ eng. pdf.
③ Orange R. Young, *The Arctic in World Affairs*, May 10, 1989, pp. 19-20, http：//nsgl. gso. uri. edu/washu/washut89007. pdf.

植物生存条件恶化等很快凸显并不断放大。鉴于这些问题的严重性和跨界性，北极八国意识到只有通过合作才能加以解决，各国的合作意愿日渐增强。

从制度层面看，AEPS 并非产生于制度真空，而是出于对既有制度不足的回应。在北极 8 国签订 AEPS 之前，已有 26 个全球性公约可适用于北极环境问题，如《濒危野生动植物物种国际贸易公约》（1973 年）、《联合国海洋法公约》（1982 年）、《保护臭氧层维也纳公约》（1985 年）、《控制危险废料越境转移及其处置巴塞尔公约》（1989 年）等。[1] 从区域层面看，相关国家也制定了一些针对具体事务的多/双边条约或协议，多边条约或协议如《保护毛皮海豹条约》（1911 年）、《斯瓦尔巴德条约》（1920 年）、《保护北极熊协定》（1973 年）等，双边条约或协议如美苏《保护北极候鸟及其生存环境协议》（1976 年）、冰挪《渔区和大陆架协议》（1980 年）、美加《保护驯鹿群协议》（1987 年）等。另外，北极国家还颁布了国内层面的法律法规，如挪威的《自然保护法案》（1970 年）、加拿大的《北极水域污染防治条例》（1978 年）、美国的《阿拉斯加国家重要土地保护法案》（1980 年）、苏联的《关于加强在远北地区以及邻接北部海岸海域的自然保护法令》（1984 年）等。不过，当时适用于北极环境问题的法律制度虽然不少，但要么是全球性的框架公约，缺乏针对性和专业性，要么是只涉及特定问题或有限区域，缺乏全局性和协调性。面对北极地区日益恶化的环境，构建一个整体性的环境治理机制可谓当务之急。

从行动者层面看，芬兰在创建 AEPS 的过程中发挥了主导作用，其他北极国家也予以积极响应。1988 年底，芬兰负责环境和南北极事务的官员艾思科·拉亚科斯基（Esko Rajakoski）表示，由于美苏关系的改善、既有国际条约的缺失、加强北极科考的需要以及对北极环境恶化的感知，芬兰认为就北极环境问题进行国际讨论已是迫在眉睫。[2] 随后，芬兰积极与其他 7 个北极国

---

[1] Donald R. Rothwell, "The Arctic Environmental Protection Strategy and International Environmental Cooperation in the Far North," *Yearbook of International Environmental Law*, Vol. 6, No. 1, 1996, pp. 65 – 105.

[2] Esko Rajakoski, "Multilateral Cooperation to Protect the Arctic Environment: The Finnish Initiative," in Thomas R. Berger, etc. eds., *The Arctic: choices for peace and security*, Vancouver: Gordon Soules Book Publishers, 1989, pp. 54 – 55.

家展开磋商,并于1989年1月给七国去信正式提出建立多边合作机制的倡议。1989年9月,在芬兰的召集和主持下,北极八国的政府代表在芬兰的罗瓦涅米(Rovaniemi)举行了第一次北极环境保护协商会议。会前,芬兰编写了一份工作文件,确认北极环境问题的主要来源,并号召各国加强政府间合作、科学研究和生态监控。而对于协商的结果,芬兰建议形成一个关于北极环境保护的声明、公约或多边协议。① 这次会议取得了不小的成果,为1990年4月在加拿大耶洛奈夫(Yellowknife)、1991年1月在瑞典基律纳(Kiruna)召开的两次准备会议打下了基础。1991年6月,在芬兰的大力倡导以及其他7国的支持配合下,北极8国的环境部长再次齐聚罗瓦涅米,召开了第一次北极环境保护部长会议,发表了《北极环境保护宣言》并签署了AEPS。

## (二)从AEPS到北极理事会的发展演变

AEPS是在北极局势由对峙转为对话的历史环境下,北极八国为共同应对日益突出的北极环境问题、缓解既有制度不足的压力而成立的多边合作协定,是对冷战思维的摒弃和对全球治理理念的彰显。

AEPS的目标十分明确:保护包括人类在内的北极生态系统,为保护、提高和恢复环境质量以及自然资源的可持续利用提供依据,在保护北极环境问题上承认并尽可能满足原住民特有的传统文化需求、价值和实践,定期评估北极环境状况,确认、减少并最终消除污染。② 为了实现这些目标,北极8国承诺将定期召开部长会议商讨重大事宜,并设立了4个工作组(Working Group),即北极监测与评估(Arctic Monitoring and Assessment Program,AMAP),北极海洋环境保护(Protection of the Arctic Marine Environment,PAME),突发事件预防、准备和响应(Emergency Preventon, Preparedness and Rrespinse, EPPR)以及北极动植物保护(Conservation of Arctic Flora and

---

① Esko Rajakoski, "Multilateral Cooperation to Protect the Arctic Environment: The Finnish Initiative," p. 58.
② "Arctic Environmental Protection Strategy," http://library.arcticportal.org/1542/1/artic_environment.pdf.

Fauna，CAFF）来承担具体相关任务。在组织结构上，除了作为成员的北极八国外，AEPS 将因纽特人北极圈理事会（the Inuit Circumpolar Council）、北欧萨米人理事会（Nordic Saami Council）和苏联北方少数民族协会（USSR Association of Small Peoples of the North）等 3 个北极原住民组织设为观察员，体现了对原住民的重视和保护。同时，观察员还包括德国、波兰、英国等 3 个域外国家以及联合国欧洲经济委员会（United Nations Economic Commission for Europe）、联合国环境规划署（United Nations Environment Program）、国际北极科学委员会（International Arctic Science Committee）等 3 个国际组织，显示出一定的全球性倾向。[①]

1993 年 9 月和 1996 年 3 月，AEPS 分别在丹麦（格陵兰）的努克（Nuuk）和加拿大的伊努维克（Inuvik）召开了第二次、第三次部长会议。出于适应环境变化以及迎合新目标的需要，这两次会议扩展了 AEPS 的工作内容并提升了机制化水平，推动了制度的"漂移"和"转换"。从工作内容来看，1992 年在里约召开的联合国环境与发展大会（United Nations Conference on the Environment and Development）对 AEPS 影响巨大，《努克宣言》和《伊努维克宣言》都深刻反映了对大会内容、理念等的认可和遵循。首先，AEPS 认为里约大会提出的可持续发展理念适用于北极地区，故在努克会议上将其增列为工作目标并设置了可持续发展和利用任务组（Task Force on Sustainable Development and Utilization，TFSDU），[②] 继而在伊努维克会议上决定将其升级为工作组。[③] 其次，积极践行《里约宣言》中重视和保护原住民的精神，于 1994 年在丹麦的根本哈根设立了原住民秘书处，以进一步支持和保障 3 个北极原住民组织的有效参与。从机制建设来看，为了提高 AEPS 的运行效率，北极八国在努克会议上一致同意加强北极事务高级官

---

[①] 杨剑：《北极治理新论》，时事出版社，2014，第 141 页。
[②] AEPS, "The Nuuk Declaration," September 16, 1993, http://arcticcircle.uconn.edu/NatResources/Policy/nuuk.html.
[③] AEPS, "The Inuvik Declaration," March 21, 1996, http://library.arcticportal.org/1272/1/The_Inuvik_Declaration.pdf.

员 (Senior Arctic Affairs Officials, SAAO) 及高官会议的作用。① 在伊努维克会议上, 高官会议被赋予了指导和协调工作组和秘书处工作、评估现行组织架构、在两次部长会议期间把握 AEPS 走向等职责,② 进而成了 AEPS 的主要质询机构 (principal advisory body)。

不过, 虽说 AEPS 在时间序列上占据优势, 是北极理事会的"前身", 但实际上二者的建设方案是几乎同时被推出的。1989 年 11 月, 即第一次北极环境保护协商会议召开后不久, 加拿大总理布莱恩·马尔罗尼 (Brian Mulroney) 在访问列宁格勒时就提出了构建北极理事会的倡议。为响应这一倡议, 加拿大组织国内相关力量进行了研究论证并形成了政府提案; 1990 年 11 月, 加拿大外长乔·克拉克 (Joe Clark) 宣布将与其他北极国家共同探讨这一问题。③ 随着北极治理的发展, 北极八国一致认为有必要提升北极合作的制度化水平, 但就北极理事会该如何构建存在较大分歧。作为首倡者, 加拿大主张应涉及议题广泛且具备行动能力, 但美国表示反对, 认为在议题和机制化方面都应最小化。④ 这主要是因为美国在取得"单极"地位后不愿加入任何限制性的机制并回避一切有关经费的承诺, 同时俄罗斯等国也担心加拿大的提议可能走得过远。⑤ 经过多轮谈判, 加拿大付诸了巨大的努力并做出了不小的让步, 北极八国终于就在 AEPS 的基础上成立北极理事会达成共识。⑥ 1996 年 9 月, 北极

---

① AEPS, "The Nuuk Declaration," September 16, 1993, http://arcticcircle.uconn.edu/NatResources/Policy/nuuk.html.
② AEPS, "The Inuvik Declaration," March 21, 1996, http://library.arcticportal.org/1272/1/The_Inuvik_Declaration.pdf.
③ E. C. H. Keskitalo, *Negotiating the Arctic: The Construction of an International Region*, New York & London: Routledge, 2004, pp. 67 – 68.
④ Ron Huebert, "New directions in circumpolar cooperation: Canada, the arctic environmental protection strategy, and the arctic council," *Canadian Foreign Policy Journal*, Vol. 5, No. 2, 1998, pp. 37 – 57.
⑤ David Scrivener, "Arctic Environment Cooperation in Transition," *Polar Record*, Vol. 35, No. 192, 1999, pp. 51 – 58.
⑥ Nord Douglas, "Canada as a Northern Nation: Finding a Role in the Arctic Council," in Patrick James, Nelson Michaud and Marc J. O'Reilly eds., *Handbook of Canadian Foreign Policy*, Oxford: Lexington Books, 2006, p. 300.

八国签署《渥太华宣言》，北极理事会宣告成立并开始接管 AEPS。1997 年 6 月，AEPS 按照原计划在挪威的阿尔塔（Alta）举行了最后一次部长会议，对北极理事会的成立表示欢迎，并期待其能进一步促进北极国家间的合作、协调与互动。① 1998 年 9 月，北极理事会在伊魁特召开第一次部长会议，正式完成了从 AEPS 到北极理事会的过渡。

## 三 "路径依赖"与北极理事会的渐进变迁

北极理事会的成立进一步推动了北极区域合作的制度化进程，为相关工作提供了一个沟通、协调的国际机构，在北极发展史上留下了浓墨重彩的一笔。但从历史制度主义的视角看，从 AEPS 到北极理事会的转变，在形式上只是一个"堆叠"式的渐进变迁，其背后则是"路径依赖"的作用机理。

### （一）北极理事会"路径依赖"的表现形式

按照《渥太华宣言》所言，北极理事会是北极八国创设的新论坛。但由于北极理事会是在 AEPS 的基础上建立的，因而在法律性质、工作范围、组织结构以及运作模式等各个方面都对 AEPS 形成了"路径依赖"。

第一，北极理事会虽然朝着实体化方向有所进步，但依然延续了 AEPS 的"国际软法"（soft international law）② 性质。北极理事会是以共同宣言（即《渥太华宣言》）而非国际条约的形式成立的，因而并不是国际法意义上的国际组织，而只是一个促进合作的"高层论坛"（high level forum）或"政府间论坛"（intergovernmental forum）。③ 这使北极理事会与 AEPS 一样，

---

① AEPS, "The Alta Declaration," June 13, 1997, http：//library. arcticportal. org/1271/1/The_Alta_Declaration. pdf.
② Orang R. Young, *Creating Regimes：Arctic Accords and International Governance*, New York：Cornell University Press, 1998, p. 3.
③ Arctic Council, "Declaration on the establishment of the Arctic Council," September 19, 1996, https：//oaarchive. arctic - council. org/handle/11374/85.

缺乏独立的法律人格和行动能力,无权制定和实施对其成员具有强制约束力的法律文件,也没有常设秘书处负责日常行政事务。

第二,北极理事会虽然扩展了工作范围,但在很大程度上是继续 AEPS 的发展趋势且仍然局限于"低政治"领域。根据《渥太华宣言》,北极理事会旨在促进北极国家间的合作、协调和互动,关注包括北极原住民在内的所有一般性北极事务,特别是可持续发展与环境保护。① 这使北极理事会的工作范围打破了 AEPS 的单一性,开始"名正言顺"地处理北极地区的经济、社会和文化等议题。但需注意的是,早在1993年的努克会议上,AEPS 就将可持续发展增列为工作内容并设置了可持续发展和利用任务组,只是受制于议题一时无法上升到与环境保护并列的高度并充分开展行动。因此就实际处理问题而言,从 AEPS 到北极理事会并没有什么实质性的变化。② 同时,《渥太华宣言》特别强调北极理事会不能处理与军事安全相关的议题,③ 这使北极地区最为棘手的问题依然被排除在外。

第三,北极理事会虽然进一步明确了各参与方的资格、权利和义务等,但基本继承了 AEPS 的"等级差序结构"。④ 正如前文所言,AEPS 由 8 个北极国家和 9 个观察员共同组成,呈现出一个"核心-外围"的双层结构。《渥太华宣言》进一步强化并发展了这一结构,将北极理事会的所有参与方分成了正式成员、永久参与者和观察员三个等级(见图1)。其中,正式成员仅限于北极八国,是北极理事会的核心,北极理事会框架下的所有决定都必须得到八国的一致同意。永久参与者是一些北极原住民组织,居于次核心地位,有权参与北极理事会的所有活动和讨论,北极理事会的决议也应事先

---

① Arctic Council, "Declaration on the establishment of the Arctic Council," September 19, 1996, https: //oaarchive. arctic – council. org/handle/11374/85.
② Timo Koivurova, "Limits and possibilities of the Arctic Council in a rapidly changing scene of Arctic Governance," *Polar Record*, Vol. 46, No. 2, 2010, pp. 146 – 156.
③ Arctic Council, "Declaration on the establishment of the Arctic Council," September 19, 1996, https: //oaarchive. arctic – council. org/handle/11374/85.
④ 陈玉刚、陶平国、秦倩:《北极理事会与北极国际合作研究》,《国际观察》2011 年第 4 期,第 17 ~ 23 页。

咨询他们的意见，但永久参与者没有投票权。《渥太华宣言》将 AEPS 中的 3 个北极原住民组织①设为永久参与者，之后又接纳了阿留申国际协会（Aleut International Association，1998）、北极阿萨巴斯卡协会（Arctic Athabaskan Council，1998）和哥威迅国际协会（Gwich'in Council International，2000）为永久参与者并保持了这个规模。观察员席位向有助于北极理事会发展的域外国家、政府或议会间组织以及非政府组织开放，②但需提交申请并得到北极八国的一致同意。观察员可以列席会议、参与讨论及提出建议，但没有表决权，北极理事会的决议也不必须事先咨询他们的意见。北极理事会成立时有 12 个观察员，之后每次部长会议几乎都有新观察员被接纳。③

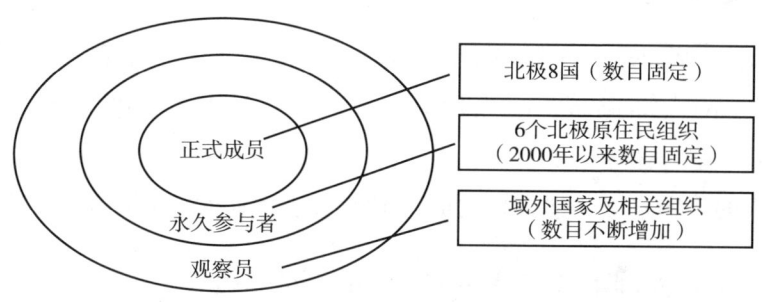

**图 1　北极理事会的组织结构**

第四，北极理事会虽然增强了管理机制，但仍旧沿用了 AEPS 靠部长会议决策、高官会议指导、工作组和任务组落实的运行模式。相较于 AEPS，北极理事会增设了轮值主席国机制。轮值主席国按照加拿大、美国、芬兰、

---

① 在这 3 个原住民组织中，除因纽特人北极圈理事会保持不变外，北欧萨米人理事会被整合为萨米人理事会（the Saami Council），苏联北方少数民族协会在当时更名为俄罗斯北部西伯利亚和远东少数民族原住民协会（the Association of Indigenous Minorities of the North, Siberia and the Far East of the Russian Federation），目前其名称是俄罗斯北方原住民协会（Russian Association of Indigenous Peoples of the North）。

② Arctic Council, "Declaration on the establishment of the Arctic Council," September 19, 1996, https://oaarchive.arctic-council.org/handle/11374/85.

③ 关于观察员的详细情况，可参见北极理事会官网，http://www.arctic-council.org/index.php/en/about-us/arctic-council/observers。

冰岛、俄罗斯、挪威、丹麦、瑞典的顺序产生，每届任期两年，主要职责为协调召开部长会议和高官会议、确定会议主题、设立临时秘书处负责行政事务等。① 在这一机制下，部长会议仍是最高决策机构（decision-making body），只不过构成主体从 AEPS 时期的环境部部长变成了外交部部长，举行时间也固定在轮值主席国任期结束之前。高官会议依旧是主要质询机构，只是名称由"北极事务高级官员"精简为"北极高级官员"（Senior Arctic Officers，SAO），会议召开频率也由一年至少一次固定为一年两次，通常春秋各召开一次。在部长会议、高官会议的指导和监督之下，依然由工作组和任务组负责具体落实。北极理事会完全继承了 AEPS 的 4 个工作组和 1 个任务组，后将可持续发展和利用任务组正式升级为可持续发展工作组（Sustainable Development Working Group，SDWG）并设立了消除北极污染行动计划（Arctic Contaminants Action Program，ACAP），② 逐渐形成了 6 个工作组加若干临时任务组的架构。另外，北极理事会及其各工作组依然缺乏独立、稳定的经费来源，还是靠北极八国自愿缴纳的费用来维持运转。③

## （二）北极理事会"路径依赖"的形成机理

受环境不确定性、个体有限理性及信息不完全性等影响，AEPS 的制度设计并不完美，无法像《南极条约》对南极治理那样满足北极治理的需要。在此情形下，北极理事会之所以会对其形成"路径依赖"或者说 AEPS 的自我强化机理，可以具体借用历史制度主义中的"沉没成本"（Sunk Cost）、"协调效应"（Coordination Effect）、"学习效应"（Learning Effect）和"适应性预期"（Adaptive Effect）等概念进行考察。

---

① Arctic Council, "Declaration on the establishment of the Arctic Council," September 19, 1996, https：//oaarchive.arctic-council.org/handle/11374/85.
② Arctic Council, "The First Ministerial Meeting of the Arctic Council," September 17-18, 1998, http：//library.arcticportal.org/1269/1/The_Iqaluit_Declaration.pdf. 另外需要注意的是，消除北极污染行动计划在成立之初为临时任务组，到 2006 年才成为工作组。
③ Evan T. Bloom, "Establishment of the Arctic Council," *The American Journal of International Law*, Vol. 93, No. 3, 1999, pp. 712-722.

第一，AEPS 成为北极八国构建北极理事会的"沉没成本"。"沉没成本"是指已经发生的、无法由现在或将来的决策所改变的成本。人们在决定是否去做一件事情的时候，不仅会衡量有没有好处，也会看过去是不是已经有过投入。如果投入不菲，很多人即使发现当初的选择不合适也不会轻易改变，因为这样会使之前的投入变得没有意义。正如前文所言，AEPS 与北极理事会的建设方案几乎是同时由北极国家提出的，只是前者因限制较少、议题紧迫且单一而很快达成共识，后者则因存在较大分歧而陷入拉锯。随着北极治理的发展，当机制化程度更高、议题涉及更广的北极理事会显得更为适合时，北极八国关于 AEPS 的协商、谈判以及资金支持等就变成了"沉没成本"。既然北极理事会与 AEPS 的宗旨都是增进北极区域合作，且 AEPS 在成立后也一直在扩展工作内容、强化工作机制，那么北极 8 国自然不愿就建立北极理事会额外投入太多的时间和精力。

第二，AEPS 与北极治理的其他相关制度实现了"协调效应"。"协调效应"是指某一制度产生之后，会与其他制度产生联系并衍生出一系列与之相适应的规制，使制度变得难以改变。作为第一个涵盖整个北极地区的多边治理机制，AEPS 首次将北极地区视为一个整体的、独特的生态系统，强调区域合作的重要性，① 极大地促进了对北极地区多层治理机制的整合和协调。这主要体现在以下三个方面：（1）AEPS 承认《联合国海洋法公约》《气候变化框架公约》等全球性公约对北极环境保护的指导作用和参考价值，成为贯彻落实这些公约精神和内容的积极力量；（2）AEPS 将芬兰、加拿大等国关于环境保护和北极事务的政策、理念、经验等引入其中，增强了这些国家在北极环境治理当中的影响力；（3）AEPS 将联合国环境规划署、国际北极科学委员会等国际组织设为观察员，有利于增强相互之间的合作与协调。

第三，北极 8 国等参与主体对 AEPS 形成了"学习效应"。"学习效应"

---

① Donald R. Rothwell, "The Arctic Environmental Protection Strategy and International Environmental Cooperation in the Far North," *Yearbook of International Environmental Law*, Vol. 6, No. 1, 1996, pp. 65 – 105.

是指某一制度一旦被选定之后，人们不会轻易提出挑战，而是通过遵循和参与学习再到如何更好地在该制度下活动并获得利益。AEPS 的制度设计虽较为松散，但比较灵活，具有"软法"性、"低政治"性、等级结构、项目驱动等特点，① 各参与方在对这些方面的学习过程中各得其所。首先，对于北极八国而言，AEPS 既有利于促进北极环境合作，又在最大限度上保证了它们的自主性和在其中的主导地位，因而为八国所乐见。其次，对于北极原住民而言，AEPS 充分顾及了他们在北极治理中的特殊作用，而北极原住民组织也通过 AEPS 增强了自身在国际社会中的影响力。最后，对于北极域外国家而言，AEPS 观察员所享有的权利虽然有限，但这是其构建"北极身份"的重要渠道，同时工作组和任务组的各个项目也为其直接参与北极科研活动提供了平台。

第四，北极八国等参与主体对 AEPS 形成了"适应性预期"。"适应性预期"是指随着特定技术或制度的盛行，人们将会产生一种适应该技术或制度的预期，从而减少使这项技术或制度存在下去的不确定性。作为一个专业性的环境治理机制，AEPS 最大的作用就在于沟通科学和政治，实现了从"输入"科学知识到"输出"政治行动的转化。具体来看，"输入"即工作组和任务组将北极环境监测、评估、防治等方面的专业技术报告交给高官会议，高官会议再据此向部长会议提交政策建议报告，从而为政治决策提供依据和参考；"输出"即部长会议就 AEPS 的发展方向、优先议程等做出决策后，再由高官会议指导工作组和任务组具体开展，将政治意志落实为科学研究行动（见图 2）。② 随着这一运行机制的发展成熟，各参与主体逐渐对 AEPS 在推动政治决策科学化和科研活动政治化方面形成了"适应性预期"，使 AEPS 的重要性日益增强。

---

① 董跃、陈奕彤、李升成：《北极环境治理中的软法因素：以北极环境保护战略为例》，《中国海洋大学学报》（社会科学版）2012 年第 1 期，第 17～22 页。
② Håken R. Nilson, "Arctic Environmental Protection Strategy（AEPS）: Process and organization, 1991 - 1997: An assessment," Norwegian Polar Institute, 1997, https://brage.bibsys.no/xmlui/handle/11250/173498.

# 北极理事会发展变迁的制度逻辑

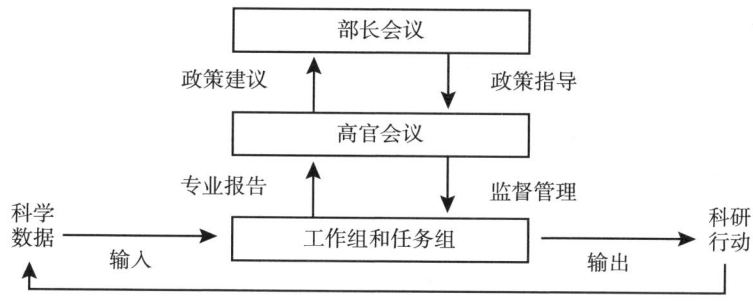

**图 2　AEPS/北极理事会的运行机制**

由于上述四方面的原因，AEPS 在各参与主体的支持下逐渐自我强化，在促进北极区域合作上实现了"收益递增"，从而使北极理事会形成了"路径依赖"。但随着 21 世纪以来北极局势的快速变化，北极理事会在经过 10 年"正常时期"的稳定发展后，被 2007 年 8 月的俄罗斯北极"插旗事件"所打断，开始了一系列制度突破的尝试。

## 四　"关键节点"与北极理事会的制度突破

2007 年 8 月，俄罗斯科考队在进行北冰洋大陆架地质调查时，将一面钛合金俄罗斯国旗插到了北极点附近 4261 米深的北冰洋底。俄罗斯此举表面看是科考活动，实际却是在争议地区宣示主权，故遭到美国、加拿大等北极国家的强烈反对并引发国际社会的持续关注，[①] 成了改变北极地区历史走向的"关键节点"。

### （一）"关键节点"的形成及其影响

由于身兼北极大国和世界大国的双重身份，俄罗斯在北极地区的一举一动都可能对北极局势造成巨大影响。而俄罗斯之所以会在 2007 年做出如此举动并引起轩然大波，则缘于矛盾积累到"阈值"以及当时历史环境所提

---

① 王郦久：《北冰洋主权之争的趋势》，《现代国际关系》2007 年第 10 期，第 17~21 页。

供的机会。

从直接原因看,这是国际油价持续升高背景下各国觊觎北极油气资源的真实写照。2003年伊拉克战争爆发后,国际油价受供需两方面的影响,从30美元/桶一路飙升,到2007年初已逼近80美元/桶。而北极地区蕴藏着丰富的油气资源,有"第二个中东"之称,且随着全球气候持续变暖,开采难度和成本有所降低。在此情形下,北冰洋沿岸国家竞相开展对北极海底的地质考察,力图最大限度地扩展外大陆架①以获得更多的油气资源。其中,俄罗斯一直对北极地区拥有主权要求,②同时俄罗斯又长期以油气出口为重要经济来源,因而对这场即将到来的"资源争夺战"最为看重,也表现得最为积极和强势。③

从深层次原因看,这是俄罗斯对美国及北约不断压缩其战略空间的回击之举。伊拉克战争结束后,小布什政府调整全球战略,重新将俄罗斯确定为主要安全威胁之一。为此,美国积极推动北约东扩,继2004年首次把版图扩展到前苏联境内之后,④又于2007年5月颁布了旨在接纳更多独联体国家的《北约自由统一法案》,并筹划在东欧部署导弹防御系统。美国的持续施压引起俄罗斯的强烈不满,而增强在北极地区的存在、北向威胁美国本土是其切实可行的反制选择。因此,俄罗斯在当年北极科考时做出了"插旗"这一极具政治意义的

---

① 根据《联合国海洋法公约》第76条,沿海国陆地领土向海洋的自然延伸如果超过其领海基线200海里的,可以主张200海里以外且最远不超过350海里或者2500米等深线以外100海里的大陆架,简称外大陆架。但沿海国要想实际获得外大陆架,需要自行搜集科学证据证明这些地区是其陆地的自然延伸,并提交联合国大陆架界限委员会(Commission on the Limits of the Continental Shelf, CLCS)审定批准。

② 早在1916年9月,沙俄就成为世界上第一个公开宣称以"扇形原则"(Sector Principle)拥有北极地区的国家。苏联继承了这样的主张,1926年4月,苏联中央执行委员会以扇形原则颁布《北冰洋陆地和岛屿为苏联领土的宣言》,主张凡位于北冰洋沿岸以北、东经32°4′35″至西经168°49′30″直到北极点的所有陆地和岛屿,无论是已发现的或将来可能发现的,都是苏联的领土。参见Alex G. Oude Elferink and Donald R. Rothwell, *The Law of the Sea and Polar Maritime Delimitation and Jurisdiction*, Kluwer Law International, 2001, p. 382。

③ Scott G. Borgerson, "Arctic Meltdown: The Economic and Security Implications of Global Warming," *Foreign Affairs*, Vol. 87, No. 2, 2008, pp. 63 – 77.

④ 2004年4月,北约正式接纳立陶宛、拉脱维亚、爱沙尼亚、斯洛伐克、斯洛文尼亚、保加利亚和罗马尼亚为新成员,其中立陶宛、拉脱维亚和爱沙尼亚为前苏联加盟共和国。

举动，同时还在北极地区连续举行了两场军事演习以进一步彰显决心。

"插旗事件"不仅点燃了北极地区的紧张气氛，也刺激了相关行动者的认知、选择及相互关系。

第一，北极国家在北极问题上进一步增强了自主性。"插旗事件"后，北极国家更加重视北极地区的战略意义，纷纷制定或更新北极战略以维护国家利益。如俄罗斯在 2008 年 9 月批准了《2020 年前俄罗斯联邦北极地区国家政策原则及远景规划》，美国的小布什总统于 2009 年 1 月签署了题为《北极地区政策》的"第 66 号国家安全总统令/第 25 号国土安全总统令"，挪威在 2009 年 3 月发布了《北方新基石：挪威政府北极战略的下一步》，加拿大在 2009 年 7 月发布了《我们的北极，我们的遗产，我们的未来》等。在这些密集出台的北极战略中，各国多从地缘政治视角和本国利益出发，认识和经略北极，表现出了强烈的主权诉求和安全关切，使北极成为各国角力的"战略新疆域"。不过，鉴于北极气候、环境、科研等问题的全球属性，各国也都强调国际合作的重要性，明确提到北极理事会并将其作为优先考虑对象，力图将北极理事会打造成为处理北极问题的核心机制。①

第二，北极八国内部呈现分化趋势。鉴于北极理事会不涉及"高政治"议题，而"插旗事件"又挑起了北冰洋沿岸五国（俄罗斯、美国、加拿大、丹麦、挪威）的北极主权争端，因此，五国试图凭借优势建立排他性的小范围协商机制。2008 年 5 月，五国在格陵兰的伊卢利萨特（Ilulissat）召开了首届北冰洋会议（Arctic Ocean Conference），讨论北极主权争端、海洋安全、联合搜救等问题并发表了《伊卢利萨特宣言》。《伊卢利萨特宣言》虽表示将按照《联合国海洋法公约》解决争端及不需要建立新的国际机制来管理北冰洋，但强调五国在应对北极新机遇和新挑战中处于特殊地位并扮演着管理者的角色。② 五国协商机

---

① Lassi Heininen, "State of the Arctic Strategies and Policies-A Summary," *Arctic Yearbook 2012*, p. 41, https://www.arcticyearbook.com/images/Articles_2012/Heininen_State_of_the_Arctic_Strategies_and_Policies.pdf.

② Arctic Ocean Conference, "The Ilulissat Declaration," http://www.oceanlaw.org/downloads/arctic/Ilulissat_Declaration.pdf.

制的排他性安排及取代北极理事会的倾向遭到国际社会的一致批评,特别是引起了芬兰、冰岛和瑞典的强烈反对。三国表示,北极问题应放在北极理事会框架内来讨论,北冰洋会议不仅破坏了这一主要架构,而且损害了它们的利益。① 在国际舆论的压力下,北冰洋会议只召开了两届便难以为继。但鉴于北极理事会的议题限制以及五国不愿意将主权争端诉诸多边,类似的机制可能仍会发挥作用。②

第三,日益多元化的行为体开始介入北极事务。"插旗事件"不仅引起了北极国家的重视,也使国际社会"重新发现"了北极地区的潜在价值。在此背景下,越来越多的域外国家开始对北极科学考察、资源开发、航道利用以及加入北极理事会等表现出浓厚兴趣。③ 例如:印度在2007年8月组织开展了首次北极科考,并于2008年在斯瓦尔巴的群岛建立了首个北极科考站;中国在2007年首次以特别观察员的身份出席了北极理事会会议,中国人文社科学者对北极问题的研究也大体始于对"插旗事件"的关注。④ 除主权国家外,很多国际组织、跨国公司等非国家行为体也随着北极"开发时代"的到来而扮演起重要角色。例如,北极冰层变薄、冰融期变长吸引了一些大型航运公司积极试航北极航道,这使国际海事组织(International Maritime Organization)在其中的作用日益凸显。再如,北极油气资源开发一方面赢得了众多油气巨头的青睐,另一方面也引起了绿色和平组织(Greenpeace)、世界自然基金会(World Wilde Fund for Nature)等国际环保组织的警觉。

### (二)北极理事会的制度突破

北极局势的快速变化大大超出了北极理事会的议题范围和能力所及,充

---

① "Nordic nations criticize Canada for Arctic snub," Desert News, March 30, 2010, https://www.deseretnews.com/article/700020630/Nordic-nations-criticize-Canada-for-Arctic-snub.html.
② 杨剑:《北极治理新论》,时事出版社,2014,第160页。
③ 王晨光、孙凯:《域外国家参与北极事务及其对中国的启示》,《国际论坛》2015年第1期,第30~36页。
④ 王晨光:《中国北极人文社科研究的文献计量分析——基于CSSCI期刊的统计数据》,《中国海洋大学学报》(社会科学版)2017年第2期,第78~84页。

分暴露了其制度设计的不足之处。为防止北极理事会走向"衰竭",北极八国在2007年的高官会议上讨论了题为"北极理事会的未来"的提案,并在2009年特罗姆瑟(Tromso)部长会议上决定进一步整合北极理事会以使其有能力完成目标职能。① 在外部冲击和内部推动的共同作用下,北极理事会开始了一系列制度突破的尝试,并在2011年努克部长会议和2013年基律纳部长会议期间达到高潮。

第一,出台强制性规定,展现立法功用。作为一个"高层论坛",北极理事会的主要职责不是管理和决策,而是为各参与方提供一个磋商平台,并通过发布科学报告、原则指引、技术规范等来表达对北极问题的关切进而影响政策议程。这种"软法"模式虽然是北极理事会成功的关键,但随着北极治理日益多元化和复杂化,北极国家也开始考虑加强对行为体的规范和约束。2011年5月,北极理事会努克部长会议签署了首个具有法律约束力的文件——《北极海空搜救协议》,明确了各成员国在北极地区承担的搜救责任和义务,并规定了在紧急情况下进行合作的程序。② 在取得这一历史性突破后,北极理事会又分别于2013年和2017年签署了两份具有法律约束力的文件,即《北极海洋油污预防与反应合作协定》③ 和《加强国际北极科学合作协议》,④ 进一步实现了从"软法"模式向"软硬并行"模式的转变。与

---

① Arctic Council, "Tromso Declaration," April 29, 2009, http://library.arcticportal.org/1253/1/Tromsoe_ Declaration - 1. pdf.
② Arctic Council, "Agreement on Cooperation on Aeronautical and Maritime Search and Rescue in the Arctic," May 12, 2011, https://oaarchive.arctic-council.org/bitstream/handle/11374/531/EDOCS - 1910 - v1 - ACMMDK07_ Nuuk_ 2011_ Arctic_ SAR_ Agreement_ unsigned_ EN. PDF? sequence = 8&isAllowed = y.
③ Arctic Council, "Agreement on Cooperation on Marine Oil Pollution Preparedness and Response in the Arctic," May 15, 2013, https://oaarchive.arctic-council.org/bitstream/handle/11374/529/EDOCS - 2067 - v1 - ACMMSE08_ KIRUNA_ 2013_ agreement_ on_ oil_ pollution_ preparedness_ and_ response_ _ in_ the_ arctic_ formatted. PDF? sequence = 5&isAllowed = y.
④ Arctic Council, "Agreement on Enhancing International Arctic Scientific Cooperation," May 11, 2017, https://oaarchive.arctic-council.org/bitstream/handle/11374/1916/EDOCS - 4288 - v2 - ACMMUS10_ FAIRBANKS_ 2017_ Agreement_ on_ Enhancing_ International_ Arctic_ Scientific_ Cooperation. pdf? sequence = 2&isAllowed = y.

此同时,北极理事会还积极引入并推动由国际海事组织制定的《极地水域航行船舶国际准则》(Polar Code)等其他"硬性"规范在北极地区的实施,以更好地应对各种挑战。

第二,衍生新的合作机制,拓宽治理领域。作为北极区域治理的核心机制,北极理事会是很多新设治理机制的"摇篮"。例如,为迎接北极"开发时代"的到来,北极八国于2014年9月成立了北极经济理事会(Arctic Economic Council)。该理事会虽然是"旨在推动北极商业活动和负责任经济开发的独立组织",① 但前身是北极理事会基律纳部长会议创设的环北极商业论坛(Circumpolar Business Forum),其本身则由2014年3月的高官会议决定成立。此外,北极经济理事会被定性为服务北极理事会和北极商业活动的基础性论坛,工作目标之一是为北极理事会提供咨询。② 再如,《北极海空搜救协议》出台后,由于负责搜救任务的主要是北极八国的军事(如陆海空军)及准军事(如海岸警卫队)部门,这为加强北极军事合作提出了客观要求。2012年4月,八国军方领导人在加拿大首次聚会讨论北极非传统安全问题,③ 开始触碰北极理事会"低政治"性的红线。2015年10月,八国宣布成立北极海岸警卫队论坛(Arctic Coast Guard Forum),以进一步加强北极海事安全合作。④

第三,设立常设秘书处,强化组织结构。按照《渥太华宣言》,北极理事会不设常设秘书处,而由轮值主席国根据需要设立临时秘书处来处理相关事务。但自挪威(2006~2009年春)、⑤ 丹麦(2009~2011年)和瑞典

---

① 北极经济理事会官网,https://arcticeconomiccouncil.com/about – us/#collapse – 7。
② Arctic Council, "Agreement on Arctic Economic Council," March 27, 2014, http://www.arctic – council.org/index.php/en/resources/news – and – press/news – archive/860 – agreement – on – arctic – economic – council.
③ 《北极八国军方首脑首次碰头》,凤凰网,2012年4月15日,http://news.ifeng.com/gundong/detail_2012_04/15/13894488_0.shtml。
④ Rebecca Pincus, "The Arctic Coast Guard Forum: A Welcome and Important Step", *Arctic Yearbook 2015*, p. 389, https://www.arcticyearbook.com/images/Articles_2015/commentaries/COMM_R_Pincus.pdf.
⑤ 2006年,北极八国决定将北极理事会部长会议的召开时间从秋季改为春季,故挪威担任轮值主席国的时间延长到了2009年春。

（2011～2013年）相继担任轮值主席国以来，三国为保证政策的连贯性和提高工作效率，决定共用一个秘书处，由位于挪威特罗姆瑟的极地研究中心（Norwegian Polar Institute）负责。① 这一模式得到了北极八国的一致认可，在2011年的努克部长会议上，决定于2013年加拿大担任轮值主席国前在特罗姆瑟成立常设秘书处。秘书处设秘书长1人，成员10人（不包括翻译人员），主要负责会议安排、文件起草、信息交流、网站维护等事务。秘书处的运行经费不超过100万美元/年，由北极八国均摊。② 2013年1月，常设秘书处如约成立，这使北极理事会初步具备了由权力机构（部长会议）、执行机构（高官会议）及日常行政机构（常设秘书处）组成的"三级架构"，从外在功能形态上看已与一般国际法所界定国际组织并无二致。③

第四，增加观察员数量，并加大管理力度。随着"插旗事件"后申请观察员资格的域外国家和国际组织不断增多，北极理事会迎来了"扩容"高潮。2013年5月，基律纳部长会议宣布接纳中国、印度、意大利、日本、韩国和新加坡等6国为观察员，使其中的域外国家陡然增至12个。这是北极理事会首次接纳如此之多的域外国家，且大部分为亚洲国家，体现了其在开放性、国际化方向上的重大进步。2017年5月，费尔班克斯部长会议又宣布接纳瑞士、西北欧理事会、世界气象组织等7个观察员，观察员的数量至此达到39个。④ 需要注意的是，在大幅"扩容"之前，北极理事会已在努克部长会议发布的《北极高官报告》中对观察员的准入门槛、职责权限及评

---

① "The Arctic Council Secretariat," http://www.arctic-council.org/index.php/en/about-us/arctic-council/the-arctic-council-secretariat.
② "Framework for Strengthening the Arctic Council," Annexes 1 to *Senior Arctic Officials* (*SAO*) *Report to Ministers*, Nuuk, Greenland, May 2011, https://oaarchive.arctic-council.org/bitstream/handle/11374/1535/SAO_Report_to_Ministers_-_Nuuk_Ministerial_Meeting_May_2011.pdf?sequence=1&isAllowed=y.
③ 肖洋:《排他性开放:北极理事会的"门罗主义"逻辑》,《太平洋学报》2014年第9期,第12~19页。
④ 具体名单可参见北极理事会官网,http://www.arctic-council.org/index.php/en/about-us/arctic-council/observers。

估标准等做出明确限定，① 并在基律纳会议通过的《北极高官报告》中专附《观察员手册》予以强化。② 北极国家之所以如此安排，一方面是顺应北极治理主体日益多元化的新形势，以增强北极理事会的代表性与合法性；另一方面则是确保自身在其中的主导地位，防止北极理事会的属性、结构等发生改变。

北极理事会在治理功能、组织结构等方面的制度突破，使其开始从一个政策塑造型的高层论坛转向政治决策型的组织机构。③ 但需注意的是，北极理事会的法律性质并没有发生根本改变，其促成多边条约、衍生合作机制的功能与具有立法、管理权能的国际组织相比还存在较大差异。2016 年 9 月，北极八国在庆祝北极理事会成立 20 周年之际发表联合声明，重申将遵循《渥太华宣言》所确立的原则。④ 这说明，八国虽然倚重北极理事会且注重提升其治理效能，但鉴于《渥太华宣言》所确定的内容已成为不菲的"沉没成本"以及防止出现制度偏离设计者意愿的"裂口效应"（Gap Effect），仍不愿将其升级成为国际组织。这为北极理事会的制度突破设定了限制，使之陷入了"锁定"状态。

## 五 结语

回顾北极理事会（包括 AEPS）20 多年的发展历程，可以看出北极理事会实际上一直在朝着机制化、开放性的方向努力，并在俄罗斯"插旗事件"后进行了

---

① "Framework for Strengthening the Arctic Council," Annexes 1 to *Senior Arctic Officials（SAO）Report to Ministers*, Nuuk, Greenland, May 2011, https：//oaarchive.arctic - council.org/bitstream/handle/11374/1535/SAO_ Report_ to_ Ministers_ - _ Nuuk_ Ministerial_ Meeting_ May_ 2011.pdf? sequence = 1&isAllowed = y.

② "Arctic Council Observer Manual," Annexes 2 to *Senior Arctic Officials' Report to Ministers*, Kiruna, Sweden, May 15, 2013, https：//oaarchive.arctic - council.org/bitstream/handle/11374/848/MM08_ Kiruna_ SAO_ Report_ to_ Ministers_ Final_ formatted.pdf? sequence = 1&isAllowed = y.

③ 程保志：《试析北极理事会的功能转型与中国的应对策略》，《国际论坛》2013 年第 3 期，第 43 ~ 49 页。

④ Arctic Council, "The Arctic Council：A Forum for Peace and Cooperation," September 19, 2016, http：//www.arctic - council.org/index.php/en/our - work2/20th - anniversary/416 - 20th - anniversary - statement - 2.

一系列的制度突破。但遗憾的是，俄罗斯"插旗事件"并没有使北极理事会打破"路径依赖"，迎来真正意义上的"关键节点"，这使其在应对北极新变化、新挑战时依然乏力。① 当前，北极理事会除了固有的授权不足、议题范围有限等顽疾之外，也暴露了一些新问题。如由于实行轮值主席国机制，各国在担任主席期间往往将本国关注设定为优先议程，从而使北极理事会缺乏核心目标且无法保证政策的连贯性，各工作组、任务组之间缺少统筹和协调机制，导致不少相似的项目同时运行，造成了资源浪费等。这使越来越多的学者对北极理事会的作用提出了质疑，北极国家也针对其不足，陆续创设了北极前沿会议（Arctic Frontiers，2008）、北极圈论坛（Arctic Circle Forum，2013）等新的合作机制。这些机制虽说是对北极理事会的补充，但由于相似度较高，不可避免地与之形成了竞争态势。

中国虽然是北极事务的"外来者"和"后来者"，但随着21世纪以来中国对北极事务参与的不断深入，特别是2013年被北极理事会接纳为正式观察员，中国作为北极事务"利益攸关方"的身份逐渐得到了国际社会的认可。② 2018年1月，中国国务院新闻办发布《中国的北极政策》白皮书，对中国参与北极事务的政策目标、基本原则和政策主张等进行了权威阐释。其中专门指出：中国高度重视北极理事会在北极事务中发挥的积极作用，认可北极理事会是关于北极环境与可持续发展等问题的主要政府间论坛；中国信守申请成为北极理事会观察员时所作各项承诺，全力支持北极理事会工作。③ 中国作为北极事务的参与者、建设者和贡献者，有责任也有义务与北极国家及其他利益攸关方一道，关注北极理事会及北极治理机制的发展建设。中国将秉承"尊重、合作、共赢、可持续"的基本原则，在积极推动"一带一路"涉北极合作和构建人类命运共同体的进程中，以适当的方式助力北极理事会破解"路径依赖"，为完善北极治理机制贡献智慧和力量。

---

① Oran R. Young, "The Arctic Council at Twenty: How to Remain Effectivein a Rapidly Changing Environment," *UC Irvine Law Review*, Vol. 6, No. 1, 2016, pp. 99 – 119.
② 孙凯：《参与实践、话语互动与身份承认——理解中国参与北极事务的进程》，《世界经济与政治》2014年第7期，第42~62页。
③ 《中国的北极政策》，中华人民共和国中央人民政府网，2018年1月26日，http://www.gov.cn/zhengce/2018-01/26/content_5260891.htm。

# B.13
# 北极原住民利益诉求的多维度探讨

刘钊*

**摘　要：** 近年来，受自然环境和政治局势影响，北极原住民开始依法维护自身正当的土地和自然权益，从而在国家范围内争取更大的话语权。除此之外，散居在北极各地的原住民逐渐突破国界进行交流合作，形成一股为了共同利益而开展更广泛的经济和政治合作的力量，在北极地区的各项事务中发挥着越来越重要的作用。笔者有理由相信，从北极原住民的主观意愿出发，他们未来的利益诉求范围只会越来越大，这值得引起国际社会的高度重视。在与北极原住民交流合作的过程中，中国作为北极事务的重要利益攸关方，应秉承着"构建人类命运共同体"理念，促进北极地区的和平、稳定和可持续发展。

**关键词：** 北极原住民　国内利益诉求　国际利益诉求　中国应对

广义上的北极地区，是指北纬66°34′北极圈以北的地区，包括北极极点附近地区，以及北极圈以北的土地和海洋。考古数据显示，北极地区两万年前已经有人类居住，[①] 在长年累月与严酷环境的搏斗之中，这些北极先民掌握了生存技巧，也孕育了与北极环境相适应的特色文化。这些早于西方

---

\* 刘钊，女，中国海洋大学法学院国际法专业2016级博士研究生。
① 邹磊磊、付玉：《北极原住民的权益诉求——气候变化下北极原住民的应对与抗争》，《世界民族》2017年第4期，第103~110页。

移民到达北极，并在此生活和繁衍的民族被称为北极原住民（Indigenous People）。①

目前为止，得到北极理事会（Arctic Council）官方认定的北极原住民民族有24个。萨米人是北欧北极地区最古老的原住民之一，也是唯一获得欧盟成员国正式承认的原住民，② 他们定居在挪威、芬兰、瑞典和俄罗斯。北欧北极地区另外一个主要的原住民民族是居住在丹麦格陵兰岛的因纽特人。生活在北美北极地区的原住民多数为因纽特人、印第安人和阿留申人。俄罗斯官方将原住民定义为"人数较少的，北方、西伯利亚和远东地区的原住民族"，③ 以科米人和雅库特人为主。

一直以来，北极原住民处于边缘地位，被迫不断迁移至更为偏远的地区，从而维持原有的生活方式。随着全球气候变暖、海平面连年上升，北极地区自然环境发生变化，北极原住民的生活方式和特色文化被迫做出一定的调整与改变。出于科学技术发展的需要，以及谋求经济利润的渴望，主流社会将目光锁定于北极原住民历代生活的土地以及附属在土地上的自然资源，重大发展项目的开展往往对原住民的生活环境造成破坏性的影响。④ 北极原住民因"受到不公正对待，致使他们尤其无法按自己的需要和利益行使发展权"，⑤ 所以开始有组织地反抗：他们要求对决定自己生活条件的土地和自然资源产生更大的影响力，越来越多地要求自治。例如加拿大努纳武特地区因纽特人、格陵兰因纽特人以及挪威萨米人，都是北极原住民在国家范围内积极争取话语权的代表。除此之外，散居北极各地的原住民逐渐突破国界进行交流合作，形成一股为了共同利益而开展更广泛的

---

① 北极问题研究编写组：《北极问题研究》，海洋出版社，2011。
② 佩卡·萨马拉蒂：《历史上的萨米人与芬兰人》，《世界民族》1999年第3期，第48~51页。
③ Kathrin Wessendorf, "The Indiqenous world 2008," International Work Group for Indiqeuous Affairs, 2008, p. 39.
④ R. Stavenhagen, "Human rights and indigenous issues," *Second report of the Special Rapporteur on the situation of human rights and fundamental freedoms of indigenous people*, E/ CN. 4/2003/90 pp. 5 – 31.
⑤ 参见《联合国原住民宣言》序言第6段。

经济和政治合作的力量,在北极地区的各项事务中发挥着越来越重要的作用。

## 一 北极原住民利益诉求的国际法渊源

### (一)《世界人权宣言》《公民权利和政治权利国际公约》及《经济、社会及文化权利国际公约》

《联合国宪章》(The Charter of the United Nations)将保护和促进人权列为联合国宗旨之一,在此基础上,1948年联合国大会通过《世界人权宣言》(The Universal Declaration of Human Rights)、1966年联合国大会通过《公民权利和政治权利国际公约》(The International Covenant on Civil and Political Rights)和《经济、社会及文化权利国际公约》(The International Covenant on Economic, Social and Cultural Rights),使人权乃至原住民权利在国际社会逐渐受到关注。20世纪70年代,"冷战"结束,国际人权组织日益活跃,著名的北极原住民非政府组织——因纽特人北极圈理事会(Inuit Circumpolar Council)就诞生于这一时期。

《公民权利和政治权利国际公约》及《经济、社会及文化权利国际公约》都将"自决权"放在了首位,原住民组织坚持每个原住民都应享有这种权利,联合国人权委员会也要求各国政府提供更多关于自决权受益人的详细资料,以及为实施这项权利所采取的措施。这些做法与原住民自决方式相契合。事实上,几乎没有任何原住民要求以暴力解体的方式完全独立,他们希望国家根据他们的需求量身定制自治模式。

### (二)《关于独立国家原住民和部落民族的第169号公约》

《关于独立国家原住民和部落民族的第169号公约》(The ILO Convention No. 169 Concerning Indigenous and Tribal Peoples in Independent Countries)名称中"Peoples"作为复数形式译为"民族",也就是承认一个独立国家之内

可能会存在多个民族，打破了"国家和民族应该同一"这个观点。该公约中不乏对原住民权利的规定，不只涉及原住民的自决问题，还对原住民赖以生存的土地问题进行了初步规定，因此，当政府或非政府组织准备做出对原住民权利有所影响的决定时，必须考虑该公约的相关内容。值得注意的是，挪威批准该公约适用于萨米人，丹麦批准该公约适用于格陵兰因纽特人。该公约对拥有原住民的北极国家，尤其是挪威和丹麦产生了较大影响。

### （三）《联合国原住民权利宣言》

2007年，联合国大会通过《联合国原住民权利宣言》，宣言中对自决权的定义进行了探讨，并形成了若干规定。这些规定意味着：原住民自治的前提是尊重国家的政治统一。对于大多数原住民来讲，彻底的独立并不是明智的选择，现实中也只有格陵兰因纽特人在追求脱离丹麦、彻底独立。该宣言的几项关键条款直接涉及资源使用和分配问题。按照宣言规定：原住民享有的自决权和土地资源权利必须得到承认和尊重；原住民有权确定在其土地发展优先事项；原住民有权拒绝有害项目。这将成为保护原住民权益极其重要的一道防线。考虑到原住民被欺压、剥夺土地和资源的历史，如果按照公约规定实现这一权利，有可能出现大量的法律诉讼。然而在实践中，原住民更有可能要求国家提供自主活动的财政援助，作为过去从他们那里剥夺土地的补偿形式，国家是否愿意接受这些限制将是未来与原住民关系中要解决的重大问题。《联合国原住民权利宣言》明显比《关于独立国家原住民和部落民族的第169号公约》在保护原住民权利方面做得更多，为确保将原住民利益纳入决策制定过程提供了强有力的支撑。联合国将该宣言定性为"代表国际法律规范的动态发展趋势并反映联合国成员国在某些方向上的承诺"，即使该宣言本身不具有法律约束力，但它仍是目前北极地区原住民争取自身利益运动最有力的国际法依据。前文提到的因纽特人北极圈理事会也积极参与到该宣言的起草工作中，为该宣言的草案提供了大量的修改意见。

通过以上梳理可以发现，近半个世纪以来涉及北极原住民的国际法律制度发生了重大变化，某些条文甚至可能对北极资源的所有权问题产生影响。

因为国际法的主体不再仅限于国家,个人和组织也可以成为国际法中规定的行为主体,拥有国家必须尊重的权利,以及在国际舞台上可以行使的权力。在此背景下北极原住民及非政府组织获得了相应的权益保障依据。虽然北极资源所有权与北极国家国内法紧密相关,但国际人权法已经成为北极原住民获取北极资源所有权或使用权的重要法律依据。

## 二 北极原住民的国内利益诉求

### (一)努纳武特因纽特人的利益诉求

努纳武特在因纽特语中的意思是"我们的土地",它位于加拿大联邦西北部地区,面积大约200万平方公里,约占加拿大总陆地面积的五分之一。人口约为3万人,其中85%是因纽特人。1945年《联合国宪章》生效后,加拿大政府开始关注因纽特人的公共教育、医疗和社会服务,加大资金投入,制订安置计划,引进交通工具,这成为努纳武特社会生活货币化的开始。随着经济规模的扩大和官僚主义的膨胀,努纳武特人不堪重负,开始要求更好地控制自己的社会生活和土地资源。1971年,加拿大因纽特人兄弟会(Inuit Tapirisat of Canada)成立,它自称为"来自北方的声音",成立目的是就因纽特人土地赔偿问题与加拿大政府进行谈判。1973年,加拿大政府开始与因纽特人进行谈判。1976年,加拿大因纽特人兄弟会代表努纳武特因纽特人提交了一份提案,其中包括在努纳武特成立自治政府的建议。1990年4月,努纳武特东加维克联盟(Tunga-vik Federation of Nunavut)取代加拿大因纽特人兄弟会,成为与加拿大政府交涉的因纽特民间组织。1992年1月,努纳武特东加维克联盟经过不懈努力,终于与加拿大联邦政府达成实质性有关土地所有权问题的协议。1993年,加拿大议会通过《努纳武特法》(Nunavut Act)和《努纳武特土地要求协定》(Nunavut Land Claims Agreement)。1999年4月1日,努纳武特得以自治,其权限范围与加拿大联邦宪法赋予其他州的权限相当,获得了355842平方公里的土地所有权,约为努纳武特地区面积的18%，同时也获得了35257平方公里地下资源的所有权，并分享加拿大联邦政府石油、天然气和矿产开采特许权使用费的一部分。世界其他原住民及原住民组织认为，努纳武特的自治是一次"大胆的政治实验"，创造了"现代国家的第一块由原住民治理的土地"。① 也有人认为，努纳武特的自治可能会使加拿大税收减少，甚至引起"按种族划分领土"的热潮。②

在加拿大联邦体制下，努纳武特地区能够自治，意味着加拿大政府下放了相当程度的权力。以《努纳武特土地要求协定》为自治的基础，再加上85%的因纽特人口，实际上导致因纽特人控制了自治政府。努纳武特自治政府包括一个通过选举产生的立法议会，由议长、总理、七人内阁和十名正式成员组成。努纳武特自治政府首相由立法议会议员选举产生。努纳武特自治政府系统还包括努纳武特公共服务部门和努纳武特法院。③ 努纳武特首席执行官是加拿大联邦政府任命的联邦印第安事务和北部开发部（Department of Indian Affairs and Northern Development）部长，但他的角色只是象征性的，实质决策权掌握在努纳武特自治政府手中。努纳武特自治政府结构十分松散，许多部门将总部设在首府伊卡卢伊特（Iqaluit），在其他地区设有办事处。这种去中心化的设置目的是尊重努纳武特各地区平等的原则，这不同于民主政治中的官僚体制设施。④

努纳武特自治政府成立之后，地方企业和管理阶层逐渐增加，社会阶层差异不断扩大，造成了传统因纽特文化与现代化货币交易之间的冲突，其中最具代表性的是油气资源开采问题。根据《努纳武特土地要求协定》，努纳武特人民拥有的一小部分土地，相应的地下资源也包含其中，其他土地及底土资源由加拿大联邦政府所有，且政府承担利益分享的义务。努纳武特自治政府对这种情况非常不满，力求增加属于他们的利益份额。但由于加拿大至

---

① Gray K R, "Nunavut Land Claims Agreement and the Future of the Eastern Arctic: The Uncharted Path to Effective Self-Government," *University of Toronto Facalty of Law Review*, 1993, p. 300.
② Dwane Wilkin, "Nunavut Tackles Issue of French-language Services," *Montreal*, 31, 1998 p. 10.
③ 具体内容参见 http://www.gov.nu.ca。
④ 潘敏：《论因纽特民族与北极治理》，《同济大学学报》（社会科学版）2014年第2期，第34~41页。

今尚未通过《关于独立国家原住民和部落民族的第169号公约》，无法将其第十五条规定转化为国内法，所以努纳武特人的地下资源权利还得不到全面彻底的保障。

至于土地权利，根据《努纳武特土地要求协定》，努纳武特自治政府获得了联邦土地管理权，包括管理所有尚未私有化或被确认为因纽特组织拥有的土地，及仍然由联邦印第安事务和北部开发部管理的官方土地的权利。所以努纳武特现存四种类型的土地所有权：官方土地，即由加拿大政府所有，并由联邦印第安事务和北部开发部管理的土地；因纽特人土地，即根据努纳武特自治政府与加拿大政府之间的土地赔偿协议拥有，并由指定的因纽特人组织管理的土地；专员土地，即由努纳武特地区政府管理的联邦土地；市政土地，即由当地政府租赁或以其他方式持有的土地。

努纳武特地区寻求自治的内在原因在于保留因纽特民族的文化和传统知识，因此他们成立了一个由十一位长老组成的咨询委员会，帮助自治政府将因纽特文化和传统知识融入本地政治和政府系统，帮助各部门制定和执行反映因纽特人价值观的政策。但外来知识的渗透可谓无孔不入，因纽特人传统的谋生方式、饮食结构、语言环境、交通工具等方方面面都受到了冲击与影响。在北极资源开发越演越烈、北极旅游活动如火如荼的背景下，越来越多的人放弃了狩猎、捕鱼的传统生活方式，开始寻求新的工作模式，如何制订适合因纽特人的就业计划，变成了政府相关部门的首要任务。就业能力需要适当的受教育水平与之相匹配，因纽特人的教育体系在平衡传统价值观和现代技能方面面临着一个两难的困境。另外，因纽特族年轻人受电视、网络的影响不容小觑，因为追求物质享受、造成生活成本提高也可能引发社会问题。到目前为止努纳武特自治区的财政预算依然依赖加拿大联邦政府的拨款，这场由争取土地权利引起的因纽特人自治运动，需要努纳武特自治政府制定更加符合实际情况的法律政策，才能维护社会的繁荣稳定、长治久安。

## （二）格陵兰因纽特人的利益诉求

格陵兰是世界上最大的岛屿，由于其高纬的地理位置、极冷的气候条件、恶劣的生存环境,所以这里只有5.6万人口,其中88%的人口是因纽特原住民的后裔,或因纽特人与丹麦人的混血后裔,剩余的12%人口是丹麦人和其他北欧移民。格陵兰是丹麦王国的一个州,但在丹麦宪法下拥有广泛的自治权。2008年11月,格陵兰举行公投,通过自治法案,进一步扩大其领土自治的范围和内容。2017年5月,格陵兰组建宪法委员会,着手起草独立后的宪法。可以说,格陵兰"正不可逆转地走在通往独立的道路上",① 这既是丹麦与格陵兰长期博弈的历史产物,同时也是丹麦无法继续对格陵兰实施殖民式管理的必然结果。② 格陵兰最终独立的时间在很大程度上取决于岛内生产总值是否足以独立于丹麦政府的公共预算拨款。

格陵兰在民族、语言、经济、地质、气候等方面与丹麦完全不同,因纽特人对双方的民族融合持怀疑态度,丹麦方面也意识到格陵兰的政治诉求,并打算依法处理这些问题。1979年,《格陵兰内部自治法案》(Greenland Home Rule Act)得以通过,它规定格陵兰高度自治,包括语言政策、社会政策、文化事务和野生动物管理,丹麦政府只行使监督职能。格陵兰自治政府有权决定直接税和间接税、境内和沿海渔业、狩猎、驯鹿放牧、环境保护、卫生服务、交通、通信、住房管理等事项及有关事宜,且具有咨询职能。格陵兰自治政府无权处理外交、防务、司法、货币等事项,但是享有独立签订国际协议的自由。最具代表性的例子就是:丹麦是欧盟成员,格陵兰不是欧盟成员,但格陵兰与欧盟之间存在诸多关于渔业的国际协定。

《格陵兰内部自治法案》公投通过后,格陵兰人民的自决倾向和意识不断强化。1999年,格陵兰自治政府成立自治委员会,该委员会认为格陵兰需要更多的收入来源和进一步的贸易发展,才能赢得更深层次的独立。2002至2009年,自治政府总理埃诺克森积极推行"格陵兰化",唤醒了当地民

---

① Government of Greenland, *Coalition Agreement 2016 – 2018*, http://naalakkersuisutgl/~/media/Nanoq/Files/Attaded%20Files/Naalakkersuisut/DK/Koalitionsaftale/Koalitionsaftale%2014 – 2018%20engelsk.pdf.

② 肖洋:《"冰上丝绸之路"的战略支点——格陵兰"独立化"及其地缘价值》,《和平与发展》2017年第6期,第108~123页。

众的国家意识。① 2003 年,丹麦政府和格陵兰自治政府成立了一个联合委员会,负责推动格陵兰政府自治,其工作成果是形成自治法案(Self-Government)的草案。2008 年 11 月,格陵兰公投通过自治法案,意味着格陵兰向实现全面自治迈出了重要一步,赋予格陵兰自治政府在多个领域应承担的更多义务。2009 年 6 月 21 日,格陵兰全新的自治地位生效。根据新的自治法案,格陵兰实施的自治范围扩大到司法领域,格陵兰语被确定为格陵兰的官方语言,格陵兰自治政府对格陵兰的自然资源享有更大的自主权,还获得部分外交事务权。丹麦政府同意格陵兰未来就独立问题举行公投。这标志着格陵兰独立运动取得重大进展。②

格陵兰地方自治政府在新法案生效之前,一直依靠丹麦政府拨款支撑财政预算,只有丹麦政府资助之外的其他收入来源出现时,格陵兰自治政府才能拓展新的权利范围,承担新的义务,这也符合法律意义上的权利义务相结合原则。从这一点可以看出,扩大自治权与增加收入是密不可分的。捕鲸、捕虾、捕鱼等传统收入领域很难给格陵兰自治政府带来更多的额外收入,在全球传统矿产资源逐渐枯竭的背景下,凭借储量巨大且品质较高的铁矿、红宝石矿、金矿和油气资源,和极其丰富的稀土资源、铀矿资源,格陵兰自治政府可以采取依靠采矿加工业促进经济独立的策略,从而谋求现实利益,③这也就引出了矿产资源所有权的问题。根据自治法案,地下资源归格陵兰自治政府所有,资源开发收入归格陵兰自治政府所有,丹麦政府在涉及国外投资尤其是在自然资源和基础设施方面只承担更多的监管责任,并出于对国家安全的考虑保留更多的投票权。也就是说,如果格陵兰自治政府为了更快实现独立而与其他国家进行矿产资源交易,丹麦政府有相当大的权利进行干涉,这对他国投资格陵兰矿产开发事业是极大的阻碍。

---

① 郭培清、王俊杰:《格陵兰独立问题的地缘政治影响》,《现代国际关系》2017 年第 8 期,第 58~64 页。
② 张乐磊:《格陵兰与丹麦关系的历史演进与现实挑战》,《南通大学学报》(社会科学版)2016 年第 32 期,第 81~86 页。
③ 肖洋:《"冰上丝绸之路"的战略支点——格陵兰"独立化"及其地缘价值》,《和平与发展》2017 年第 6 期,第 108~123 页。

格陵兰约80%的面积位于北极圈内，特殊的地理位置使格陵兰因纽特人注重与北极圈内的其他原住民保持密切的联系。1973年，格陵兰因纽特人在丹麦哥本哈根召开了非正式会议。1977年，首次因纽特人北极圈会议（Inuit Circumpolar Conference）在阿拉斯加正式举行，因纽特人北极圈理事会成为来自阿拉斯加、加拿大、格陵兰和楚科奇的超过15万因纽特人的官方组织。该组织成立的目的是：加强因纽特人团结互助，保障因纽特人合法权益，制定保护北极环境的长期政策，寻求与其他原住民在政治、经济和社会发展中结成全面积极的伙伴关系。2008年，在挪威特罗姆瑟举行的北极边境政策制定会议上，因纽特人北极圈理事会主席表示："广泛的石油开采对因纽特人的传统生活方式带来严峻的挑战。当石油和天然气时代来到时，不能完全放弃原住民传统的生活方式，要做好准备应对油井枯竭带来的危机。另外要大量积累金融资本，避免未来油井枯竭导致社会矛盾更加尖锐。"[1] 这番讲话给所有因纽特人以深刻的启示，在全球变暖的背景下，无论是在油气资源开发领域，还是在维护因纽特人传统文化方面，他们必须通力协作才能有所成效。

### （三）挪威萨米人的利益诉求

萨米人是北极地区最古老的原住民之一，人口主要分布在挪威、瑞典、芬兰和俄罗斯科拉半岛。其中挪威、瑞典、芬兰的萨米人之间的联系非常紧密，出于政治原因，这3国的萨米人与俄罗斯萨米人的联系较少。挪威境内的萨米人数量最多，约有4万人。传统的萨米人以放牧为生，对他们来说渔业、农业、采矿业、服务业是新兴产业。挪威、瑞典、挪威3国均成立了萨米议会，其议员由萨米注册机构成员组成，主要作用是充当各自政府的咨询机构。随着时间的推移，萨米议会获得了越来越多的自治权力。1992年，萨米议会向北欧国家提出制定《北欧萨米公约》（Nordic Sdmi Convention）的建议。2002年，挪威、瑞典、芬兰处理萨米事务的政府官员以及这些国家的萨米议会主席决定组成一个专家组，专门负责起草3国之间的《北欧萨米公约》。2006年，专

---

[1] 具体内容参见 http://www.nativescience.org/html/cochran.html。

家组提交了公约草案，之后3国签字通过。《北欧萨米公约》第三条规定："作为一个民族，萨米人有权按照国际法和本公约的规定和条款行使自决权。根据这些规定和条款，萨米人有权决定自己的经济、社会和文化发展，为自己的利益处理自己的自然资源。"这意味着3国同时承担着国家责任和国际责任，为萨米人提供适当条件进行自治，而自治的前提是尊重3国领土主权完整。

3国之中，尤以挪威境内的萨米人人口最多。自20世纪70年代以来，挪威的萨米人主要争取三方面权利：保护和发展萨米人传统文化的权利、土地使用权和所有权以及自决权。1980年，挪威政府与萨米组织合作成立了高级委员会，负责研究萨米问题，包括他们的语言权、受教育权及土地权。高级委员会根据不断演进的国际法积极调整政策，依据《公民权利和政治权利国际公约》第二十七条，委员会要求萨米人必须有能力保护自己的传统文化。1987年，挪威议会通过一部综合性法律，即《萨米法》（Sdmi Law），目的是为挪威萨米人创造条件，保护和发展其传统文化、语言和生活方式。1988年，该要求被挪威宪法承认，并将"国家当局有责任创造条件，使萨米人能够保护和发展其传统文化、语言和生活方式"加入挪威宪法。《萨米法》中规定建立萨米议会，确保将涉及萨米人利益的法律和条例翻译成萨米语言，并在萨米地区正式使用。确保每个人都有权接受萨米语的教育，教育内容由挪威国家当局决定，萨米议会起一定的咨询作用。

1987年，以《萨米法》为基础建立了萨米议会，该议会是挪威萨米人的代表机构，其议员只能在萨米人之中通过普选产生，需要在选举之前对选民的萨米人身份进行登记。在挪威，即使没有萨米人的血统，只要能掌握萨米语，就可以注册成为萨米人，并以这一身份参加政治上的选举。这种身份限定，放宽了对血统纯粹性的要求，偏重萨米语的学习和教育，赋予人们一种更为自由地选择身份认同的权力。可以说，作为一种政治利益群体的准入条件，这个"门槛"比较低。① 萨米议会没有太多的决策权，主要是咨询

---

① 谢元媛、奥斯·考乐斯：《近三十年来挪威萨米人身份地位的变化》，《世界民族》2010年第3期，第81~90页。

机构。

通过对比可以得知，萨米议会的权力范围远小于努纳武特因纽特人自治政府和格陵兰因纽特自治政府的权力范围。与以上两个自治政府相比，萨米议会的财政预算很少，萨米人的社会福利、医疗、教育和警务等公共开支都由挪威国家财政预算覆盖。萨米议会掌握的资金主要用于建设萨米文化机构、普及萨米语言教育、出版萨米语教科书，并支持萨米小型企业发展。萨米议会无权征税或征收费用。

1990年，挪威成为全世界第一个认可《关于独立国家原住民和部落民族的第169号公约》的国家，依据公约第十四条第一款"对有关民族传统占有的土地的所有权和使用权应予以承认"、第十五条"对于有关民族对其土地上的自然资源的权利应给予特殊保护"，萨米人对土地和自然资源的权利由此得到了加强，尽管这种权利大多数情况下是使用权，而不是所有权。一些萨米人权利研究专家批评挪威政府"只是表了态，而并没有在行动上遵从公约"。也有批评指出，萨米议会成了"摆设"，尤其是在确保萨米人控制土地和资源方面根本没有发挥作用。[①]

2005年，挪威议会通过《芬马克法案》（Finnmark Act），该法案指出萨米人对芬马克地区土地和水源的长期使用，已使他们自然地获得了这些资源的所有权。该法案相当于将芬马克地区95%土地（约46000平方公里）的所有权转移给芬马克萨米人。芬马克是挪威最北端的郡，由萨米族人和挪威族人共同居住。转移给芬马克萨米人的土地由名为芬马克地产（Finnmark Estate）的新机构进行管理，该机构董事会由6名董事组成，其中3个由萨米议会任命，另外3个由芬马克郡议会从所有居民中选出。该法案赋予芬马克萨米人在资产管理方面广泛的权利，承认芬马克地区的萨米人，无论个人还是集体，对土地及水域享有使用权和所有权，这也是挪威逐步对萨米人的土地权利予以承认和保护的一种新的努力和尝试。

---

① 谢元媛、奥斯·考乐斯：《近三十年来挪威萨米人身份地位的变化》，《世界民族》2010年第3期，第81~90页。

## 三 北极原住民的国际利益诉求

### (一) 北极原住民国际合作的发展历程

努纳武特因纽特人的自治活动对生活在北极其他地区的原住民有着积极影响,他们开始有意识地争取自己的切身利益,例如:1971年阿拉斯加原住民与美国国会进行谈判要求土地赔偿;1979年格陵兰因纽特人通过努力实行自治。自此之后,散居北极各地的原住民开始了更为积极和紧密的交流与合作。

1973年11月,在原住民事务国际工作组 (International Work Group for Indigenous Affairs) 的帮助下,来自加拿大的因纽特人、印第安人和梅蒂斯人,来自斯堪的纳维亚半岛挪威、瑞典、芬兰的萨米人,以及来自格陵兰的因纽特人在丹麦哥本哈根举行了北极民族会议 (Arctic Peoples Conference)。① 这次会议旨在突破国境限制,相互合作,分享信息,在北极各国和国际社会上发挥了一定的道德和政治影响力,并在共同或普遍关心的问题上为北极原住民争取了更高的国际待遇——这也正是北极原住民国际合作意义之所在。

1977年,阿拉斯加因纽特人、加拿大因纽特人和格陵兰因纽特人在阿拉斯加州召开首届因纽特人北极圈会议,之后通过多年的研讨形成了一套具有民族特色的北极政策,并且努力向其他原住民及国际组织宣传,从而谋求在环境和可持续发展问题上更广泛深入的合作。② 另据报道,因纽特人北极圈会议已将为俄罗斯因纽特人和其他北方人民提供紧急援助的俄罗斯北方原住民制度建设项目 (Institution-Building for Russian Indigenous Peoples Project)

---

① Klivan I. The Arctic peoples' conference in Copenhagen, November 22 – 25, 1973 (1992) 16 (1 – 2).

② Inuit Circumpoiar Conference Principles and Elements for a Comprehensive Arctic Policy Pubiished for the Inuit Circumpolar Conference by the Centre for Northern Studies and Research, McGill University Montreal, 1992.

提上日程。可以说，因纽特人在促进北极原住民国际合作的过程中起到了重要的作用。

### （二）北极原住民的国际利益诉求

北极原住民是北极地区的主人，他们是北极气候变化和生态环境的观察者和体会者。北极地区的变化，不只是气温的由冷变热，更是国际地位的由"冷"变"热"——北极原住民世代居住的土地及附着在土地上的资源成为国际社会关注的焦点，他们在与国际社会交往的过程中，逐渐形成为共同利益开展更广泛的经济和政治合作的趋势，这种趋势最早表现在共同致力于北极地区的环境保护和可持续发展上。因纽特人北极圈理事会甚至宣称"气候问题在北极就是人类问题、家庭问题、社会问题和文化存续的问题，总而言之就是原住民的人权问题"。

1989年，美国、苏联、加拿大、挪威、瑞典、丹麦、芬兰、冰岛等北极八国在芬兰罗瓦涅米召开了第一届北极环境保护协商会议部长级会议，此次会议中出现了因纽特人北极圈会议和萨米理事会的身影。1991年，北极八国[①]于芬兰罗瓦涅米签署《保护北极环境宣言》（Declaration on the Protection of the Arctic Environment），宣言肯定了"原住民与北极之间特别的关系以及他们对保护北极环境做出的独特贡献"，表示将"继续提升与北极原住民的合作并将邀请他们的组织以观察员身份参与今后的会议"，[②]即赋予原住民非政府组织"永久观察员"的身份地位。为了处理更为广泛的北极地区可持续发展问题，北极八国1996年在加拿大渥太华发表成立北极理事会的宣言（Declaration on the Establishment of the Arctic Council），宣言将原住民非政府组织作为"永久参与者"吸纳到北极理事会之中。

从"永久观察员"到"永久参与者"，身份的转变使北极原住民非政府组织在北极理事会中占有极为特殊的地位，虽然没有投票权，但享有全面参

---

① 此时苏联已经解体，由俄罗斯参加此次会议。
② Declaration on the Protection of the Arctic Environment, http://www.arctic-council.org.

与理事会各种会议的权利和咨询权,理事会做任何决议都应征询其意见,其他观察员国家和非政府组织并没有这些权利。但这种权利也必须受到一定的限制,北极原住民非政府组织参与数量"在任何时候都不能超过成员国数量,无论他们是联合席位还是单独席位"。经过一系列的会谈与磋商,北极理事会最后确定萨米理事会、因纽特人北极圈理事会、俄罗斯北方原住民协会、阿留申人国际协会、哥威迅国际理事会、北极阿萨巴斯卡人理事会等六个北极原住民非政府组织为理事会的永久参与者,它们通过参与北极理事会的工作,不断在共同或普遍关心的问题上为北极原住民发出呼声,要求北极理事会给予更多的关注与支持,为争取属于北极原住民的国际利益作出了贡献。

另外,北极原住民非政府组织还努力在更广阔的国际舞台上发挥力量,维护自身利益。因纽特人北极圈理事会、俄罗斯北方原住人民协会和阿留申人国际协会先后于 1983 年、2001 年、2005 年获得了联合国经济和社会理事会特别咨商地位。因纽特人北极圈理事会参与到《联合国原住民权利宣言》的起草工作中,在原住民自决权方面为宣言草案提供了大量的修改意见,展现了北极原住民捍卫自决权的坚定决心。

## 四 北极原住民利益诉求发展趋势及中国应对

### (一)北极原住民利益诉求发展趋势

北极地区气候的由"冷"变"热"是全球气候变暖的结果,地位的由"冷"变"热"则是世界格局变化的缩影。虽然北极原住民人口稀少,但由于地位特殊,其利益诉求有必要受到所在国家乃至整个北极地区、整个国际社会的重视。一方面,在争取自身利益的过程中,北极原住民对自己"北极地区主人"的身份认同感越来越强。另一方面,通过跨民族、跨国界的合作,北极原住民获得的实际权益越来越多、国际地位越来越稳,也增强了他们的斗志与信心。因此笔者有理由相信,从北极原住民主观意愿出发,他们未来的利益诉求范围会越来越大。

首先，在争取政治权益方面，最具代表性的是争取自治权。最有可能实现独立、获得更彻底自治权的是格陵兰因纽特人。格陵兰战略地理位置重要、自然资源丰富，受到美国、欧盟、韩国的高度关注，外部条件对格陵兰独立进程的影响十分明显。加上格陵兰经济依赖丹麦，社会面临转型问题，争取独立的内部条件并不充分，[①] 其独立进程可能会持续 10—20 年。在此过程中，格陵兰因纽特人必将采取一系列行动实现自身的利益诉求。

其次，在争取经济权益方面，最具代表性的是争取土地权、资源权。由于土地和资源是人类赖以生存的根本，所以任何北极原住民都不会在这一问题上有所让步。早在 2011 年，因纽特人北极圈理事会就针对北极资源发布了《关于资源开发原则的宣言》（A Circumpolar Inuit Declaration on Resource Development Principles in Inuit Nunaat），要求在充分考虑北极自然环境的条件下以合理的速度开发北极资源，保证因纽特人直接和有实质意义的参与。因纽特人北极圈理事会之后必将对相关标准进行细化，并且关注资源开发的收入分配问题，从而更好地维护自身权益。从国际形势讲，北极理事会赋予原住民非政府组织永久参与者地位，在根本上是站在资源开发利用的角度，旨在获得原住民的支持与参与，限制非北极国家在资源开发中分一杯羹，以尊重原住居民的权利为名，抵制北极问题国际化。[②] 在这种环境之下，北极原住民于无形之中又获得了很多与北极理事会就资源问题进行谈判的筹码。

最后，在争取文化权益方面，最具代表性的是保护北极原住民的传统知识。北极原住民的传统知识是原住民在长年累月与严酷环境搏斗中所掌握的生存技巧，是与北极环境相适应的、体现原住民独特智慧和世界观的知识体系。近年来，北极原住民将原有的顺应环境观念作为思想核心，与北极环境保护和可持续发展趋势相结合，以一系列的实际行动证明北极原住民的传统知识值得保护和推崇，如：原住民组织参与北极监测与评估（AMAP）工作

---

[①] 郭培清、王俊杰：《格陵兰独立问题的地缘政治影响》，《现代国际关系》2017 年第 8 期，第 58~64 页。

[②] 陈玉刚、陶平国、秦倩：《北极理事会与北极国际合作研究》，《国际观察》2011 年第 4 期，第 17~23 页。

组,负责撰写关于原住民生活方式以及传统饮食这一章节;参与北极动植物保护(CAFF)工作组,运用阿拉斯加地区原住民捕鲸的知识,创建原住民知识数据库,研究北极冰边缘的生态系统;参与突发事件预防、准备和处理(EPPR)工作组,确定北极地区原住民在紧急情况下的角色。原住民组织的参与让北极环境保护战略以及后来的北极理事会的各个工作组的工作得以不断完善。① 北极原住民运用传统知识参与北极治理,实质上也是一个动态的保护传统知识的过程,这个过程增强了他们的文化自信与认同感,也赋予他们将传统知识发扬光大的动力和造福子孙后代的使命感,所以北极原住民在未来将会采取更加积极有效的措施保护、传承原住民传统知识。

### (二)中国如何应对北极原住民的利益诉求

中国政府2018年1月26日发布了《中国的北极政策》白皮书,阐明了中国在北极问题上的基本立场,阐释了中国参与北极事务的政策目标、基本原则和主要政策主张,其中多次提及北极原住民,以指导性文件的形式说明中国如何应对北极原住民的利益诉求。

首先,在第一部分《北极的形势与变化》中,指出了北极原住民面临的生存困境"北极冰雪融化可能逐步改变北极开发利用的条件,为各国商业利用北极航道和开发北极资源提供机遇。北极的商业开发利用……对北极居民和土著人的生产和生活方式产生重要影响",这表示中国已经意识到,参与北极商业开发不能以牺牲原住民权益为代价,开发北极的同时应兼顾原住民的利益诉求。

其次,在第三部分《中国的北极政策目标和基本原则》中,北极原住民出现四次,分别是"保护北极就是要……尊重多样化的社会文化以及土著人的历史传统""利用北极就是要……促进北极的经济社会发展和改善当地居民的生活条件,实现共同发展""尊重是中国参与北极事务的重要基

---

① 叶江:《试论北极区域原住民非政府组织在北极治理中的作用与影响》,《西南民族大学学报》(人文社科版)2013年第34卷第7期,第21~26页。

础。尊重就是要……尊重北极土著人的传统和文化""共赢是中国参与北极事务的价值追求。共赢就是要……顾及北极居民和土著人群体的利益",这四句话体现了中国对于北极原住民事务的一个基本态度,也就是"保护、促进、尊重、共赢",以这个基本态度为指引,与北极原住民就保护北极生态环境、促进北极经济发展、保护原住民传统文化、维护原住民利益诉求等问题进行更深层次的交流与合作。

最后,在第四部分《中国参与北极事务的主要政策主张》中,北极原住民出现两次。第一次是在依法合理利用北极资源部分,强调"开发利用北极的活动……在保护北极生态环境、尊重北极土著人的利益和关切的前提下,以可持续的方式进行",尤其是参与油气和矿产等非生物资源的开发利用时"尊重北极地区居民的利益和关切",参与旅游资源开发时"尊重北极地区居民和土著人的传统和文化,保护其独特的生活方式和价值观""使北极地区居民和土著人成为北极开发的真正受益者"。第二次是在促进北极和平与稳定部分,强调"北极的和平与稳定是各国开展各类北极活动的重要保障,符合包括中国在内的世界各国的根本利益。中国主张和平利用北极,致力于维护和促进北极的和平与稳定,保护北极地区人员和财产安全"。这一部分重点关注与原住民生活水平息息相关的非生物资源开发和旅游资源开发,并且强调这些活动必须在"和平与稳定"状态下开展。中国对于北极地区的非生物资源开发和旅游资源开发具有浓厚的兴趣,分别与俄罗斯开展油气勘探开发合作,与冰岛开展科学研究合作,与芬兰共同推动"冰上丝绸之路"战略等,在与这些国家的合作过程中难免会与该国北极地区原住民接触,在项目推进时要将原住民的感受纳入考虑范围,避免造成不必要的矛盾。另外,在推动"冰上丝绸之路"战略时,要审慎潜在支点,以此为中国全面参与北极事务的立足点。格陵兰作为亚欧大陆和北美大陆的要冲之地,理应进入中国参与欧美亚大国北极战略博弈的决策视野。① 因此,要重

---

① 肖洋:《"冰上丝绸之路"的战略支点——格陵兰"独立化"及其地缘价值》,《和平与发展》2017年第6期,第108~123页。

视与格陵兰因纽特人之间的友好关系，鼓励有实力的企业参与格陵兰矿业勘探活动和旅游活动，为"冰上丝绸之路"战略的实施打下坚实基础。

习近平总书记提出的"构建人类命运共同体"理念已经得到国际社会一定程度上的认同，这也是中国对全球治理做出的贡献。现在的北极问题，已经不是简单的国家问题、区域问题，它演变成了域外国家问题，甚至是全球问题，攸关人类生存与发展的共同命运。北极原住民的利益诉求是北极问题中比较重要的一环，北极原住民的命运也是"人类命运共同体"的一部分，值得高度关注。作为北极事务的重要利益攸关方，中国有必要在处理北极事务的过程中践行"构建人类命运共同体"理念，与北极原住民共同努力，促进北极地区的和平、稳定及可持续发展。

# B.14
# 北欧五国难民问题及其处理政策分析

刘惠荣 马丹彤*

**摘　要：** 难民的大量涌入给环北极地区的丹麦、瑞典、挪威、芬兰和冰岛五个国家带来重重困难与矛盾。考察北欧五国难民问题的历史与由来，分析北欧五国难民问题处理的现状与难点、矛盾与困惑，可以发现，北欧五国对待难民问题的立场正在经历从人道主义到民族主义的变化，通过法案阻碍难民流动与限制难民权利，北欧五国难民问题处理的国际合作处于矛盾与困惑之中。北欧五国难民问题处理的国际法依据包括坚持国际法的协商与合作精神，把新主权观适用于北欧五国难民问题的解决，建立以国际法为主、以政治磋商谈判为补充的治理模式。

**关键词：** 北欧难民　北极治理　国际法分析

相比于欧洲其他地区而言，分布于环北极区域内的丹麦、瑞典、挪威、芬兰和冰岛这五个北欧国家过去接受难民的数量和规模较少。但近年来呈现上升趋势。难民问题对传统北欧国家的政治与法律治理结构、文化传统的冲击力逐渐增大。北欧五国难民问题，学界至今未给予较为密切的关注和全面的揭示，本文对此进行初步的梳理与论述，并给予国际法分析。

---

\* 刘惠荣，女，博士，中国海洋大学法学院教授、博士生导师、院长、极地法律与政治研究所所长；马丹彤，女，中国海洋大学法学院国际法专业2017级硕士研究生。

## 一 北欧五国难民问题的由来

国际社会中的难民问题由来已久，关于"难民"的定义主要见于1951年联合国颁布的《关于难民地位的公约》和1967年颁布的《关于难民地位的议定书》。传统意义上"难民"的定义主要倾向于政治性难民，有以下基本规定："已经离开本国或经常居住国；有正当的理由畏惧遭到迫害，且这种畏惧是出于种族、宗教、国籍、属于某一社会团体或具有某种政治见解；不能或不愿接受本国保护或返回经常居住国。"[①] 随着国际社会的冲突与变迁，传统意义上因为政治、宗教、国籍等产生的难民定义已经无法涵盖"难民"的全部内涵。频繁爆发的地区战争和局部冲突产生了大量的战争性难民，随之又产生了一些新的区域性协定，如1969年的《非洲统一组织难民公约》和1984年的《卡塔赫纳宣言》等，都对"难民"的定义作了战争性难民的补充与完善。实际情形是，战争性难民大规模涌入欧洲，在与当地社会的融合中频繁发生摩擦、产生矛盾，使难民问题与危机越演越烈。

除了以上政治性难民与战争性难民的分类与致因外，联合国难民署对难民又作了难民群体内部的区分，即分为普遍意义上的难民（Refugees）、避难者（Asylum-seekers）、流离失所的人员或团体（IDPs）、无国籍人员及其他。具体到北极地区，叙利亚等中东国家的战争性难民开始从欧洲北上或沿航道抵达北欧五国，据联合国难民署发布数据报告显示，"截至2016年，世界范围内难民人数达到6775万，其中有50万的难民分布于环北极区域的五个北欧国家。五国难民人数占国家总人口约1.8%，其中，瑞典难民数量占到国民总人数3.5%。"[②] "难民北欧行"对于北欧五国的经济社会发展带来巨大影响，北欧五国难民问题就随之产生。

北欧五国难民问题主要呈现两个显著指向，一是北欧五国区域难民的合

---

① 邵沙平：《国际法（第二版）》，中国人民大学出版社，2010。

② The UN Refugee Agency, Statistic Yearbooks, http://www.unhcr.org/statistical-yearbooks.html.

作治理问题，二是北欧五国国内难民的权利保障问题，即除了难民的自由权利之外，难民在外国生活的经济权、文化权和儿童教育权利等基本权利的保障等。这些问题都会引发国际社会对人权问题的关注，与此相应，国际人权法和世界人权事业无论是在理论上还是在实践上都接受着严峻的挑战。

## 二　北欧五国难民问题处理的现状与难点、矛盾与困惑

是坚持人道主义的立场，还是趋向国家至上的民族主义；是实行共同治理，还是设置阻碍单独行动。现今北欧五国对待与处理难民问题都出现了种种矛盾与困惑之处，需要解决多种问题的难点已形成。

1. 北欧五国对待难民问题立场的变化：从人道主义到民族主义

北欧五国对待难民问题的立场经历了从国际人道主义援助逐渐向国家民族主义倾斜的过程，其行为背后不再以人道主义道德观和同情心为支撑，而是倾向国家利益至上。北欧五国对待难民问题的态度在初期具有人类同情心和人道主义精神，又因为国家经济发展水平较高，具有稳定的政治环境和西方自由民主的价值理念，这使北欧五国成为除德国、法国等国家之外难民的理想保护地，尤其是北欧五国拥有良好的公共福利政策，使其对难民具有极大的吸引力。受以尊重和保障人权、人本主义为核心的人道主义价值观指导，北欧国家对难民持欢迎态度，北欧五国人均接纳难民人数超过欧洲地区其他国家。此外，北约和欧盟在难民迁徙的安全保障上发挥了重要作用，不断实施援救和安全保障。同时，北欧五国致力于对难民进行海外援助和公益援助。在此背景下，北欧五国成为接收难民的主力军。

至今，难民大量涌入，给北欧五国带来巨大压力。尽管难民人口的增加有助于产生社会的多样性，如人口稀少的冰岛，力求吸引难民来增加本国劳动力和社会多样性，但社会人口的多样化也同时挑战着北欧五国原有安全、单一文化的社会。特别是福利压力、新劳动力给社会带来的冲击，以及恐怖主义带来的反移民情绪和国家民族主义高涨，致使今天北欧五国的政治和社会气候急剧变化，国内社会多样性与国家单一安全之间的矛盾

往往难以调和。

2. 多国法案阻碍难民流入，限制难民权利

目前，成千上万的难民在"敲门"，北欧五国逐渐选择了一些阻碍法案，实施更严格的边境管控来阻止难民流入和限制人权。挪威于2016年4月颁布新的庇护和移民法案，规定允许官员拒绝任何不是直接来自冲突地区的难民从挪威边境进入挪威，并且给自愿返回本国的难民提供20000克朗资助。涌入挪威的难民数量显著减少，"在该移民法案颁布和资金补助实施后，在挪威寻求的难民数量下降了95%。"① 丹麦最近也推出了较为严格的边境管制，来自俄罗斯或其他北欧国家的难民如果不是直接从冲突地区进入，将会立即遭到拒绝。

近年来北欧五国通过出台一些法案、收紧庇护政策、限制家庭团聚、缩短居住时间和削减福利，限制了难民被接收后的基本人权。例如，丹麦通过了一项法案，"限制叙利亚难民在三年内实现家庭团聚，并允许警察搜查难民，并没收他们的财产"，② 再加上学校教育和福利保障体系难以良好应对，致使犯罪率提高，极端主义流行开来，不同宗教信仰、文化背景和身份特征以及恐怖主义使难民不断被边缘化、歧视化。尽管瑞典比其他欧洲国家接收了更多难民，但是瑞典人开始质疑这个国家的移民与难民政策，因其犯罪率和极端主义也在增多。此外，还存在难民生活难、融合难，社会认同感低等诸多问题，都与相关限制法案有关。

这些阻碍法案的颁布，直接影响北欧五国实际接收难民的数量。以避难者（Asylum-seekers）为例，根据联合国难民署发布的数据显示，"瑞典、挪威、芬兰和丹麦四国在2016年和2017年接收的避难者人数较之2015年大幅度减少，只有冰岛接收避难者人数有小幅度增加，但数量与其他四国相比

---

① Lizzie Dearden, "Refugee crisis: Number of asylum seekers arriving in Norway drops by 95%," http://www.independent.co.uk/news/world/europe/refugee–crisis–number–of–asylum–seekers–arriving–in–norway–drops–by–95–a7114191.html.

② Thomas Gammeltoft–Hansen and Helle Malmvig, "The Ugly Duckling: Denmark's Anti–Refugee Policies and Europe's Race to theBottom," https://www.huffingtonpost.com/thomas–gammeltofthansen/denmark–refugee–europe_b_9574538.html.

可以忽略不计"（见图1）。① 人权保护和发展一直为北欧五国引以为傲，近几年的数据变化或许可以预示着北欧五国的立场和态度有了转变——远离国际人道主义，回归民族国家。

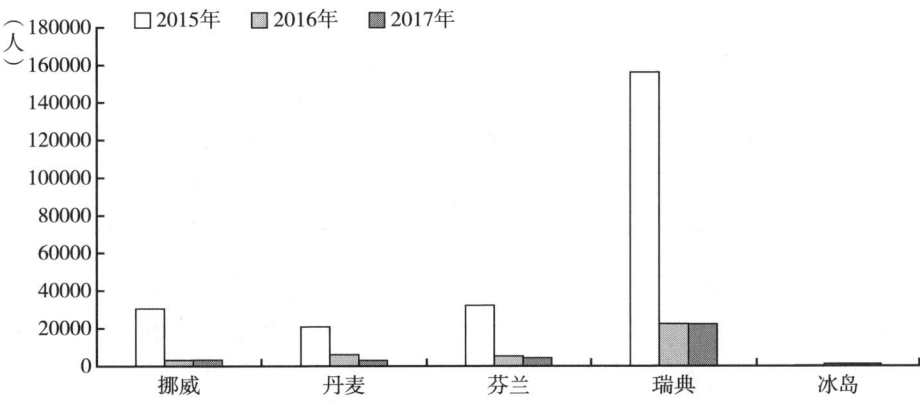

**图1　北欧五国避难者（Asylum-seekers）接收人数统计**

注：本图根据联合国难民署网站数据编制。

3. 北欧五国难民问题处理的国际合作之矛盾与困惑

难民问题的处理传统上一直是属于国家内部的政治和道德领域，各国在具体实践中倾向于孤立分离，强调国家个性的保守封闭主义，少见的国家间合作也存在形式表面化，并屈从于国家民族主义，因此，北欧五国更倾向于制定较为狭隘的政策或法案，希望为国家利益服务，而不是对共同的区域解决方案作出协商与承诺。因为缺乏有效合作，北欧五国针对难民问题采取单方面行动，相邻国家之间产生摩擦。例如，瑞典受到了其他北欧国家对其单方面边境管控措施的批评和行动反对，五国之间也制定管控措施，进行相互牵制，"挪威和芬兰首先启动零星的管制，瑞典在2016年初对丹麦边境实行

---

① Caroline Bach, "Statistics on refugees and asylum-seekers in the Northern Europe region," http：//www.unhcr.org/neu/17855 - statistics - refugees - asylum - seekers - northern - europe - region.html.

临时管制,作为回应,丹麦开始在德国边境进行选择性检查"。①

五国对待难民问题的单边边境管控和阻碍性政策法案,挑战着这一区域合作原则。北欧传统合作平台如北欧部长理事会(NCM)和北欧理事会的成就之一是于1954年建立了北欧护照联合会(the Nordic Passport Union),允许北欧居民在申根之前很长一段时间内在北欧区域内自由流动,但是,难民问题没有在考虑之内。同时,北欧五国是欧盟的成员国,尽管欧盟与土耳其达成了新的协议,但挪威政府却表示"将不会接纳任何来自欧盟的难民,不增加难民配额,以符合其当前国家利益。"② 原先北欧国家的团结与合作,根植于共同的价值观和身份认同,如今由于难民问题而受到一定的冲击。

如今,北欧理事会对难民问题的应对较为缓慢。针对难民问题,各国最初都强调民族差异,并出现推诿责任的现象。2016年北欧理事会将难民问题纳入北欧合作计划,"并设立了一个'难民一体化计划'(Nordic Co-operation on Integration)的项目",③ 该项目也只是在萌芽中,旨在信息交换和经验分享,意图打破国家间的矛盾,加强合作。北欧五国难民问题的处理与解决仍是一项艰巨的任务。

不可否认的是,尽管不同国家的政治背景与经济发展存在差异,但不能据此忽视难民的存在与权利,忽略难民问题中的共性和利益价值。这不仅仅是国内政治与国际政治问题,而且是国际法问题,或应该上升到国际法的问题。因此,北欧五国难民问题的处理与释解离不开国际法的依据与支撑。

## 三 北欧五国难民问题处理的国际法依据

国际社会解决难民问题的主要国际法依据是《联合国宪章》和《世界

---

① Tobias Etzold, "Refugee Policy in Northern Europe—Nordic Countries Grow Closer but Differences Remain," https://www.swp-berlin.org/fileadmin/contents/products/comments/2017C01_etz.pdf.

② "Norway won't take any more refugees from EU," https://www.thelocal.no/20160408/norway-wont-take-any-more-refugees-from-eu.

③ Nordic Co-operation, http://www.norden.org/en/theme/nordisk-samarbejde-om-integration/projects.

人权宣言》，以及在两文件原则指导下由联合国 1951 年颁布的《关于难民地位的公约》和 1967 年颁布的《关于难民地位的议定书》。北欧五国在难民问题上，除了应遵循以上宣言、公约之外，还应尽可能扩充国际法的视野，寻求更多的国际法依据。

1. 北欧五国难民问题的处理应坚持国际法的协商与合作精神

北极地区具有独特的地缘政治特点，有着成熟、有效的合作治理模式和传统。在北极地区形成了以美国、俄罗斯、加拿大、丹麦、冰岛、挪威、芬兰、瑞典等八个北极国家为主导，与其他北极利益相关国家和国际组织在广泛领域进行合作的成功模式。北欧五国中，丹麦、瑞典和芬兰作为欧盟成员国，丹麦、挪威和冰岛作为北约成员国，又与美国和俄罗斯两个地区大国在北极事务中相互合作、互施影响，突破不同的国家政治背景和国情，不断创造合作的新范式、新路径，向世界展现与示范合作新成效。

具体来看，北极八国以及北极利益相关国家不仅致力于结成有着共同价值目标和利益诉求的利益共同体，而且在北极气候变化、航道利用、资源勘探与保护等重要领域达成合作基础，共同发挥积极作用，合作共赢已成为各国北极战略的重要宗旨。北极八国设立的北极理事会以合作为基础，吸纳相关利益国家和组织作为观察员参与北极事务，使得北极地区在全球事务中的号召力和影响力不容忽视。北极合作取代冲突和对抗成为当前北极地缘政治的主流和现实。"北极区域合作贯穿于多层面，除了传统政府间合作外，合作主体还延伸到地方政府、国家议会、跨越政治国家的原住民群体、科研机构、商业组织乃至个人，形成了立体化的北极合作网络。"[①] 因此，北极治理的合作传统与模式是北欧五国难民问题处理的重要基础。

然而，当难民问题触及国家和民族利益时，国际合作体制将会受到巨大的挑战。面对北欧五国难民问题中国家民族主义至上的立场倾向，针对各国设立的有损于难民人权的法案与行为，北极各利益相关国应在传承有效合作

---

① 刘惠荣、李浩梅：《北极区域治理及其发展》，《北极地区发展报告（2016）》，社会科学文献出版社，2016，第 2 页。

的基础上，遵守国际法协商与合作原则，积极弘扬协商与合作的精神，调整与构建北极人权保护合作体系，为世界难民问题的解决和人权事业发展提供合作范本。虽然北欧国家目前处理难民问题面临着困难，但本着国际法协商与合作原则，这一难民问题的解决同样有利于北极国家和其他利益国家的共同福祉和经济社会的发展。

在世界难民保护运动中，致力于人权保护的政府组织发挥了不可忽视的作用。联合国难民署以及一些人权组织在难民问题上一直致力于对难民来源国的资金资助和对难民接收国的舆论监督。除此之外，北极理事会作为北极国家与相关域外国家、国际组织的合作平台，可以成为北欧五国难民问题协商与合作的平台。北极理事会下设六个工作组完成具体工作，其中设有可持续发展工作组（Sustainable Development Working Group，简称SDWG）致力于促进"原住民及北极社区的环境和经济、文化和健康，以及改善整个北极社区的环境、经济和社会条件。"[1] 虽然工作组没有设立有关解决难民问题的专门项目，其"2017—2019年工作计划"[2] 也没有将难民权利的保障列入计划内容，但鉴于可持续发展工作组的工作范围是围绕北极区域人民的健康、教育、经济和生活等方面，难民问题可以成为北极理事会的重要议题，并可在今后成为可持续发展工作组的专题项目，或由其他工作项目吸纳，增加对区域内难民权利的保障。

2. 将新主权观应用于北欧五国难民问题的解决

显然，当下难民潮引发的世界关注焦点从人道主义转移到国家安全上，其本质是国家间的国家利益与其在国际社会上承担的国际义务之间的博弈和选择，更是人权问题对国家主权的挑战。对于北欧国家针对难民问题的民族主义情结愈演愈烈的情形，北欧五国开始背离传统主权观念，转而引入和应用新主权观来处理北极地区事务以及北欧五国区域内的难民问题。

---

[1] Arctic Council, Sustainable Development Working Group (SDWG), http://arctic-council.org/index.php/en/about-us/working-groups/sdwg.

[2] Arctic Council, Projects 2017-2019, http://www.sdwg.org/activities/sdwg-projects-2017-2019/.

传统的主权是指"对其领土和永久居住其上的人口的初步的排他管辖权,在此排他管辖权区域内其他国家的不干涉义务以及依据习惯法和经承担义务者同意的条约而产生的对义务的依赖"①。国家对外独立,对内有排他管辖,这一特性使国家利用主权保护自己。但在当今全球理念、区域合作、国际事务的广泛影响下,国际组织的数量不断增加,活动范围不断扩大,甚至寻求独立的民族和个人等特殊法律人格在国际事务中产生了越来越大的影响力,这都对传统国家主权理论和实践带来了巨大挑战,主权的范畴增加了全球公共利益的考量,"如同随着国内社会交往的发展和大量共同利益的涌现使得传统上建立在个人本位基础上的民法的意思自治原则不再被绝对化而要受到公序良俗等社会利益限制一样,当代国际社会大量共同利益的涌现及其对国际法体系的渗入使得'主权意思自治'的范围也开始受到一定程度的限制"。② 因此,新主权观逐渐形成。新主权观不同于绝对主权或相对主权,是指"国家依据国际法并受国际法保护的独立自主地处理自己对内对外事务的最高权力"③的一种平等主权观,在国际公共利益存在时,主权会被赋予一定的责任以及受到限制,增加对全球公共利益的考量,国家间以团结合作来代替主权滥用。需要指出的是,以国际社会共同利益为核心的新主权观不是对传统主权理念的推翻,而是完善,以便更好地适应当今世界格局的变化和发展。

主权一直是北极事务的核心,"北极国家的北极领土权益以及引发的领土争端和海洋划界争端、相关利益国家的航行权益和加拿大与俄罗斯对北极航道的实际管控的矛盾以及国家间科考及资源权利"④的背后,都体现着各国的主权利益。但不可否认的是,在某些具有全球性和公益性特点的北极事务处理中,相关国家在该区域内已经进行了一些有效合作。北极国

---

① 〔英〕伊恩·布朗利:《国际公法原理》,曾令良、余敏友等译,法律出版社,2007,第257页。
② 陈海明:《国际法本位之变迁:从主权本位到社会本位——兼论国际法的"主权平等"原则》,《时代法学》2014年第80期。
③ 余敏友:《全球治理与中国》,中国政法大学出版社,2012,第10页。
④ 刘惠荣、董跃:《海洋法视角下的北极法律问题研究》,中国政法大学出版社,2012,第10页。

家在基于环境问题和资源保护问题等传统事务上,已经缔结相应的国际条约和软法性文件。北极理事会在不断寻求北极国家共同关心的北极议题进行合作,并且吸纳符合条件的其他北极利益国家和国际组织成为观察员,来扩大该组织的影响力。此外,一些次区域合作机制也已经建立起来,如北欧五国组建的巴伦支地区合作机制。因此,北极国家已经引入和应用新主权观来处理北极地区的具体事务。由此可以看出,北极国家把新主权观引入并应用于北极区域治理当中,不仅可以应用于北极地区的传统治理领域,同样也可以把新主权观渗透与应用到难民问题的处理中,对此,北欧理事会也有具体行动,如北欧理事会于2016年将难民问题纳入北欧合作计划并设置相关项目。

针对难民问题和人权保障,新主权观强调"人权作为具有全球性规模的正统性理念获得普遍承认",[①] 难民问题不是个别国家单纯的国内事务,应以"全球治理"的视野来处理。"全球治理"是指"以正在出现的全球友邻关系为出发点,主张尊重生命、自由、公正与公平、互相尊重、关怀等人类核心价值,国际社会共同努力运用集体力量倡导一套权利与义务并重的全球公民道德准则"。[②] 因此,根据新主权观,北欧五国难民问题中的人权保障需要国际社会,特别是北极地区承担义务,这是主权之内的应该予以保障的事务。

3. 建立以国际法为主,法律手段与政治磋商谈判相结合的治理模式

这一模式的展开就是,以国际法为主,法律手段与政治磋商谈判相结合,缔结国家间难民合作条约,建立区域难民问题合作机制。以国际法为主,是指在对待和处理难民问题时应当以《联合国宪章》和《世界人权宣言》为核心,遵守以《经济、社会和文化权利国际公约》和《公民权利和政治权利国际公约》等国际公约为主体、以区域性人权保护制度为补充的国际人权法体系。

---

① 〔日〕大沼保昭:《人权、国家与文明》,王志安译,三联书店,2003,第97页。
② 余敏友:《全球治理与中国》,中国政法大学出版社,2012,第10页。

北欧各国国内已有的应对方法主要是政治磋商谈判解决手段，具体执行上易受国家利益的影响，故出现北欧五国难民的多种问题。五国难民问题应纳入依据国际法为进行治理的范畴，即以国际法为主要手段，政治磋商谈判辅之。

国际法与国际政治的关系，"是一种相互强化、相互渗透的关系"，[①] 国际政治和国际法都扎根于国际社会，国家的产生和国家间的平等交往是国际法产生的重要基础。国际法与国际政治虽然有着共同的价值追求，但国际法有着自身的功能和特点，法律的约束力和公平正义等价值观的指引使国际法具有更大的平衡意义和作用。从国际事务处理的实践中可以观察到，"一般国家对待国际政治问题，主要从国家利益、国家安全角度来考虑；而对待国际法问题，主要从法律上的是非原则判断。"[②] 这就使国际法有更高的价值指导性。

国际法与国际政治作为国际事务治理的手段，有各自独特的优势，国际法对价值、国际政治对国家利益和国家关系有更多考量。回溯国际法史，两者相结合的治理难民问题的国际法早已有之，而且形成了以《联合国宪章》和《世界人权宣言》为核心，将人权法治化作为宗旨，遵守以《经济、社会和文化权利国际公约》和《公民权利和政治权利国际公约》等国际公约为主体、以区域性人权保护制度做补充的国际法人权体系。针对难民问题，在上述公约原则的指导下，联合国1951年颁布的《关于难民地位的公约》和1967年颁布的《关于难民地位的议定书》，都规定了难民保护的两大基本原则，即"不推回原则"和"国家间团结合作原则"。那么针对北欧五国难民问题，除了要遵守国际条约中难民保护的一般性规定以及条约规定的义务之外，还应采用能够兼顾北极各国政治问题的措施，并以国际法为治理北欧五国难民问题的主要途径。那么，北欧国家间颁布一系列难民合作措施，特别是制定北欧国家特色区域合作条约与建立国家间合作机制就成为当务之急。

---

[①] 〔美〕熊玠：《无政府状态与世界秩序》，余逊达、张铁军译，浙江人民大学出版社，2001，第268页。

[②] 吴云龙：《论国际政治与国际法的互动》，《江汉大学学报》2011年第5期，第77页。

针对北极地区的特殊背景，北欧五国应在难民保护合作措施之中对难民保护中的一些问题进行规范。建议这些国家在相关措施中明确规定对难民的定义和使用范围，并对临时保护机制、难民身份的认定标准、难民接收后续工作制度和难民保护的程序性规定进行完善，作出统一的规定。作为规范难民问题的国际公约，联合国于1951年颁布的《关于难民地位的公约》和1967年颁布的《关于难民地位的议定书》的缺陷之一是关于难民的定义和适用范围已无法涵盖区域难民问题的发展，而且，两公约缺乏对上述难民保护的程序性内容的规定。而在两个国际公约指导下的区域性难民公约，如1969年《非洲难民公约》和1984年《卡塔赫纳宣言》，在参考上述国际公约规定的基础上，因地制宜，在相关难民保护规则上做出区域性的补充和发展。例如，在难民的甄别标准上，《关于难民地位的公约》采用了思想上畏惧迫害的主观标准和现实中受到迫害的客观标准相结合的难民甄别标准，非洲和美洲进而根据本区域内难民事务的具体情形，在《非洲难民公约》和《卡塔赫纳宣言》中规定了依据难民来源国的国内实际情况这一客观标准来对难民身份进行甄别。因此，在区域性难民保护上，相关区域结合实际对难民国际公约的补充和发展是极为必要的。北欧五国在今后一系列难民合作措施的制定上，尤其是制定北欧国家特色区域合作条约与建立国家间合作机制时，应结合北欧地缘特色，在难民定义和适用范围以及与难民保护相关的程序性内容上作出具体规定。

由上，这一以国际法为主，法律手段与政治磋商谈判相结合的治理北欧五国难民问题的构想与方略便得以形成。

# B.15
# 2017年度北极国家和北极国际组织动态

陈奕彤*

## 一 北极国家的最新动态追踪

### (一)美国

特朗普在2017年1月20日就任美国第45任总统后,其领导下的美国政府重新审视了之前几任总统做出的与北极及气候变化有关的决定,并随之进行了相应调整。奥巴马执政时期,应对气候变化、促进北极环境保护和科学研究是美国北极政策的核心议题,但他离任前致力于建立的"白令海气候恢复区域"被特朗普撤销。

在离任期结束还有两个月的时候,奥巴马政府出台了《美国近海油气开采租赁方案(2017—2022年)》,宣布未来5年禁止在阿拉斯加北部的楚科奇海和波弗特海进行新的油气开采活动,同时声明该举措不会影响到已经获得租约的公司在上述水域开采石油和天然气的活动。奥巴马政府声称,即使已经采取了非常高的安全标准,但石油泄漏的风险依然不可避免,而且当前在北极海域这样严酷苛刻的自然条件下清理漏油的能力依然是极为欠缺的。波弗特海和楚科奇海是很多濒危物种和即将成为濒危物种的栖息地,包括长须鲸、太平洋海象、北极熊、弓头鲸等。大西洋海底峡谷是对渔业至关重要的生物多样性热点地区,其中有众多鱼群栖息的深水珊瑚、硬珊瑚等。奥巴马称美国2015年海上原油产量中只有0.1%来自北极地区,再考虑到

---

\* 陈奕彤,女,博士,中国海洋大学法学院讲师,主要研究方向为国际法、海洋法。

当前低迷的石油价格，那么未来几十年中北极地区不会有明显的石油产量增长。奥巴马早在2014年就使用《外大陆架土地法》禁止了阿拉斯加布里斯托湾的石油开采，2015年又禁止了阿拉斯加沿岸海域部分地区的石油开采。奥巴马离任后不久，2017年4月28日，特朗普发布行政命令宣布要建立美国"第一个海上能源战略"，扩大在北冰洋和大西洋海域的石油和天然气开采。这项行政命令随后引起了连锁反应：美国安全与环境执法局（Bureau of Safety and Environmental Enforcement，BSEE）批准了意大利Eni集团美国分公司在波弗特海域的一座人工岛屿上开采石油。美国安全与环境执法局的主管表示，在北极地区进行负责任的资源开发，是实现美国能源主导地位的重要组成部分。Eni集团已于2017年12月底开始进行钻探。

2017年12月18日，特朗普政府发布的国家安全战略中略去了气候变化的内容，但保留了北极相关的内容，进一步确认了美国在北极的战略利益。虽然特朗普延续了奥巴马时代的传统，保留了国家安全战略中的北极内容，却采取了一种与奥巴马截然不同的描述方式。特朗普政府并没有定义美国在北极的利益以及它在该地区所面临的潜在威胁，而是将北极视为一个领域，并要求北极理事会等国际组织取得更好的工作成果。文件指出，美国必须领导并参与制定影响美国利益和价值观的多边安排。虽然多边安排对维护北极规则和保持北极地区自由开放等方面非常重要，但特朗普政府不允许诸如北极理事会这种论坛支配规则，并影响到美国的主权。① 一直负责美国海洋与极地问题的美国副国务卿、北极事务特别代表大卫·伯顿（David Balton）大使于2017年12月宣布从国务院退休并加入美国著名智库威尔逊中心，担任该中心极地倡议项目的全球研究员。在伯顿卸任后，美国暂时还没有委派其他副国务卿履行其类似职责。目前在北极理事会层面，美国是否会大幅度转变相应工作方针及政策还有待观察。

---

① High North News, "Trump's National Security Strategy mentions the Arctic, but not climate change," http://www.highnorthnews.com/trumps-national-security-strategy-mentions-the-arctic-but-not-climate-change/.

虽然在北极能源开发方面，特朗普政府采取了不同于以往的较为激进的政策，但在北极的技术装备方面，尤其是被各界颇为诟病的破冰船数量方面，依然进展缓慢。目前美国只有一艘重型破冰船，即已经使用了40年之久的"极地之星"号。目前北极破冰船的建造工作主要由美国海岸警卫队负责，美国海岸警卫队司令于2017年3月宣布已经开始设计和购买三艘重型、三艘中型极地破冰船，以适应快速变化的北极环境；并且海岸警卫队保留了在破冰船上增加进攻性武器的权力。美国海岸警卫队计划加速重型破冰船的建造和交付，争取到2023年交付第一艘重型破冰船，并已经和海军一起建立了综合方案办公室，以加强与海军的合作。时任美国海岸警卫队司令保罗·F.楚孔夫特（Paul F. Zukunft）在美国众议院国土安全小组委员会的听证会上表示，海岸警卫队需要保持灵活性，并在需要的时候随时改变计划，以应对北极快速变化的局势和维护美国在北极的主权海域。破冰船的设计会为未来提升船的能力留下必要的空间，包括进攻性武器的布置空间等，这样如果将来北极地区紧张局势加剧，美国海军可以将保卫任务直接转交给海岸警卫队。[①]

美国海岸警卫队在近年来的美国北极行动中表现颇为突出，不仅主导并持续提议加速破冰船建设，而且在北极搜救安全响应方面、北极海域的环境保护方面、国际合作与区域治理方面都颇为积极。美国海岸警卫队与加拿大海岸警卫队共同签署了《联合海洋污染应急计划（2017年更新）》，以规划、准备和应对在美国和加拿大海域疆界毗连水域附近有害物质所造成的污染。自美国国土安全部于2015年发布声明，正式成立北极海岸警卫队论坛（ACGF）后，美国海岸警卫队一直在北极海岸警卫队论坛中扮演重要角色。北极海岸警卫队论坛的八个成员国代表于2017年3月发表了联合声明，呼吁在北极地区开展紧急海事反应和联合行动。在此次签字仪式上，美国海岸警卫队司令向芬兰边防卫队移交了本届论坛的主席职务。这份联合声明将为在北极水域进行紧急海事反应和联合行动提供相应的原则、战术、程序、和

---

① Megan Eckstein, "Zukunft: Changing Arctic Could Lead to Armed U. S. Icebreakers in Future Fleet," https: //news. usni. org/2017/05/18/zukunft - changing - arctic - environment - could - lead - to - more - armed - icebreakers - in - future - fleet.

信息共享标准。自成立以来的两年国际合作中,北极海岸警卫队论坛属下的工作组已经成功制定了旨在实现该区域共同事务目标的战略、目标和战术,并将在未来继续执行新的联合作战的自愿指导方针,加强多边合作。美国海岸警卫队还参与到了极地规则的监督和实施过程中。2017年9月,美国海岸警卫队发布规定,将极地船舶证书添加到了证书列表中,要求美国和外国船只若在北极水域进行国际航行,需要携带这些证书。该规定还允许美国海岸警卫队授权给相关船级社代表海岸警卫队颁发极地船舶证书。

### (二)加拿大

2017年,加拿大在国家政策、北极海域治理、原住民保护等方面均有所突出表现。加拿大政府在2017年6月发布了一项新的题为《强大的安全与参与》(Strong Secure and engaged)的国防政策报告。① 这份文件提到北极多达70余次,强调了对北极地区的监视和数据收集的重要性。相关内容包括,加拿大将对其北极水域的36000个岛屿的空中交通情况进行严密监控,并在未来20年内投资88亿美元开发用于适合北极环境的军用车辆,并辅之以无人机、潜艇、卫星等进行全面的信息收集,以更彻底地对北极区域有更深入的了解。报告将俄罗斯视为北极区域内的安全威胁,指出俄罗斯具备从其北极领土向北大西洋投射军力的能力,以及挑战北约集体防御的潜力。随后,在2017年底,加拿大原住民与北方事务部制定了《加拿大北极政策框架:讨论指南》(Canada's Arctic Policy Framework:Discussion guide)② 草案,并于2018年开始征求各方意见,希望听取并协调加拿大联邦政府和地方政府、原住民团体、工业和私营组织等各利益攸关方的利益,为从现在起到2030年期间的北极工作重点提供整体思路,并为面临的挑战和问题提供可能的解决办法。指南草案包括六大议题,涉及加强北极基础设施建设、

---

① National Defence, "Strong, Secure, Engaged: Canada's Defence Policy," http://dgpaapp.forces.gc.ca/en/canada-defence-policy/docs/canada-defence-policy-report.pdf.

② Indigenous and Northern Affairs Canada, "Canada's Arctic Policy Framework: Discussion guide," http://www.aadnc-aandc.gc.ca/eng/1503687877293/1503687975269.

实现强有力的北极人民和社区建设、发展强大可持续且多样化的北极经济体、促进北极科学知识和原住民知识、保护北极环境和生物多样性、全球范围内的北极等多方面的问题。每一方面均包含议题背景、应予以改善的建议内容、需要讨论的问题这三大版块。

在海洋环境保护方面，加拿大交通运输部于2017年7月1日发布了新的《北极航运安全和污染预防条例》（Arctic Shipping Safety and Pollution Prevention regulations），并于2017年12月16日生效。[①] 加拿大运输部根据2001年《加拿大航运法》的授权颁布了该条例，并作为《北极水域污染预防法》的附件形式予以发布。新条例要求运输船只必须持有北极防污染证书，在指定区域作业时，油轮和其他运输船只上必须有合格的"冰上导航员"。这项条例的出台是以《极地水域航行规则》于2017年正式生效为背景的，加拿大将该条例编纂入国内立法体系中，以适应《极地水域航行规则》的要求。如《极地规则》一样，这项新条例也包括了船舶设计和设备规格、船舶操作、船员培训等有关安全和污染防治的措施。但遗憾的是，关于污水和灰水、入侵物种管理、重燃料油、栖息地保护等问题都没有在本条例中得到解决。有环保组织认为，关于物种的生境保护是目前条例中最紧迫的缺失部分。例如，北极水域的船舶运营商没有关于如何减轻对特定水域影响的信息和资料。因此，环保组织希望与加拿大北方地区的原住民组织密切合作，帮助创建和积累足够的信息，以减轻北极航运对生态环境的影响。另外，水下噪声问题也未在条例中被提及。事实上，水下噪声对北极海域的生态系统影响很大，生物物种使用水下声音来了解它们的栖息地，但船舶运输的噪声会产生巨大的破坏性，并降低物种使用声音来判断栖息地情况的能力。[②] 加拿大联邦政府未来几年所面临的另一个问题是，如何响应目前越来

---

① Justice Laws Website, "Arctic Shipping Safety and Pollution Prevention Regulations," http://laws-lois.justice.gc.ca/eng/regulations/SOR-2017-286/FullText.html.

② Eye on the Arctic, "Environmental group praises Canada's new Arctic shipping rules," http://www.rcinet.ca/eye-on-the-arctic/2018/01/15/environmental-group-praises-canadas-new-arctic-shipping-rules.

越高的要求"禁止在北极地区使用重燃料油"的国际呼吁。根据国际清洁交通委员会（ICCT）的报告，[①] 2015年北极地区消耗量最大的船用燃料就是重燃料油，这是一种可产生大量烟灰、颗粒物质和黑炭的黏稠燃料。加拿大的北极社区中大部分居民只能在相对较短的夏季无冰航行时节，通过航空或海运方式来与外界沟通，这些居民的生活极其依赖于海运所能提供的物资和原料。大部分参与北极社区补给的船公司都在使用重燃料油，因为这是最便宜的燃料。淘汰重燃料油会极大地提高加拿大北极社区本已非常高的生活成本，并造成实现环境保护目标和维持居民生存与基本发展之间的矛盾。这是加拿大北极水域很难在短时间内弃用重燃料油的主要原因。

在海洋渔业资源利用和保护区建设方面，加拿大联邦政府宣布，将根据加拿大《渔业法》建立7个新的海洋避难所，以保护加拿大北极和北大西洋沿岸的重要生物物种栖息地。在努纳武特、纽芬兰沿海地区的避难所将覆盖145598平方公里的海域。[②] 这些区域将完全禁止所有底部拖网、刺网捕鱼活动，为鱼类、珊瑚等海洋生物提供更为安全和长久的栖息地。本质上，这些海洋避难所并不符合海洋保护区的技术标准和要求，但由于加拿大联邦政府认为，建立真正禁止石油天然气开采的海洋保护区的本质目标就是禁止捕鱼业，所以目前的海洋避难所可以达到基本目标，而且根据加拿大的海洋法案，建立真正意义上的海洋保护区需要等待更长的时间，鉴于目前各类海洋生物种群遭受拖网捕捞活动的威胁日益紧迫，目前的安排是效率更高的选择。

在原住民保护方面，加拿大最高法院于2017年取消了努纳武特地区石油勘探项目的监管许可，以保护因纽特人的捕猎权不受侵害。加拿大最高法院指出，加拿大国家能源委员会"存在重大缺陷"，没有充分考虑当地原住

---

① ICCT, "Prevalence of heavy fuel oil and black carbon in Arctic shipping, 2015 to 2025," https：//www.theicct.org/sites/default/files/publications/HFO－Arctic_ICCT_Report_01052017_vF.pdf.

② Levon Sevunts, "Canada sets up 7 new marine refuges off Arctic and Atlantic coasts," http：//www.rcinet.ca/en/2017/12/21/canada－sets－up－7－new－marine－refuges－off－arctic－and－atlantic－coasts/.

民依靠捕食海洋哺乳动物维持生存的基本权利。加拿大联邦政府于2017年专门向努纳武特地区拨款1.58亿美元，用于保护与支持加拿大北部的原住民的语言文化，资金还将用于社区广播电台和当地政府的教育项目等支出，以保护原住民的文化传统。

### （三）俄罗斯

俄罗斯2017来的北极动向主要围绕着资源开发和航道利用而展开。一方面，近年来俄罗斯经济持续不景气，国家财政收入很大程度上依赖于油气开发，至少50%的联邦预算收入都来源于能源出口。之前俄罗斯大部分的油气产出都集中在西西伯利亚的传统地区，但过去十年来油气资源的逐渐耗竭使得资源产出的地理位置逐渐从传统地区转移到西西伯利亚的北部地区，包括亚马尔半岛和北极沿岸海域。另一方面，近年来随着北极冰融加剧，航运量增加，俄罗斯开始重新考虑亚洲地区的潜在投资者和科技、基础设施等方面的合作伙伴，并将亚洲视为重要的能源消费市场。

俄罗斯在2017年持续加强与中国在资源开发方面的合作，俄罗斯天然气巨头Novatek公司将与中石油天然气集团公司和中国国家开发银行合作实施北极LNG的第2个项目（Arctic LNG Ⅱ）。之前中俄两国已经就亚马尔LNG项目开展了合作，中石油天然气集团公司持有亚马尔项目20%的股份，Novatek则从中国国家开发银行获得了120亿美元的贷款。中国丝绸之路基金持有亚马尔项目9.9%的股权。俄方公司认为，中国市场势必成为未来十年最大的天然气市场。目前中俄战略合作协议涉及LNG市场的各个领域，包括液化天然气和天然气基础设施的贸易等。除了中国之外，法国安道尔公司也持有亚马尔项目20%的股份，并正在考虑投资俄罗斯其他的北极资源开发项目。Novatek公司预计将于2019年开工，一旦全面投入使用，Arctic LNG Ⅱ的生产能力将达到1800万吨，而亚马尔LNG则达到1650万吨。俄罗斯最大的石油生产商Rosneft公司在北极东部发现了第一个离岸油田，并计划在未来五年投资4800亿卢布（合84亿美元）来开发俄罗斯的离岸能源产业。预计北极近海地区的石油开采量将占到俄罗斯石油总产量的20%～

30%，在2050年之前将成为世界上最大的离岸采油区。2017年，俄罗斯经济发展部提出了一项法律草案，意图"建立核心发展区，为俄罗斯北极地区的社会经济发展创造条件，来勘探北极矿产资源，从而吸引投资，开发北极航道，使其发挥作用"。其中一项核心规定体现了国家和投资者的共同责任，即国家必须建设基础设施，提供一切必要的红利和优惠政策以及商业活动的特殊模式，而投资者必须向国家赞助的项目投资并完成这些项目。该法律草案还在北极地区设立了一个帮扶基金，向核心发展区的法定投资项目提供经济支持。

俄罗斯在开发北极水域航运的过程中，一直在努力寻求经济效益与航行安全和环境保护之间的平衡。在先前的开发过程中，由于航运量很低，且尚未展开亚马尔等能源开发项目，俄罗斯联邦政府更为重视航行安全和环保问题，并通过强制引航、加强航行管制等措施力求宣示和加强其对北方海航道的主权。为了减少对北极海域的污染，俄罗斯自然资源部计划于2017年开始将北极地区的船舶燃料从柴油转换为天然气。俄罗斯自然资源部长还强调了建设更加环保的"绿色船队"和与北极理事会合作开展此类项目的重要性。在开发北极水域航运的过程中，俄罗斯破冰船队的运营商Rosatomflot公司和俄罗斯交通运输部下属的北方海航线管理局（NSRA）存在的利益冲突和矛盾在近年来日渐突出。前者作为一家国有公司，负责运营俄罗斯本国的核破冰船队，并通过给北方海航道水域上的通行商船提供护航服务获得收益，因此旨在优先考虑商业因素、获取更多利润；后者负责管理航路上日渐繁忙的交通，以促进安全运营为目的，向包括外国商船在内的来往船只发放许可证，因此则希望加强管制，维护俄罗斯北方航路现有的安全和环保标准。2018年3月，在运送亚马尔液化天然气途中，一家运输公司的船只发动机发生故障时仍然被破冰船引导进入了北方海航道，被拘留在萨贝塔（Sabetta）港一个多星期，导致两家机构之间的矛盾冲突迅速升级。NSRA指责船长在进入航道之前就已明知故障产生，该故障使船舶的破冰能力从Arc7降至Arc4，违背了允许进入航道的规定，但仍向NSRA官员和萨贝塔港务局隐瞒了其缺陷，严重违反了NSRA的相关规定，并对航行安全和海洋环境的保护构成了威胁。港务局官员抵达后还发现了船只的其他一系列违规行为，包括船上没有配备准确的冰情图、船长和船员缺乏必要的冰上导航培训等。NSRA 在斗争中以失败而告终，克里姆林宫进行了直接干预，要求 NSRA 释放扣押的破冰船队，普京指责 NSRA 的行动是"制约发展的虚构借口"。克里姆林宫在此次事件中的干预发出了一个明确的信号，即任何影响和延迟亚马尔开发和运输液化天然气的行为是不能被容忍的。事后，Rosatomflot 也表示，NSRA 对船只冰级的要求过于严格，应该从 Arc7 修改为 Arc4 或 Arc5。目前 Rosatomflot 已经不得不停止 Arc4 和 Arc5 级别船只的保驾护航，并指责 NSRA 的做法会导致即使在普通冰情状况下，严苛的规定也会损害到包括亚马尔液化天然气项目在内的商业项目运行。[①] 由于预计亚马尔液化天然气在 2021 年将达到 1650 万吨的产能，北方海航道每年将有数百次的运输船航行，加之普京总统目前对北方海航道利用的经济优先导向政策的影响，所以未来 NSRA 将在航行管制上被迫松动，让位于对商业因素和经济效益的更多考虑。

另外，2017 年 7 月，俄罗斯正式驳回了海牙常设仲裁庭就"北极日出号"案件的裁决。俄罗斯表示，仲裁庭要求俄罗斯必须就其 2013 年没收绿色和平组织的"北极日出号"船只而向荷兰支付 540 万欧元（合 625 万美元）的判决是不可被接受的。俄罗斯自始至终没有参加该仲裁过程，仲裁庭在本案中没有管辖权。[②]

### （四）挪威

挪威政府于 2017 年 4 月发布了新的北极战略白皮书，[③] 全文依次分为

---

[①] High North News, "Kremlin prioritizes commercial considerations in Arctic safety dispute," http：//www.highnorthnews.com/kremlin‐prioritizes‐commercial‐considerations‐in‐arctic‐safety‐dispute/.

[②] Thomas Nilsen, "Russia ordered to pay €5.4 million for seizing Arctic Sunrise," https：//thebarentsobserver.com/en/ecology/2017/07/russia‐ordered‐pay‐eu54‐million‐seizing‐arctic‐sunrise‐today‐greenpeace‐sails‐vessel.

[③] Ministry of Foreign Affairs, "Arctic Strategy," https：//www.regjeringen.no/en/dokumenter/arctic‐strategy/id2550081/.

国际合作，商业开发，知识领导力，基础设施建设——优先发展和绿色转型，环境保护、安全、应急准备与响应五大部分。在白皮书中，挪威强调其2014年发布的挪威北极政策报告中所确认的五个优先发展领域并没有改变，分别为国际合作、经济发展、知识发展、基础设施以及环境保护和应急准备。在2017年发布的北极战略白皮书中，挪威为每一领域设置了新的目标。与俄罗斯、加拿大和美国不同的是，挪威一直强调在北极地区的国际合作，并一以贯之地反映在其两份先后发布的国家北极政策内容的首位。挪威政府强调要确保北极仍然是一个和平、稳定和可预测的地区，国际合作和尊重国际法原则是该地区的准则。挪威将积极参与到气候变化、环境保护、资源管理、健康和海上安全有关的跨境挑战的国际合作中，并通过国际合作来加强北极地区的可持续发展和增长。在商业开发方面，挪威的目标是确保北极地区的经济、社会稳定和可持续发展，增加挪威北部地区公司对该地区资源创造的价值，通过在挪威北部地区具有特别优势的领域促进学术界和商界之间的合作，创造价值，支持实现该地区的商业政策目标。在知识发展方面，挪威首次提出要发挥挪威在北极的知识"领导力"，并与商界的需要相适应。挪威政府要确保挪威在有关北极的知识方面处于领先地位，加强对专业知识的获取，以提高北方商业部门的创新能力和创造能力，提高北极地区小学到大学的教育质量，并提高完成率。挪威致力于将其北方重镇特罗姆瑟建设成为北极和海洋专业知识的中心，并在2017年完成新的科考船"Kronprins Haakon 号"的建设。在基础设施方面，挪威政府要确保在北极地区拥有有效的、连接良好的基础设施，促进北极地区向可持续发展和绿色经济过渡，并发展具有创新性、适应性强的商业部门。建立可靠、高效、环保的运输系统，确保运输系统能够满足商业部门的国际运输需求。确保建立安全、高效的电源供应和广泛使用的良好的数字基础设施。进一步减少温室气体排放和局部污染，限制基础设施建设对环境的负面影响。在环境保护、安全、应急准备与响应方面，挪威政府致力于保护受威胁和有价值的物种和生境，并在生态系统中取得良好的生态地位，确保可持续利用和保护挪威自然环境的整个生境和生态系统，按照国家目标和国际承诺减少温室气体排放和污染，并加强对挪威北极地区的应急准备和反应。由于北极海域航运量的增加，挪威政府承诺提供96万美元用于研究如何在北大西洋开展大规模的协作救援行动；并重点关注船只所在公司以及船员和船长的搜救能力，并通过教育、培训和演习等方式改进当前政府和海运行业的搜救准备工作。

近年来以绿色和平组织为代表的环保非政府组织一直在试图阻挠北极沿岸国家的石油勘探计划，以实现其组织宗旨，但相关激进行动受到了俄罗斯政府的激烈反对和阻挠（"北极日出"号案）。挪威政府在巴伦支海域的石油开发活动同样受到了绿色和平组织抗议的影响，挪威政府采取了和俄罗斯政府同样的立场和态度。2017年8月17日，绿色和平组织的抗议者乘单人皮划艇进入了巴伦支海最北部的探井附近的油田作业禁区，呼吁挪威政府停止钻井行动，但被挪威海岸警卫队及时阻止并逮捕。挪威首都奥斯陆当地法院于2018年1月4日驳回了绿色和平等环保组织对挪威开采北极石油项目的起诉，并判处环保组织支付约7.1万美元的法律费用。环保组织声称挪威的北海石油开采计划侵犯了挪威人民所享有的健康生活和美好环境的宪法权利。而奥斯陆当地法院则在判决中指出，政府在为巴伦支海颁发新的石油勘探许可证时，是依法行事的。绿色和平组织随后直接向挪威最高法院提起了上诉，希望借此绕过上诉法院。①

### （五）丹麦和芬兰

格陵兰岛和法罗群岛使丹麦成为北极沿岸国家，但格陵兰一直没有彻底放弃独立。2017年4月，格陵兰成立了由各党派代表组成的宪法委员会，负责将在未来三年内制定两部宪法：一部将在格陵兰退出丹麦王国前生效，另一部将在格陵兰获得独立后适用。2017年6月，丹麦政府公布了未来两年的外交和安全政策战略。其中，北极安全问题是该战略所确定的五个优先事项中的一个，另外的事项则包括移民、局势不稳和恐怖主义，丹麦及其周

---

① Alister Doyle, "Greenpeace appeals after losing Norwegian Arctic drilling lawsuit," https://www.reuters.com/article/us-climatechange-norway/greenpeace-appeals-after-losing-norwegian-arctic-drilling-lawsuit-idUSKBN1FP15B.

边地区的安全,英国退出欧盟的影响和欧盟的未来,把握与全球化有关的机会。该战略还特别提及要增强驻莫斯科大使馆的谈判能力,以确保丹麦在与俄罗斯打交道时,特别是在维护北极地区安全、避免发生冲突等事宜上竭力维护丹麦的利益。

芬兰于2017年担任北极理事会主席后,强调在北极合作中对有关气候变化的《巴黎协定》的执行和联合国可持续发展目标在北极合作中的落实,并继续加强北极的多边合作,参与欧盟北极政策的制定,以强化芬兰为北极问题专家的形象。目前导致北极地区加速变暖的黑炭排放主要来自使用木材和煤炭的车辆和公司,以及森林火灾、发电站和油田的天然气照明弹。芬兰作为北极理事会中黑炭和甲烷专家组的主席,希望在其任职期间加强减缓气候变化方面的具体行动,包括促进建立黑炭排放造成环境影响的数据库等。芬兰交通和通信部及地理空间研究所在2017年10月启动了北极地区的卫星定位与导航系统,其目标是"确定北极地区的导航和基于地理空间信息的应用程序所面临的重大挑战",并制订相关行动计划以提出"泛北极解决方案"。

## (六)其他非北极国家

英国再次强调了其"近北极国家"的身份。苏格兰地区外交大臣在2017年的北极圈大会上表示:"(英国)苏格兰是距北极国家最近的邻国,从使用可再生能源和应对气候变化的目标到社会政策实施和增进交流,我们有许多共同的利益和挑战……全球对北极问题的关注日益增强,我们的新战略将强调苏格兰对北极地区繁荣的促进和今后面对的激动人心的机遇中的获益。"

2017年9月,韩国总统文在寅在俄罗斯符拉迪沃斯托克举行的第三届东方经济论坛上提议扩大韩俄两国在能源、基础设施和农业等领域的广泛经济合作。他还提议建立东北亚超级电网,以加强整个地区的能源合作,这将有利于满足日益增长的电力需求,并为设想中的经济共同体和多边安全体系奠定基础。韩国班轮Hyundai Glovis号在历时35天的航行后,于2017年10

月21日抵达韩国光阳港码头，完成了韩国经北冰洋亚欧航线的首次航行。这艘船从俄罗斯的乌斯季卢加港（Ust Luga）运送了44000吨石脑油（naphtha，一种易燃石油）。

欧盟成为北极理事会永久观察员的申请目前仍在审议之中。2014年北极理事会的报告中建议，在欧盟与加拿大关于欧盟的海豹产品禁令争端解决之前，北极理事会将搁置该提议。虽然在2014年10月，欧盟和加拿大达成了一项关于海豹产品的协议，但前加拿大北极理事会轮值主席认为这两个问题并不相关。2015年5月，北极理事会再次推迟了欧盟就观察员地位的申请。2017年3月16日，欧盟议会（the European Parliament）发布了一项关于欧盟北极一体化政策的决议。该决议再次呼吁欧盟及其成员国积极维护航行自由和无害通过的原则。它呼吁欧洲委员会支持禁止在有生态或生物意义的海洋区域和北冰洋公海使用底拖网的倡议，并重申其在2014年提出的禁止北极地区的船只运载或使用重质燃料油的呼吁。欧洲议会还鼓励会员国禁止在北极海域开采和使用化石燃料，但遭到了挪威政府的坚决反对。

日本外务省北极事务大使白石嘉寿子（Kazuko Shiraishi）出席了2017年挪威北极前沿大会，并接受了《外交官杂志》的采访，其中有关观察员国的描述和日本北极政策的关注点值得注意。日本当前已经参与到俄罗斯亚马尔液化天然气项目中，包括项目的资金投资、设计、采购和施工等各领域，并有日本公司签署了将天然气运输到亚洲和欧洲的运输合同。由于日本90%的能源资源都依赖于进口，在能源来源和能源类型上，日本采取了多元化战略，包括进口美国的页岩气、沙特及中东地区的石油以及俄罗斯境内的能源等，日本对格陵兰的能源也表示了兴趣。日本北极事务大使表述了有关希望观改革察员制度的意见。2015年美国任取北极理事会轮值主席期间在加拿大召开的一次会议上，美国组织召开了一次特殊会议，使得观察员国有机会就其关心的北极问题表述各自的观点，日本认为这为观察员国提供了一个很好的表述北极问题看法的机会。同时日本强调并不是想建立一种机制，但希望有类似的平台和机会方便观察员国与永久成员国直接互动和沟通，能够及时表达观点，并参与制定具有约束力的协议。日本也表达了希望参与到北极科研合作协定的实施过程中，并认为北极科研是日本的政策优势和参与资产。日本历来是政府间国际组织中最大的资助者之一，对资助北极理事会很有兴趣。

## 二 有关国际组织的北极动态

### （一）北极理事会

在2017年5月11号举行的第10届北极理事会部长级会议上，各国签订并发布了《费尔班克斯宣言》。宣言包括三个主要方面：北冰洋的安全及其职责、提高经济及生活条件以及处理全球气候变化的影响。在芬兰接任本轮北极理事会轮值主席之后，发布了其在2017—2019年任期内的国家首要任务纲要。就环境保护而言，芬兰希望北极理事会能够长久地支持生物多样性的保护和污染的防治工作，以及对气候变化的减缓和适应。芬兰将会积极尝试使用新兴技术以促进可持续发展。为了提高在北极行动的连贯性，芬兰将会持续加大对卫星通信、移动通信网络、海底电缆等通信设备及技术的投入。随着国际航行和空中交通的日益频繁和北极气候科学的进步，芬兰将与气象学家的合作视为增强公共安全的关键，并将同北极理事会中的观察员——世界气象学组织一同工作以加深气象学与海洋学的合作。芬兰还将在与北极大学的合作中推动北极理事会向北极教育数字化、专家的网络化教育方向发展。

在2017年5月的费尔班克斯会议中，北极理事会迎来了新的观察员国——瑞士。瑞士的独特地理条件，包括冰川和覆盖冰雪的山峰，使瑞士的科学家积累了在与北极自然状况极相似的环境中的工作经验。除瑞士之外，世界气象学组织、海洋探测国际理事会、国际地理学会等非政府组织也成为本轮会议上的新观察员。

北极海洋环境保护（PAME）工作组发表了一份关于"北极海洋战略计划"执行情况的报告，该计划于2015—2025年实施。报告概述了2015—

2017年完成的四个主要工作目标，包括：（1）增进对北极海洋环境的了解，并继续监测和评估目前及未来对北极海洋生态系统的影响；（2）养护和保存生态系统功能和海洋生物多样性，加强复原力和增加生态系统服务的供给；（3）促进海洋环境的安全和可持续利用，并考虑累积的环境影响；（4）提高包括北极原住民在内的北极居民的经济、社会和文化福祉，并加强他们适应北极海洋环境变化的能力。

## （二）国际海事组织

国际海事组织成员大会于2017年11月27日至12月6日在伦敦海事组织总部举行了第三十届会议。此次大会是历史上规模最大的一次会议，有1400人参加。大会通过了2018—2023年战略计划，包括订正任务说明、远景说明和新确定的本组织战略方向等。新确定的战略方向包括改进法规的执行、推进新技术、应对气候变化、参与海洋治理、推动全球化、提高国际贸易安全性，并确保监管和组织的高效等内容。

国际海事组织海洋环境保护委员会于2017年7月举行的第七十一届会议上明确了压载水的管理时间表，通过了新的氮氧化物排放控制区，指定了一个新的特别敏感海域，并同意致力于实施0.50%的全球硫限制。目前旨在阻止船舶压载水中物种入侵的压载水公约已于2017年9月8日生效，并获得了67个国家批准，这些国家的商船占世界商船总吨位的74.91%。公约要求所有在2017年9月8日后建造的新船舶必须严格遵守公约中的D2排放标准，安装符合要求的压载水管理系统。直至2024年9月8日，现有船只一般可选择符合D2标准，或通过在海上交换压载水而达到D1标准。压载水公约的适用范围包括北极水域。

白令海东部水域有极大的生物生产力，水深很浅，平均深度为6~75米。同时这一区域也是阿拉斯加地区原住民重要的文化、历史和生存狩猎场所。随着白令海域交通量的增加，2017年，美国和俄罗斯建议在白令海和白令海峡建立6个双向路线和6个警戒区，以保护这一地区的海洋生态系统。2018年5月，国际海事组织正式接受并通过了俄美联合提议的路线。

这些航线将相互平行，允许船只根据天气和冰层状况以及目的地的不同等因素，选择最佳路线。美俄两国在白令海峡地区的合作将有助于白令海峡地区的航运安全，确保船舶有足够的吃水深度，以避免航行过于靠近生态敏感的水下生物栖息地。相关措施的建立将使船只保持安全的航向，降低搁浅、碰撞或直接干扰阿拉斯加原住民生存狩猎的风险。

# 附 录
## Appendix

# B.16
# 北极地区发展大事记（2017）

**2017年3月** 北极理事会一年两度的北极高官会议在阿拉斯加州首府朱诺市召开，北极国家高级外交官员出席会议，会议讨论5月8日在费尔班克斯召开的两年一度的理事会会议所做准备的最终细节，内容包括科学合作、通信、健康和环境问题。

**2017年3月** 中国国务院副总理汪洋率领中国代表团参加北极论坛。汪洋副总理的到访说明中国政府对中俄两国之间的合作发展高度重视。

**2017年3月** 北冰洋核心区公海渔业会议在冰岛雷克雅未克（Reykjavik）召开，来自加拿大、中国、丹麦、欧盟、冰岛、日本、韩国、挪威、俄罗斯和美国的代表团齐聚一堂，继续就防止北冰洋核心公海区不受管制的捕鱼活动以及其他相关科学问题进行讨论。

**2017年3月** 美国海岸警卫队新闻处在北极八国军事长官会议时对外宣布，北极国家计划最迟将在2017年组织联合军事演习。

**2017年5月** 特朗普签署了一项行政命令，旨在扩大在北极和大西洋

的石油钻探。

**2017年5月** 俄罗斯卫国战争胜利72周年纪念日，首次展示了用于北极地区作战行动的"道尔–M2DT"和"铠甲–SA"防空系统等军事装备。这次阅兵充分展示了俄罗斯捍卫北极利益的坚定决心。

**2017年5月** 第十届北极理事会部长级会议在美国阿拉斯加州费尔班克斯召开，会上北极八国外交部部长还签署了在北极理事会主持谈判下的第三个约束性协议，即《加强北极国际科学合作协议》，该协议将有助于促进人员、设备和材料进入北极科学研究区，有利于传统、地方知识和教育事业的发展，并为青年科学家及学生提供培训机会。

**2017年5月** 第五届中国–北欧北极合作研讨会在大连召开。本次会议的召开，是中国–北欧北极研究中心为发挥合作平台作用而组织的年度盛会。与会专家围绕欧亚互联互通、北极航运、跨北极互动与域内外国家北极政策的兼容性、北极地缘政治发展、北极可持续发展、探索北冰洋治理的发展路径6个议题进行了深入探讨和交流。

**2017年6月** 美国总统特朗普宣布，美国将退出应对全球气候变化的《巴黎协定》，特朗普政府在气候问题上的立场遭到国际社会广泛批评。

**2017年6月** 第二轮中日韩北极事务高级别对话在日本东京举行。中国、日本、韩国发表联合声明，强调北极变化带来的影响是全球性的，国际社会同时面临挑战和机遇，中日韩三国有必要继续加强在北极理事会等国际机制下的合作。

**2017年7月** 中国国家主席习近平同俄罗斯总统普京举行会谈。双方高度评价2017年5月在北京举办的"一带一路"国际合作高峰论坛，同意推动"一带一路"建设同欧亚经济联盟对接，促进贸易发展，扩大相互投资，推进大项目落实，积极构建能源战略伙伴关系，促进在可再生能源、煤炭、水电开发等领域的合作，推动交通和基础设施项目建设，深化科技、创新、航天、网络安全、工业制造、通信、农业、金融、环境保护、北极事务等领域的合作，并推进安全领域合作。

**2017年7月** 由韩国海洋水产部主办，韩国海洋水产开发院、韩国极地研究所和北极大学共同承办的北极特别教育项目韩国第三届北极学会拉开帷幕，本次北极学会对美国、芬兰、挪威等主要国家的北极政策进行讲解，世界各地的北极专家进行各种主题的特别演讲，例如北极的科研、造船海运、北极的居民、北极教育等。

**2017年7月** 中国开展第8次北极科学考察，"雪龙"号首次环北冰洋航行，并首次试航西北航道。此次考察以"雪龙"号极地科学考察船为平台，开展北极航道综合调查、海洋生物多样性、海洋水文、海洋化学、海洋地质、海洋微塑料和海洋垃圾污染物调查等考察工作。在白令海、楚科奇海、北欧海、西北航道和北极高纬度海区等重点海域，开展业务化调查。

**2017年8月** 俄罗斯成立了北方、西伯利亚和远东地区原住民援助慈善基金会。俄罗斯原住民协会是该基金会的创始者，目的是使原住民能获得法律援助，吸引高水平专业人才，实施保护和发展原住民传统生活方式、语言和文化的大规模项目。

**2017年8月** 俄罗斯联邦安全委员会主持的由北极理事会成员国、观察员国及国外科学界代表参加的第七届国际会议在亚马尔-涅涅茨自治区的萨别塔镇举行。该国际会议每年举行一次。本次会议讨论在实施北极能源基础设施项目情况下与安全相关的问题、在北极地区保证安全的物流运输任务等。会议日程中还包括保护北极生态方面的国际合作、北极社会规划和地区发展实施等议题。

**2017年9月** 俄罗斯代表团向新的联合国大陆架界限委员会（CLCS）提出扩大北极大陆架的申请。

**2017年10月** 连接俄罗斯与挪威的北极公路正式开通，挪威和俄罗斯在这一个项目上的总投资已经超过1.6亿美元，这条国际公路在区域贸易中起着至关重要的作用。

**2017年10月** 一年一度的北极圈论坛大会（Arctic Circle Assembly）在冰岛首都雷克雅未克哈帕会议中心开幕，会议讨论气候变化、能源和北极安全等问题。

**2017年10月** 北极理事会高官会议在芬兰北部城市奥卢（Oulu）闭

幕，这是芬兰担任北极理事会轮值主席国以来召开的第一次北极高官会议，会议聚焦环境和教育两大议题。北极国家的代表们围绕污染治理和改善北极地区的教育水平展开了激烈讨论，这两大具有"前瞻性"的议题在经过为期两天的讨论后落下帷幕。

**2017 年 11 月**　圣彼得堡国际经济论坛巡回例会在摩尔曼斯克国际商业周框架内举行，本次会议将讨论俄罗斯北极地区发展问题。

**2017 年 11 月**　第一届北极国际医学论坛在俄罗斯萨列哈尔德开幕。本次论坛有助于北极地区的保健、医学和教育全面发展，促进在北极地区进行实践工作的医学工作者的职业提升，使北极地区医疗社会性统一起来。

**2017 年 11 月**　美国、俄罗斯、加拿大、丹麦、挪威、冰岛、中国、日本和韩国 9 个国家以及欧盟达成协议——至少在未来 16 年内，北极中部公海（CAO）禁止向商业渔船开放。这项协议确保科学家能抢在渔业泛滥之前，有足够的时间去了解该地区的海洋生态以及气候变化带来的潜在影响。

**2017 年 12 月**　俄罗斯国防部完成了北极军事基础设施建设工作。据此前报道，俄罗斯军队计划 2018 年部署新的短程防空导弹综合系统来加强北极的对空防御。

## 皮书起源

"皮书"起源于十七、十八世纪的英国,主要指官方或社会组织正式发表的重要文件或报告,多以"白皮书"命名。在中国,"皮书"这一概念被社会广泛接受,并被成功运作、发展成为一种全新的出版形态,则源于中国社会科学院社会科学文献出版社。

## 皮书定义

皮书是对中国与世界发展状况和热点问题进行年度监测,以专业的角度、专家的视野和实证研究方法,针对某一领域或区域现状与发展态势展开分析和预测,具备原创性、实证性、专业性、连续性、前沿性、时效性等特点的公开出版物,由一系列权威研究报告组成。

## 皮书作者

皮书系列的作者以中国社会科学院、著名高校、地方社会科学院的研究人员为主,多为国内一流研究机构的权威专家学者,他们的看法和观点代表了学界对中国与世界的现实和未来最高水平的解读与分析。

## 皮书荣誉

皮书系列已成为社会科学文献出版社的著名图书品牌和中国社会科学院的知名学术品牌。2016年,皮书系列正式列入"十三五"国家重点出版规划项目;2013~2018年,重点皮书列入中国社会科学院承担的国家哲学社会科学创新工程项目;2018年,59种院外皮书使用"中国社会科学院创新工程学术出版项目"标识。

# 中国皮书网

（网址：www.pishu.cn）

发布皮书研创资讯，传播皮书精彩内容
引领皮书出版潮流，打造皮书服务平台

## 栏目设置

关于皮书：何谓皮书、皮书分类、皮书大事记、皮书荣誉、
皮书出版第一人、皮书编辑部

最新资讯：通知公告、新闻动态、媒体聚焦、网站专题、视频直播、下载专区

皮书研创：皮书规范、皮书选题、皮书出版、皮书研究、研创团队

皮书评奖评价：指标体系、皮书评价、皮书评奖

互动专区：皮书说、社科数托邦、皮书微博、留言板

## 所获荣誉

2008年、2011年，中国皮书网均在全国新闻出版业网站荣誉评选中获得"最具商业价值网站"称号；

2012年，获得"出版业网站百强"称号。

## 网库合一

2014年，中国皮书网与皮书数据库端口合一，实现资源共享。

**权威报告·一手数据·特色资源**

# 皮书数据库
## ANNUAL REPORT(YEARBOOK) DATABASE

## 当代中国经济与社会发展高端智库平台

### 所获荣誉

- 2016年,入选"'十三五'国家重点电子出版物出版规划骨干工程"
- 2015年,荣获"搜索中国正能量 点赞2015""创新中国科技创新奖"
- 2013年,荣获"中国出版政府奖·网络出版物奖"提名奖
- 连续多年荣获中国数字出版博览会"数字出版·优秀品牌"奖

### 成为会员

通过网址www.pishu.com.cn访问皮书数据库网站或下载皮书数据库APP,进行手机号码验证或邮箱验证即可成为皮书数据库会员。

### 会员福利

- 使用手机号码首次注册的会员,账号自动充值100元体验金,可直接购买和查看数据库内容(仅限PC端)。
- 已注册用户购书后可免费获赠100元皮书数据库充值卡。刮开充值卡涂层获取充值密码,登录并进入"会员中心"—"在线充值"—"充值卡充值",充值成功后即可购买和查看数据库内容(仅限PC端)。
- 会员福利最终解释权归社会科学文献出版社所有。

数据库服务热线:400-008-6695
数据库服务QQ:2475522410
数据库服务邮箱:database@ssap.cn
图书销售热线:010-59367070/7028
图书服务QQ:1265056568
图书服务邮箱:duzhe@ssap.cn

社会科学文献出版社 皮书系列
SOCIAL SCIENCES ACADEMIC PRESS (CHINA)
卡号:769573385143
密码:

# S 基本子库
# SUB DATABASE

### 中国社会发展数据库（下设12个子库）

全面整合国内外中国社会发展研究成果，汇聚独家统计数据、深度分析报告，涉及社会、人口、政治、教育、法律等12个领域，为了解中国社会发展动态、跟踪社会核心热点、分析社会发展趋势提供一站式资源搜索和数据分析与挖掘服务。

### 中国经济发展数据库（下设12个子库）

基于"皮书系列"中涉及中国经济发展的研究资料构建，内容涵盖宏观经济、农业经济、工业经济、产业经济等12个重点经济领域，为实时掌控经济运行态势、把握经济发展规律、洞察经济形势、进行经济决策提供参考和依据。

### 中国行业发展数据库（下设17个子库）

以中国国民经济行业分类为依据，覆盖金融业、旅游、医疗卫生、交通运输、能源矿产等100多个行业，跟踪分析国民经济相关行业市场运行状况和政策导向，汇集行业发展前沿资讯，为投资、从业及各种经济决策提供理论基础和实践指导。

### 中国区域发展数据库（下设6个子库）

对中国特定区域内的经济、社会、文化等领域现状与发展情况进行深度分析和预测，研究层级至县及县以下行政区，涉及地区、区域经济体、城市、农村等不同维度。为地方经济社会宏观态势研究、发展经验研究、案例分析提供数据服务。

### 中国文化传媒数据库（下设18个子库）

汇聚文化传媒领域专家观点、热点资讯，梳理国内外中国文化发展相关学术研究成果、一手统计数据，涵盖文化产业、新闻传播、电影娱乐、文学艺术、群众文化等18个重点研究领域。为文化传媒研究提供相关数据、研究报告和综合分析服务。

### 世界经济与国际关系数据库（下设6个子库）

立足"皮书系列"世界经济、国际关系相关学术资源，整合世界经济、国际政治、世界文化与科技、全球性问题、国际组织与国际法、区域研究6大领域研究成果，为世界经济与国际关系研究提供全方位数据分析，为决策和形势研判提供参考。

# 法律声明

"皮书系列"(含蓝皮书、绿皮书、黄皮书)之品牌由社会科学文献出版社最早使用并持续至今,现已被中国图书市场所熟知。"皮书系列"的相关商标已在中华人民共和国国家工商行政管理总局商标局注册,如LOGO( )、皮书、Pishu、经济蓝皮书、社会蓝皮书等。"皮书系列"图书的注册商标专用权及封面设计、版式设计的著作权均为社会科学文献出版社所有。未经社会科学文献出版社书面授权许可,任何使用与"皮书系列"图书注册商标、封面设计、版式设计相同或者近似的文字、图形或其组合的行为均系侵权行为。

经作者授权,本书的专有出版权及信息网络传播权等为社会科学文献出版社享有。未经社会科学文献出版社书面授权许可,任何就本书内容的复制、发行或以数字形式进行网络传播的行为均系侵权行为。

社会科学文献出版社将通过法律途径追究上述侵权行为的法律责任,维护自身合法权益。

欢迎社会各界人士对侵犯社会科学文献出版社上述权利的侵权行为进行举报。电话:010-59367121,电子邮箱:fawubu@ssap.cn。

社会科学文献出版社

# 皮书系列

## 2018年

**智库成果出版与传播平台**

社会科学文献出版社
SOCIAL SCIENCES ACADEMIC PRESS (CHINA)

# 社长致辞

蓦然回首，皮书的专业化历程已经走过了二十年。20年来从一个出版社的学术产品名称到媒体热词再到智库成果研创及传播平台，皮书以专业化为主线，进行了系列化、市场化、品牌化、数字化、国际化、平台化的运作，实现了跨越式的发展。特别是在党的十八大以后，以习近平总书记为核心的党中央高度重视新型智库建设，皮书也迎来了长足的发展，总品种达到600余种，经过专业评审机制、淘汰机制遴选，目前，每年稳定出版近400个品种。"皮书"已经成为中国新型智库建设的抓手，成为国际国内社会各界快速、便捷地了解真实中国的最佳窗口。

20年孜孜以求，"皮书"始终将自己的研究视野与经济社会发展中的前沿热点问题紧密相连。600个研究领域，3万多位分布于800余个研究机构的专家学者参与了研创写作。皮书数据库中共收录了15万篇专业报告，50余万张数据图表，合计30亿字，每年报告下载量近80万次。皮书为中国学术与社会发展实践的结合提供了一个激荡智力、传播思想的入口，皮书作者们用学术的话语、客观翔实的数据谱写出了中国故事壮丽的篇章。

20年跬步千里，"皮书"始终将自己的发展与时代赋予的使命与责任紧紧相连。每年百余场新闻发布会，10万余次中外媒体报道，中、英、俄、日、韩等12个语种共同出版。皮书所具有的凝聚力正在形成一种无形的力量，吸引着社会各界关注中国的发展，参与中国的发展，它是我们向世界传递中国声音、总结中国经验、争取中国国际话语权最主要的平台。

皮书这一系列成就的取得，得益于中国改革开放的伟大时代，离不开来自中国社会科学院、新闻出版广电总局、全国哲学社会科学规划办公室等主管部门的大力支持和帮助，也离不开皮书研创者和出版者的共同努力。他们与皮书的故事创造了皮书的历史，他们对皮书的拳拳之心将继续谱写皮书的未来！

现在，"皮书"品牌已经进入了快速成长的青壮年时期。全方位进行规范化管理，树立中国的学术出版标准；不断提升皮书的内容质量和影响力，搭建起中国智库产品和智库建设的交流服务平台和国际传播平台；发布各类皮书指数，并使之成为中国指数，让中国智库的声音响彻世界舞台，为人类的发展做出中国的贡献——这是皮书未来发展的图景。作为"皮书"这个概念的提出者，"皮书"从一般图书到系列图书和品牌图书，最终成为智库研究和社会科学应用对策研究的知识服务和成果推广平台这整个过程的操盘者，我相信，这也是每一位皮书人执着追求的目标。

"当代中国正经历着我国历史上最为广泛而深刻的社会变革，也正在进行着人类历史上最为宏大而独特的实践创新。这种前无古人的伟大实践，必将给理论创造、学术繁荣提供强大动力和广阔空间。"

在这个需要思想而且一定能够产生思想的时代，皮书的研创出版一定能创造出新的更大的辉煌！

社会科学文献出版社社长<br>
中国社会学会秘书长<br>
2017年11月

# 社会科学文献出版社简介

社会科学文献出版社(以下简称"社科文献出版社")成立于1985年,是直属于中国社会科学院的人文社会科学学术出版机构。成立至今,社科文献出版社始终依托中国社会科学院和国内外人文社会科学界丰厚的学术出版和专家学者资源,坚持"创社科经典,出传世文献"的出版理念、"权威、前沿、原创"的产品定位以及学术成果和智库成果出版的专业化、数字化、国际化、市场化的经营道路。

社科文献出版社是中国新闻出版业转型与文化体制改革的先行者。积极探索文化体制改革的先进方向和现代企业经营决策机制,社科文献出版社先后荣获"全国文化体制改革工作先进单位"、中国出版政府奖·先进出版单位奖、中国社会科学院先进集体、全国科普工作先进集体等荣誉称号。多人次荣获"第十届韬奋出版奖""全国新闻出版行业领军人才""数字出版先进人物""北京市新闻出版广电行业领军人才"等称号。

社科文献出版社是中国人文社会科学学术出版的大社名社,也是以皮书为代表的智库成果出版的专业强社。年出版图书2000余种,其中皮书400余种,出版新书字数5.5亿字,承印与发行中国社科院所属期刊72种,先后创立了皮书系列、列国志、中国史话、社科文献学术译库、社科文献学术文库、甲骨文书系等一大批既有学术影响又有市场价值的品牌,确立了在社会学、近代史、苏东问题研究等专业学科及领域出版的领先地位。图书多次荣获中国出版政府奖、"三个一百"原创图书出版工程、"五个'一'工程奖"、"大众喜爱的50种图书"等奖项,在中央国家机关"强素质·做表率"读书活动中,入选图书品种数位居各大出版社之首。

社科文献出版社是中国学术出版规范与标准的倡议者与制定者,代表全国50多家出版社发起实施学术著作出版规范的倡议,承担学术著作规范国家标准的起草工作,率先编撰完成《皮书手册》对皮书品牌进行规范化管理,并在此基础上推出中国版芝加哥手册——《社科文献出版社学术出版手册》。

社科文献出版社是中国数字出版的引领者,拥有皮书数据库、列国志数据库、"一带一路"数据库、减贫数据库、集刊数据库等4大产品线11个数据库产品,机构用户达1300余家,海外用户百余家,荣获"数字出版转型示范单位""新闻出版标准化先进单位""专业数字内容资源知识服务模式试点企业标准化示范单位"等称号。

社科文献出版社是中国学术出版走出去的践行者。社科文献出版社海外图书出版与学术合作业务遍及全球40余个国家和地区,并于2016年成立俄罗斯分社,累计输出图书500余种,涉及近20个语种,累计获得国家社科基金中华学术外译项目资助76种、"丝路书香工程"项目资助60种、中国图书对外推广计划项目资助71种以及经典中国国际出版工程资助28种,被五部委联合认定为"2015-2016年度国家文化出口重点企业"。

如今,社科文献出版社完全靠自身积累拥有固定资产3.6亿元,年收入3亿元,设置了七大出版分社、六大专业部门,成立了皮书研究院和博士后科研工作站,培养了一支近400人的高素质与高效率的编辑、出版、营销和国际推广队伍,为未来成为学术出版的大社、名社、强社,成为文化体制改革与文化企业转型发展的排头兵奠定了坚实的基础。

 宏观经济类

# 宏观经济类

### 经济蓝皮书
**2018年中国经济形势分析与预测**

李平 / 主编　2017年12月出版　定价：89.00元

◆ 本书为总理基金项目，由著名经济学家李扬领衔，联合中国社会科学院等数十家科研机构、国家部委和高等院校的专家共同撰写，系统分析了2017年的中国经济形势并预测2018年中国经济运行情况。

### 城市蓝皮书
**中国城市发展报告No.11**

潘家华　单菁菁 / 主编　2018年9月出版　估价：99.00元

◆ 本书是由中国社会科学院城市发展与环境研究中心编著的，多角度、全方位地立体展示了中国城市的发展状况，并对中国城市的未来发展提出了许多建议。该书有强烈的时代感，对中国城市发展实践有重要的参考价值。

### 人口与劳动绿皮书
**中国人口与劳动问题报告No.19**

张车伟 / 主编　2018年10月出版　估价：99.00元

◆ 本书为中国社会科学院人口与劳动经济研究所主编的年度报告，对当前中国人口与劳动形势做了比较全面和系统的深入讨论，为研究中国人口与劳动问题提供了一个专业性的视角。

宏观经济类 · 区域经济类

### 中国省域竞争力蓝皮书
**中国省域经济综合竞争力发展报告（2017～2018）**

李建平　李闽榕　高燕京 / 主编　2018 年 5 月出版　估价：198.00 元

◆ 本书融多学科的理论为一体，深入追踪研究了省域经济发展与中国国家竞争力的内在关系，为提升中国省域经济综合竞争力提供有价值的决策依据。

### 金融蓝皮书
**中国金融发展报告（2018）**

王国刚 / 主编　2018 年 6 月出版　估价：99.00 元

◆ 本书由中国社会科学院金融研究所组织编写，概括和分析了 2017 年中国金融发展和运行中的各方面情况，研讨和评论了 2017 年发生的主要金融事件，有利于读者了解掌握 2017 年中国的金融状况，把握 2018 年中国金融的走势。

# 区域经济类

### 京津冀蓝皮书
**京津冀发展报告（2018）**

祝合良　叶堂林　张贵祥 / 等著　2018 年 6 月出版　估价：99.00 元

◆ 本书遵循问题导向与目标导向相结合、统计数据分析与大数据分析相结合、纵向分析和长期监测与结构分析和综合监测相结合等原则，对京津冀协同发展新形势与新进展进行测度与评价。

 社会政法类

# 社会政法类

### 社会蓝皮书
#### 2018年中国社会形势分析与预测
李培林　陈光金　张翼 / 主编　2017年12月出版　定价：89.00元

◆ 本书由中国社会科学院社会学研究所组织研究机构专家、高校学者和政府研究人员撰写，聚焦当下社会热点，对2017年中国社会发展的各个方面内容进行了权威解读，同时对2018年社会形势发展趋势进行了预测。

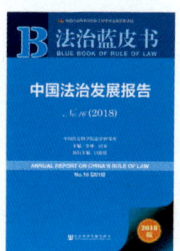

### 法治蓝皮书
#### 中国法治发展报告 No.16（2018）
李林　田禾 / 主编　2018年3月出版　定价：128.00元

◆ 本年度法治蓝皮书回顾总结了2017年度中国法治发展取得的成就和存在的不足，对中国政府、司法、检务透明度进行了跟踪调研，并对2018年中国法治发展形势进行了预测和展望。

### 教育蓝皮书
#### 中国教育发展报告（2018）
杨东平 / 主编　2018年3月出版　定价：89.00元

◆ 本书重点关注了2017年教育领域的热点，资料翔实，分析有据，既有专题研究，又有实践案例，从多角度对2017年教育改革和实践进行了分析和研究。

# 皮书系列重点推荐　社会政法类

### 社会体制蓝皮书
中国社会体制改革报告 No.6（2018）

龚维斌 / 主编　2018年3月出版　定价：98.00元

◆ 本书由国家行政学院社会治理研究中心和北京师范大学中国社会管理研究院共同组织编写，主要对2017年社会体制改革情况进行回顾和总结，对2018年的改革走向进行分析，提出相关政策建议。

### 社会心态蓝皮书
中国社会心态研究报告（2018）

王俊秀　杨宜音 / 主编　2018年12月出版　估价：99.00元

◆ 本书是中国社会科学院社会学研究所社会心理研究中心"社会心态蓝皮书课题组"的年度研究成果，运用社会心理学、社会学、经济学、传播学等多种学科的方法进行了调查和研究，对于目前中国社会心态状况有较广泛和深入的揭示。

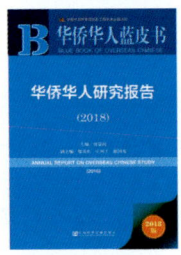

### 华侨华人蓝皮书
华侨华人研究报告（2018）

贾益民 / 主编　2017年12月出版　估价：139.00元

◆ 本书关注华侨华人生产与生活的方方面面。华侨华人是中国建设21世纪海上丝绸之路的重要中介者、推动者和参与者。本书旨在全面调研华侨华人，提供最新涉侨动态、理论研究成果和政策建议。

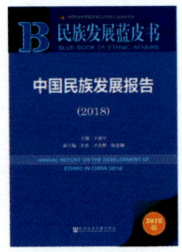

### 民族发展蓝皮书
中国民族发展报告（2018）

王延中 / 主编　2018年10月出版　估价：188.00元

◆ 本书从民族学人类学视角，研究近年来少数民族和民族地区的发展情况，展示民族地区经济、政治、文化、社会和生态文明"五位一体"建设取得的辉煌成就和面临的困难挑战，为深刻理解中央民族工作会议精神、加快民族地区全面建成小康社会进程提供了实证材料。

# 产业经济类

### 房地产蓝皮书
#### 中国房地产发展报告 No.15（2018）

李春华　王业强 / 主编　2018 年 5 月出版　估价：99.00 元

◆ 2018 年《房地产蓝皮书》持续追踪中国房地产市场最新动态，深度剖析市场热点，展望 2018 年发展趋势，积极谋划应对策略。对 2017 年房地产市场的发展态势进行全面、综合的分析。

### 新能源汽车蓝皮书
#### 中国新能源汽车产业发展报告（2018）

中国汽车技术研究中心　日产（中国）投资有限公司

东风汽车有限公司 / 编著　2018 年 8 月出版　估价：99.00 元

◆ 本书对中国 2017 年新能源汽车产业发展进行了全面系统的分析，并介绍了国外的发展经验。有助于相关机构、行业和社会公众等了解中国新能源汽车产业发展的最新动态，为政府部门出台新能源汽车产业相关政策法规、企业制定相关战略规划，提供必要的借鉴和参考。

# 行业及其他类

### 旅游绿皮书
#### 2017～2018 年中国旅游发展分析与预测

中国社会科学院旅游研究中心 / 编　2018 年 1 月出版　定价：99.00 元

◆ 本书从政策、产业、市场、社会等多个角度勾画出 2017 年中国旅游发展全貌，剖析了其中的热点和核心问题，并就未来发展作出预测。

### 民营医院蓝皮书
中国民营医院发展报告（2018）

薛晓林 / 主编　2018 年 11 月出版　估价：99.00 元

◆ 本书在梳理国家对社会办医的各种利好政策的前提下，对我国民营医疗发展现状、我国民营医院竞争力进行了分析，并结合我国医疗体制改革对民营医院的发展趋势、发展策略、战略规划等方面进行了预估。

### 会展蓝皮书
中外会展业动态评估研究报告（2018）

张敏 / 主编　2018 年 12 月出版　估价：99.00 元

◆ 本书回顾了 2017 年的会展业发展动态，结合"供给侧改革"、"互联网+"、"绿色经济"的新形势分析了我国展会的行业现状，并介绍了国外的发展经验，有助于行业和社会了解最新的展会业动态。

### 中国上市公司蓝皮书
中国上市公司发展报告（2018）

张平　王宏淼 / 主编　2018 年 9 月出版　估价：99.00 元

◆ 本书由中国社会科学院上市公司研究中心组织编写的、着力于全面、真实、客观反映当前中国上市公司财务状况和价值评估的综合性年度报告。本书详尽分析了 2017 年中国上市公司情况，特别是现实中暴露出的制度性、基础性问题，并对资本市场改革进行了探讨。

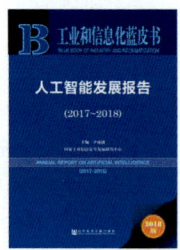

### 工业和信息化蓝皮书
人工智能发展报告（2017~2018）

尹丽波 / 主编　2018 年 6 月出版　估价：99.00 元

◆ 本书国家工业信息安全发展研究中心在对 2017 年全球人工智能技术和产业进行全面跟踪研究基础上形成的研究报告。该报告内容翔实、视角独特，具有较强的产业发展前瞻性和预测性，可为相关主管部门、行业协会、企业等全面了解人工智能发展形势以及进行科学决策提供参考。

 国际问题与全球治理类

# 国际问题与全球治理类

### 世界经济黄皮书
2018年世界经济形势分析与预测

张宇燕/主编　2018年1月出版　定价：99.00元

◆ 本书由中国社会科学院世界经济与政治研究所的研究团队撰写，分总论、国别与地区、专题、热点、世界经济统计与预测等五个部分，对2018年世界经济形势进行了分析。

### 国际城市蓝皮书
国际城市发展报告（2018）

屠启宇/主编　2018年2月出版　定价：89.00元

◆ 本书作者以上海社会科学院从事国际城市研究的学者团队为核心，汇集同济大学、华东师范大学、复旦大学、上海交通大学、南京大学、浙江大学相关城市研究专业学者。立足动态跟踪介绍国际城市发展时间中，最新出现的重大战略、重大理念、重大项目、重大报告和最佳案例。

### 非洲黄皮书
非洲发展报告No.20（2017～2018）

张宏明/主编　2018年7月出版　估价：99.00元

◆ 本书是由中国社会科学院西亚非洲研究所组织编撰的非洲形势年度报告，比较全面、系统地分析了2017年非洲政治形势和热点问题，探讨了非洲经济形势和市场走向，剖析了大国对非洲关系的新动向；此外，还介绍了国内非洲研究的新成果。

皮书系列 重点推荐　国别类

# 国别类

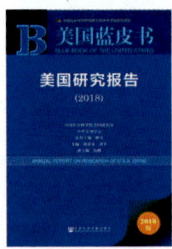

### 美国蓝皮书

美国研究报告（2018）

郑秉文　黄平 / 主编　2018年5月出版　估价：99.00元

◆ 本书是由中国社会科学院美国研究所主持完成的研究成果，它回顾了美国2017年的经济、政治形势与外交战略，对美国内政外交发生的重大事件及重要政策进行了较为全面的回顾和梳理。

### 德国蓝皮书

德国发展报告（2018）

郑春荣 / 主编　2018年6月出版　估价：99.00元

◆ 本报告由同济大学德国研究所组织编撰，由该领域的专家学者对德国的政治、经济、社会文化、外交等方面的形势发展情况，进行全面的阐述与分析。

### 俄罗斯黄皮书

俄罗斯发展报告（2018）

李永全 / 编著　2018年6月出版　估价：99.00元

◆ 本书系统介绍了2017年俄罗斯经济政治情况，并对2016年该地区发生的焦点、热点问题进行了分析与回顾；在此基础上，对该地区2018年的发展前景进行了预测。

# 文化传媒类

### 新媒体蓝皮书
#### 中国新媒体发展报告 No.9（2018）
唐绪军 / 主编　2018 年 6 月出版　估价：99.00 元

◆ 本书是由中国社会科学院新闻与传播研究所组织编写的关于新媒体发展的最新年度报告，旨在全面分析中国新媒体的发展现状，解读新媒体的发展趋势，探析新媒体的深刻影响。

### 移动互联网蓝皮书
#### 中国移动互联网发展报告（2018）
余清楚 / 主编　2018 年 6 月出版　估价：99.00 元

◆ 本书着眼于对 2017 年度中国移动互联网的发展情况做深入解析，对未来发展趋势进行预测，力求从不同视角、不同层面全面剖析中国移动互联网发展的现状、年度突破及热点趋势等。

### 文化蓝皮书
#### 中国文化消费需求景气评价报告（2018）
王亚南 / 主编　2018 年 3 月出版　定价：99.00 元

◆ 本书首创全国文化发展量化检测评价体系，也是至今全国唯一的文化民生量化检测评价体系，对于检验全国及各地 " 以人民为中心 " 的文化发展具有首创意义。

# 地方发展类

### 北京蓝皮书
北京经济发展报告（2017～2018）

杨松/主编　2018年6月出版　估价：99.00元

◆ 本书对2017年北京市经济发展的整体形势进行了系统性的分析与回顾，并对2018年经济形势走势进行了预测与研判，聚焦北京市经济社会发展中的全局性、战略性和关键领域的重点问题，运用定量和定性分析相结合的方法，对北京市经济社会发展的现状、问题、成因进行了深入分析，提出了可操作性的对策建议。

### 温州蓝皮书
2018年温州经济社会形势分析与预测

蒋儒标　王春光　金浩/主编　2018年6月出版　估价：99.00元

◆ 本书是中共温州市委党校和中国社会科学院社会学研究所合作推出的第十一本温州蓝皮书，由来自党校、政府部门、科研机构、高校的专家、学者共同撰写的2017年温州区域发展形势的最新研究成果。

### 黑龙江蓝皮书
黑龙江社会发展报告（2018）

王爱丽/主编　2018年1月出版　定价：89.00元

◆ 本书以千份随机抽样问卷调查和专题研究为依据，运用社会学理论框架和分析方法，从专家和学者的独特视角，对2017年黑龙江省关系民生的问题进行广泛的调研与分析，并对2017年黑龙江省诸多社会热点和焦点问题进行了有益的探索。这些研究不仅可以为政府部门更加全面深入了解省情、科学制定决策提供智力支持，同时也可以为广大读者认识、了解、关注黑龙江社会发展提供理性思考。

# 宏观经济类

**城市蓝皮书**
中国城市发展报告（No.11）
著(编)者：潘家华 单菁菁
2018年9月出版 / 估价：99.00元
PSN B-2007-091-1/1

**城乡一体化蓝皮书**
中国城乡一体化发展报告（2018）
著(编)者：付崇兰
2018年9月出版 / 估价：99.00元
PSN B-2011-226-1/2

**城镇化蓝皮书**
中国新型城镇化健康发展报告（2018）
著(编)者：张占斌
2018年8月出版 / 估价：99.00元
PSN B-2014-396-1/1

**创新蓝皮书**
创新型国家建设报告（2018~2019）
著(编)者：詹正茂
2018年12月出版 / 估价：99.00元
PSN B-2009-140-1/1

**低碳发展蓝皮书**
中国低碳发展报告（2018）
著(编)者：张希良 齐晔
2018年6月出版 / 估价：99.00元
PSN B-2011-223-1/1

**低碳经济蓝皮书**
中国低碳经济发展报告（2018）
著(编)者：薛进军 赵忠秀
2018年11月出版 / 估价：99.00元
PSN B-2011-194-1/1

**发展和改革蓝皮书**
中国经济发展和体制改革报告No.9
著(编)者：邹东涛 王再文
2018年1月出版 / 估价：99.00元
PSN B-2008-122-1/1

**国家创新蓝皮书**
中国创新发展报告（2017）
著(编)者：陈劲 2018年5月出版 / 估价：99.00元
PSN B-2014-370-1/1

**金融蓝皮书**
中国金融发展报告（2018）
著(编)者：王国刚
2018年6月出版 / 估价：99.00元
PSN B-2004-031-1/7

**经济蓝皮书**
2018年中国经济形势分析与预测
著(编)者：李平 2017年12月出版 / 定价：89.00元
PSN B-1996-001-1/1

**经济蓝皮书春季号**
2018年中国经济前景分析
著(编)者：李扬 2018年5月出版 / 估价：99.00元
PSN B-1999-008-1/1

**经济蓝皮书夏季号**
中国经济增长报告（2017~2018）
著(编)者：李扬 2018年9月出版 / 估价：99.00元
PSN B-2010-176-1/1

**农村绿皮书**
中国农村经济形势分析与预测（2017~2018）
著(编)者：魏后凯 黄秉信
2018年4月出版 / 定价：99.00元
PSN G-1998-003-1/1

**人口与劳动绿皮书**
中国人口与劳动问题报告No.19
著(编)者：张车伟 2018年11月出版 / 估价：99.00元
PSN G-2000-012-1/1

**新型城镇化蓝皮书**
新型城镇化发展报告（2017）
著(编)者：李伟 宋敏
2018年3月出版 / 定价：98.00元
PSN B-2005-038-1/1

**中国省域竞争力蓝皮书**
中国省域经济综合竞争力发展报告（2016~2017）
著(编)者：李建平 李闽榕
2018年2月出版 / 定价：198.00元
PSN B-2007-088-1/1

**中小城市绿皮书**
中国中小城市发展报告（2018）
著(编)者：中国城市经济学会中小城市经济发展委员会
　　　　　中国城镇化促进会中小城市发展委员会
　　　　　《中国中小城市发展报告》编纂委员会
　　　　　中小城市发展战略研究院
2018年11月出版 / 估价：128.00元
PSN G-2010-161-1/1

# 区域经济类

**东北蓝皮书**
中国东北地区发展报告（2018）
著(编)者：姜晓秋　2018年11月出版 / 估价：99.00元
PSN B-2006-067-1/1

**金融蓝皮书**
中国金融中心发展报告（2017~2018）
著(编)者：王力 黄育华　2018年11月出版 / 估价：99.00元
PSN B-2011-186-6/7

**京津冀蓝皮书**
京津冀发展报告（2018）
著(编)者：祝合良 叶堂林 张贵祥
2018年6月出版 / 估价：99.00元
PSN B-2012-262-1/1

**西北蓝皮书**
中国西北发展报告（2018）
著(编)者：王福生 马廷旭 董秋生
2018年1月出版 / 定价：99.00元
PSN B-2012-261-1/1

**西部蓝皮书**
中国西部发展报告（2018）
著(编)者：璋勇 任保平　2018年8月出版 / 估价：99.00元
PSN B-2005-039-1/1

**长江经济带产业蓝皮书**
长江经济带产业发展报告（2018）
著(编)者：吴传清　2018年11月出版 / 估价：128.00元
PSN B-2017-666-1/1

**长江经济带蓝皮书**
长江经济带发展报告（2017~2018）
著(编)者：王振　2018年11月出版 / 估价：99.00元
PSN B-2016-575-1/1

**长江中游城市群蓝皮书**
长江中游城市群新型城镇化与产业协同发展报告（2018）
著(编)者：杨刚强　2018年11月出版 / 估价：99.00元
PSN B-2016-578-1/1

**长三角蓝皮书**
2017年创新融合发展的长三角
著(编)者：刘飞跃　2018年5月出版 / 估价：99.00元
PSN B-2005-038-1/1

**长株潭城市群蓝皮书**
长株潭城市群发展报告（2017）
著(编)者：张萍 朱有志　2018年6月出版 / 估价：99.00元
PSN B-2008-109-1/1

**特色小镇蓝皮书**
特色小镇智慧运营报告（2018）：顶层设计与智慧架构标
著(编)者：陈劲　2018年1月出版 / 定价：79.00元
PSN B-2018-692-1/1

**中部竞争力蓝皮书**
中国中部经济社会竞争力报告（2018）
著(编)者：教育部人文社会科学重点研究基地南昌大学中国
　　　　　中部经济社会发展研究中心
2018年12月出版 / 估价：99.00元
PSN B-2012-276-1/1

**中部蓝皮书**
中国中部地区发展报告（2018）
著(编)者：宋亚平　2018年12月出版 / 估价：99.00元
PSN B-2007-089-1/1

**区域蓝皮书**
中国区域经济发展报告（2017~2018）
著(编)者：赵弘　2018年5月出版 / 估价：99.00元
PSN B-2004-034-1/1

**中三角蓝皮书**
长江中游城市群发展报告（2018）
著(编)者：秦尊文　2018年9月出版 / 估价：99.00元
PSN B-2014-417-1/1

**中原蓝皮书**
中原经济区发展报告（2018）
著(编)者：李英杰　2018年6月出版 / 估价：99.00元
PSN B-2011-192-1/1

**珠三角流通蓝皮书**
珠三角商圈发展研究报告（2018）
著(编)者：王先庆 林至颖　2018年7月出版 / 估价：99.00元
PSN B-2012-292-1/1

# 社会政法类

**北京蓝皮书**
中国社区发展报告（2017~2018）
著(编)者：于燕燕　2018年9月出版 / 估价：99.00元
PSN B-2007-083-5/8

**殡葬绿皮书**
中国殡葬事业发展报告（2017~2018）
著(编)者：李伯森　2018年6月出版 / 估价：158.00元
PSN G-2010-180-1/1

**城市管理蓝皮书**
中国城市管理报告（2017-2018）
著(编)者：刘林 刘承水　2018年5月出版 / 估价：158.00元
PSN B-2013-336-1/1

**城市生活质量蓝皮书**
中国城市生活质量报告（2017）
著(编)者：张连城 张平 杨春学 郎丽华
2017年12月出版 / 定价：89.00元
PSN B-2013-326-1/1

## 社会政法类 — 皮书系列 2018全品种

**城市政府能力蓝皮书**
中国城市政府公共服务能力评估报告（2018）
著（编）者：何艳玲　2018年5月出版／估价：99.00元
PSN B-2013-338-1/1

**创业蓝皮书**
中国创业发展研究报告（2017～2018）
著（编）者：黄群慧　赵卫星　钟宏武
2018年11月出版／估价：99.00元
PSN B-2016-577-1/1

**慈善蓝皮书**
中国慈善发展报告（2018）
著（编）者：杨团　2018年6月出版／估价：99.00元
PSN B-2009-142-1/1

**党建蓝皮书**
党的建设研究报告No.2（2018）
著（编）者：崔建民　陈东平　2018年6月出版／估价：99.00元
PSN B-2016-523-1/1

**地方法治蓝皮书**
中国地方法治发展报告No.3（2018）
著（编）者：李林　田禾　2018年6月出版／估价：118.00元
PSN B-2015-442-1/1

**电子政务蓝皮书**
中国电子政务发展报告（2018）
著（编）者：李季　2018年8月出版／估价：99.00元
PSN B-2003-022-1/1

**儿童蓝皮书**
中国儿童参与状况报告（2017）
著（编）者：苑立新　2017年12月出版／定价：89.00元
PSN B-2017-682-1/1

**法治蓝皮书**
中国法治发展报告No.16（2018）
著（编）者：李林　田禾　2018年3月出版／估价：128.00元
PSN B-2004-027-1/3

**法治蓝皮书**
中国法院信息化发展报告 No.2（2018）
著（编）者：李林　田禾　2018年2月出版／估价：118.00元
PSN B-2017-604-3/3

**法治政府蓝皮书**
中国法治政府发展报告（2017）
著（编）者：中国政法大学法治政府研究院
2018年3月出版／估价：158.00元
PSN B-2015-502-1/2

**法治政府蓝皮书**
中国法治政府评估报告（2018）
著（编）者：中国政法大学法治政府研究院
2018年9月出版／估价：168.00元
PSN B-2016-576-2/2

**反腐倡廉蓝皮书**
中国反腐倡廉建设报告No.8
著（编）者：张英伟　2018年12月出版／估价：99.00元
PSN B-2012-259-1/1

**扶贫蓝皮书**
中国扶贫开发报告（2018）
著（编）者：李培林　魏后凯　2018年12月出版／估价：128.00元
PSN B-2016-599-1/1

**妇女发展蓝皮书**
中国妇女发展报告No.6
著（编）者：王金玲　2018年9月出版／估价：158.00元
PSN B-2006-069-1/1

**妇女教育蓝皮书**
中国妇女教育发展报告No.3
著（编）者：张李玺　2018年10月出版／估价：99.00元
PSN B-2008-121-1/1

**妇女绿皮书**
2018年：中国性别平等与妇女发展报告
著（编）者：谭琳　2018年12月出版／估价：99.00元
PSN G-2006-073-1/1

**公共安全蓝皮书**
中国城市公共安全发展报告（2017～2018）
著（编）者：黄育华　杨文明　赵建辉
2018年6月出版／估价：99.00元
PSN B-2017-628-1/1

**公共服务蓝皮书**
中国城市基本公共服务力评价（2018）
著（编）者：钟君　刘志昌　吴正杲
2018年12月出版／估价：99.00元
PSN B-2011-214-1/1

**公民科学素质蓝皮书**
中国公民科学素质报告（2017～2018）
著（编）者：李群　陈雄　马宗文
2017年12月出版／定价：89.00元
PSN B-2014-379-1/1

**公益蓝皮书**
中国公益慈善发展报告（2016）
著（编）者：朱健刚　胡小军　2018年6月出版／估价：99.00元
PSN B-2012-283-1/1

**国际人才蓝皮书**
中国国际移民报告（2018）
著（编）者：王辉耀　2018年6月出版／估价：99.00元
PSN B-2012-304-3/4

**国际人才蓝皮书**
中国留学发展报告（2018）No.7
著（编）者：王辉耀　苗绿　2018年12月出版／估价：99.00元
PSN B-2012-244-2/4

**海洋社会蓝皮书**
中国海洋社会发展报告（2017）
著（编）者：崔凤　宋宁而　2018年3月出版／定价：99.00元
PSN B-2015-478-1/1

**行政改革蓝皮书**
中国行政体制改革报告No.7（2018）
著（编）者：魏礼群　2018年6月出版／估价：99.00元
PSN B-2011-231-1/1

**皮书系列 2018全品种** 社会政法类

**华侨华人蓝皮书**
华侨华人研究报告（2017）
著(编)者：张禹东 庄国土　2017年12月出版 / 定价：148.00元
PSN B-2011-204-1/1

**互联网与国家治理蓝皮书**
互联网与国家治理发展报告（2017）
著(编)者：张志安　2018年1月出版 / 定价：98.00元
PSN B-2017-671-1/1

**环境管理蓝皮书**
中国环境管理发展报告（2017）
著(编)者：李金惠　2017年12月出版 / 定价：98.00元
PSN B-2017-678-1/1

**环境竞争力绿皮书**
中国省域环境竞争力发展报告（2018）
著(编)者：李建平 李闽榕 王金南
2018年11月出版 / 估价：198.00元
PSN G-2010-165-1/1

**环境绿皮书**
中国环境发展报告（2017~2018）
著(编)者：李波　2018年6月出版 / 估价：99.00元
PSN G-2006-048-1/1

**家庭蓝皮书**
中国"创建幸福家庭活动"评估报告（2018）
著(编)者：国务院发展研究中心"创建幸福家庭活动评估"课题组
2018年12月出版 / 估价：99.00元
PSN B-2015-508-1/1

**健康城市蓝皮书**
中国健康城市建设研究报告（2018）
著(编)者：王鸿春 盛继洪　2018年12月出版 / 估价：99.00元
PSN B-2016-564-2/2

**健康中国蓝皮书**
社区首诊与健康中国分析报告（2018）
著(编)者：高和荣 杨叔禹 姜杰
2018年6月出版 / 估价：99.00元
PSN B-2017-611-1/1

**教师蓝皮书**
中国中小学教师发展报告（2017）
著(编)者：曾晓东 鱼霞
2018年6月出版 / 估价：99.00元
PSN B-2012-289-1/1

**教育扶贫蓝皮书**
中国教育扶贫报告（2018）
著(编)者：司树杰 王文静 李兴洲
2018年12月出版 / 估价：99.00元
PSN B-2016-590-1/1

**教育蓝皮书**
中国教育发展报告（2018）
著(编)者：杨东平　2018年3月出版 / 定价：89.00元
PSN B-2006-047-1/1

**金融法治建设蓝皮书**
中国金融法治建设年度报告（2015~2016）
著(编)者：朱小黄　2018年6月出版 / 估价：99.00元
PSN B-2017-633-1/1

**京津冀教育蓝皮书**
京津冀教育发展研究报告（2017~2018）
著(编)者：方中雄　2018年6月出版 / 估价：99.00元
PSN B-2017-608-1/1

**就业蓝皮书**
2018年中国本科生就业报告
著(编)者：麦可思研究院　2018年6月出版 / 估价：99.00元
PSN B-2009-146-1/2

**就业蓝皮书**
2018年中国高职高专生就业报告
著(编)者：麦可思研究院　2018年6月出版 / 估价：99.00元
PSN B-2015-472-2/2

**科学教育蓝皮书**
中国科学教育发展报告（2018）
著(编)者：王康友　2018年10月出版 / 估价：99.00元
PSN B-2015-487-1/1

**劳动保障蓝皮书**
中国劳动保障发展报告（2018）
著(编)者：刘燕斌　2018年9月出版 / 估价：158.00元
PSN B-2014-415-1/1

**老龄蓝皮书**
中国老年宜居环境发展报告（2017）
著(编)者：党俊武 周燕珉　2018年6月出版 / 估价：99.00元
PSN B-2013-320-1/1

**连片特困区蓝皮书**
中国连片特困区发展报告（2017~2018）
著(编)者：游俊 冷志明 丁建军
2018年6月出版 / 估价：99.00元
PSN B-2013-321-1/1

**流动儿童蓝皮书**
中国流动儿童教育发展报告（2017）
著(编)者：杨东平　2018年6月出版 / 估价：99.00元
PSN B-2017-600-1/1

**民调蓝皮书**
中国民生调查报告（2018）
著(编)者：谢耘耕　2018年12月出版 / 估价：99.00元
PSN B-2014-398-1/1

**民族发展蓝皮书**
中国民族发展报告（2018）
著(编)者：王延中　2018年10月出版 / 估价：188.00元
PSN B-2006-070-1/1

**女性生活蓝皮书**
中国女性生活状况报告No.12（2018）
著(编)者：高博燕　2018年7月出版 / 估价：99.00元
PSN B-2006-071-1/1

## 社会政法类 — 皮书系列 2018全品种

**汽车社会蓝皮书**
中国汽车社会发展报告（2017~2018）
著(编)者：王俊秀　2018年6月出版／估价：99.00元
PSN R-2011-224-1/1

**青年蓝皮书**
中国青年发展报告（2018）No.3
著(编)者：廉思　2018年6月出版／估价：99.00元
PSN B-2013-333-1/1

**青少年蓝皮书**
中国未成年人互联网运用报告（2017~2018）
著(编)者：季为民　李文革　沈杰
2018年11月出版／估价：99.00元
PSN B-2010-156-1/1

**人权蓝皮书**
中国人权事业发展报告No.8（2018）
著(编)者：李君如　2018年9月出版／估价：99.00元
PSN B-2011-215-1/1

**社会保障绿皮书**
中国社会保障发展报告No.9（2018）
著(编)者：王延中　2018年6月出版／估价：99.00元
PSN G-2001-014-1/1

**社会风险评估蓝皮书**
风险评估与危机预警报告（2017~2018）
著(编)者：唐钧　2018年8月出版／估价：99.00元
PSN B-2012-293-1/1

**社会工作蓝皮书**
中国社会工作发展报告（2016~2017）
著(编)者：民政部社会工作研究中心
2018年8月出版／估价：99.00元
PSN B-2009-141-1/1

**社会管理蓝皮书**
中国社会管理创新报告No.6
著(编)者：连玉明　2018年11月出版／估价：99.00元
PSN B-2012-300-1/1

**社会蓝皮书**
2018年中国社会形势分析与预测
著(编)者：李培林　陈光金　张翼
2017年12月出版／定价：89.00元
PSN B-1998-002-1/1

**社会体制蓝皮书**
中国社会体制改革报告No.6（2018）
著(编)者：龚维斌　2018年3月出版／定价：98.00元
PSN B-2013-330-1/1

**社会心态蓝皮书**
中国社会心态研究报告（2018）
著(编)者：王俊秀　2018年12月出版／估价：99.00元
PSN B-2011-199-1/1

**社会组织蓝皮书**
中国社会组织报告（2017-2018）
著(编)者：黄晓勇　2018年6月出版／估价：99.00元
PSN B-2008-118-1/2

**社会组织蓝皮书**
中国社会组织评估发展报告（2018）
著(编)者：徐家良　2018年12月出版／估价：99.00元
PSN B-2013-366-2/2

**生态城市绿皮书**
中国生态城市建设发展报告（2018）
著(编)者：刘举科　孙伟平　胡文臻
2018年9月出版／估价：158.00元
PSN G-2012-269-1/1

**生态文明绿皮书**
中国省域生态文明建设评价报告（ECI 2018）
著(编)者：严耕　2018年12月出版／估价：99.00元
PSN G-2010-170-1/1

**退休生活蓝皮书**
中国城市居民退休生活质量指数报告（2017）
著(编)者：杨一帆　2018年6月出版／估价：99.00元
PSN B-2017-618-1/1

**危机管理蓝皮书**
中国危机管理报告（2018）
著(编)者：文学国　范正青
2018年8月出版／估价：99.00元
PSN B-2010-171-1/1

**学会蓝皮书**
2018年中国学会发展报告
著(编)者：麦可思研究院　2018年12月出版／估价：99.00元
PSN B-2016-597-1/1

**医改蓝皮书**
中国医药卫生体制改革报告（2017~2018）
著(编)者：文学国　房志武
2018年11月出版／估价：99.00元
PSN B-2014-432-1/1

**应急管理蓝皮书**
中国应急管理报告（2018）
著(编)者：宋英华　2018年9月出版／估价：99.00元
PSN B-2016-562-1/1

**政府绩效评估蓝皮书**
中国地方政府绩效评估报告 No.2
著(编)者：贠杰　2018年12月出版／估价：99.00元
PSN B-2017-672-1/1

**政治参与蓝皮书**
中国政治参与报告（2018）
著(编)者：房宁　2018年8月出版／估价：128.00元
PSN B-2011-200-1/1

**政治文化蓝皮书**
中国政治文化报告（2018）
著(编)者：邢元敏　魏大鹏　龚克
2018年8月出版／估价：128.00元
PSN B-2017-615-1/1

**中国传统村落蓝皮书**
中国传统村落保护现状报告（2018）
著(编)者：胡彬彬　李向军　王晓波
2018年12月出版／估价：99.00元
PSN B-2017-663-1/1

皮书系列 2018全品种　社会政法类·产业经济类

**中国农村妇女发展蓝皮书**
农村流动女性城市生活发展报告（2018）
著（编）者：谢丽华　2018年12月出版／估价：99.00元
PSN B-2014-434-1/1

**宗教蓝皮书**
中国宗教报告（2017）
著（编）者：邱永辉　2018年8月出版／估价：99.00元
PSN B-2008-117-1/1

# 产业经济类

**保健蓝皮书**
中国保健服务产业发展报告 No.2
著（编）者：中国保健协会　中共中央党校
2018年7月出版／估价：198.00元
PSN B-2012-272-3/3

**保健蓝皮书**
中国保健食品产业发展报告 No.2
著（编）者：中国保健协会
　　　　　中国社会科学院食品药品产业发展与监管研究中心
2018年8月出版／估价：198.00元
PSN B-2012-271-2/3

**保健蓝皮书**
中国保健用品产业发展报告 No.2
著（编）者：中国保健协会
　　　　　国务院国有资产监督管理委员会研究中心
2018年6月出版／估价：198.00元
PSN B-2012-270-1/3

**保险蓝皮书**
中国保险业竞争力报告（2018）
著（编）者：保监会　2018年12月出版／估价：99.00元
PSN B-2013-311-1/1

**冰雪蓝皮书**
中国冰上运动产业发展报告（2018）
著（编）者：孙承华　杨占武　刘戈　张鸿俊
2018年9月出版／估价：99.00元
PSN B-2017-648-3/3

**冰雪蓝皮书**
中国滑雪产业发展报告（2018）
著（编）者：孙承华　伍斌　魏庆华　张鸿俊
2018年9月出版／估价：99.00元
PSN B-2016-559-1/3

**餐饮产业蓝皮书**
中国餐饮产业发展报告（2018）
著（编）者：邢颖
2018年6月出版／估价：99.00元
PSN B-2009-151-1/1

**茶业蓝皮书**
中国茶产业发展报告（2018）
著（编）者：杨江帆　李闽榕
2018年10月出版／估价：99.00元
PSN B-2010-164-1/1

**产业安全蓝皮书**
中国文化产业安全报告（2018）
著（编）者：北京印刷学院文化产业安全研究院
2018年12月出版／估价：99.00元
PSN B-2014-378-12/14

**产业安全蓝皮书**
中国新媒体产业安全报告（2016~2017）
著（编）者：肖丽　2018年6月出版／估价：99.00元
PSN B-2015-500-14/14

**产业安全蓝皮书**
中国出版传媒产业安全报告（2017~2018）
著（编）者：北京印刷学院文化产业安全研究院
2018年6月出版／估价：99.00元
PSN B-2014-384-13/14

**产业蓝皮书**
中国产业竞争力报告（2018）No.8
著（编）者：张其仔　2018年12月出版／估价：168.00元
PSN B-2010-175-1/1

**动力电池蓝皮书**
中国新能源汽车动力电池产业发展报告（2018）
著（编）者：中国汽车技术研究中心
2018年8月出版／估价：99.00元
PSN B-2017-639-1/1

**杜仲产业绿皮书**
中国杜仲橡胶资源与产业发展报告（2017~2018）
著（编）者：杜红岩　胡文臻　俞锐
2018年6月出版／估价：99.00元
PSN G-2013-350-1/1

**房地产蓝皮书**
中国房地产发展报告No.15（2018）
著（编）者：李春华　王业强
2018年5月出版／估价：99.00元
PSN B-2004-028-1/1

**服务外包蓝皮书**
中国服务外包产业发展报告（2017~2018）
著（编）者：王晓红　刘德军
2018年6月出版／估价：99.00元
PSN B-2013-331-2/2

**服务外包蓝皮书**
中国服务外包竞争力报告（2017~2018）
著（编）者：刘春生　王力　黄育华
2018年12月出版／估价：99.00元
PSN B-2011-216-1/2

# 产业经济类

## 皮书系列 2018全品种

**工业和信息化蓝皮书**
世界信息技术产业发展报告（2017~2018）
著(编)者：尹丽波　2018年6月出版 / 估价：99.00元
PSN B-2015-449-2/6

**工业和信息化蓝皮书**
战略性新兴产业发展报告（2017~2018）
著(编)者：尹丽波　2018年6月出版 / 估价：99.00元
PSN B-2015-450-3/6

**海洋经济蓝皮书**
中国海洋经济发展报告（2015~2018）
著(编)者：殷克东　高金田　方胜民
2018年3月出版 / 定价：128.00元
PSN B-2018-697-1/1

**康养蓝皮书**
中国康养产业发展报告（2017）
著(编)者：何莽　2017年12月出版 / 定价：88.00元
PSN B-2017-685-1/1

**客车蓝皮书**
中国客车产业发展报告（2017~2018）
著(编)者：姚蔚　2018年10月出版 / 估价：99.00元
PSN B-2013-361-1/1

**流通蓝皮书**
中国商业发展报告（2018~2019）
著(编)者：王雪峰　林诗慧
2018年7月出版 / 估价：99.00元
PSN B-2009-152-1/2

**能源蓝皮书**
中国能源发展报告（2018）
著(编)者：崔民选　王军生　陈义和
2018年12月出版 / 估价：99.00元
PSN B-2006-049-1/1

**农产品流通蓝皮书**
中国农产品流通产业发展报告（2017）
著(编)者：贾敬敦　张东科　张玉玺　张鹏毅　周伟
2018年6月出版 / 估价：99.00元
PSN B-2012-288-1/1

**汽车工业蓝皮书**
中国汽车工业发展年度报告（2018）
著(编)者：中国汽车工业协会
　　　　　中国汽车技术研究中心
　　　　　丰田汽车公司
2018年5月出版 / 估价：168.00元
PSN B-2015-463-1/2

**汽车工业蓝皮书**
中国汽车零部件产业发展报告（2017~2018）
著(编)者：中国汽车工业协会
　　　　　中国汽车工程研究院深圳市沃特玛电池有限公司
2018年9月出版 / 估价：99.00元
PSN B-2016-515-2/2

**汽车蓝皮书**
中国汽车产业发展报告（2018）
著(编)者：中国汽车工程学会
　　　　　大众汽车集团（中国）
2018年11月出版 / 估价：99.00元
PSN B-2008-124-1/1

**世界茶业蓝皮书**
世界茶业发展报告（2018）
著(编)者：李闽榕　冯廷佺
2018年5月出版 / 估价：168.00元
PSN B-2017-619-1/1

**世界能源蓝皮书**
世界能源发展报告（2018）
著(编)者：黄晓勇　2018年6月出版 / 估价：168.00元
PSN B-2013-349-1/1

**石油蓝皮书**
中国石油产业发展报告（2018）
著(编)者：中国石油化工集团公司经济技术研究院
　　　　　中国国际石油化工联合有限责任公司
　　　　　中国社会科学院数量经济与技术经济研究所
2018年2月出版 / 定价：98.00元
PSN B-2018-690-1/1

**体育蓝皮书**
国家体育产业基地发展报告（2016~2017）
著(编)者：李颖川　2018年6月出版 / 估价：168.00元
PSN B-2017-609-5/5

**体育蓝皮书**
中国体育产业发展报告（2018）
著(编)者：阮伟　钟秉枢
2018年12月出版 / 估价：99.00元
PSN B-2010-179-1/5

**文化金融蓝皮书**
中国文化金融发展报告（2018）
著(编)者：杨涛　金巍
2018年6月出版 / 估价：99.00元
PSN B-2017-610-1/1

**新能源汽车蓝皮书**
中国新能源汽车产业发展报告（2018）
著(编)者：中国汽车技术研究中心
　　　　　日产（中国）投资有限公司
　　　　　东风汽车有限公司
2018年8月出版 / 估价：99.00元
PSN B-2013-347-1/1

**薏仁米产业蓝皮书**
中国薏仁米产业发展报告No.2（2018）
著(编)者：李发耀　石明　秦礼康
2018年8月出版 / 估价：99.00元
PSN B-2017-645-1/1

**邮轮绿皮书**
中国邮轮产业发展报告（2018）
著(编)者：汪泓　2018年10月出版 / 估价：99.00元
PSN G-2014-419-1/1

**智能养老蓝皮书**
中国智能养老产业发展报告（2018）
著(编)者：朱勇　2018年10月出版 / 估价：99.00元
PSN B-2015-488-1/1

**中国节能汽车蓝皮书**
中国节能汽车发展报告（2017~2018）
著(编)者：中国汽车工程研究院股份有限公司
2018年9月出版 / 估价：99.00元
PSN B-2016-565-1/1

19

**皮书系列 2018全品种**

产业经济类·行业及其他类

中国陶瓷产业蓝皮书
中国陶瓷产业发展报告（2018）
著(编)者：左和平 黄速建
2018年10月出版 / 估价：99.00元
PSN B-2016-573-1/1

装备制造业蓝皮书
中国装备制造业发展报告（2018）
著(编)者：徐东华
2018年12月出版 / 估价：118.00元
PSN B-2015-505-1/1

# 行业及其他类

"三农"互联网金融蓝皮书
中国"三农"互联网金融发展报告（2018）
著(编)者：李勇坚 王弢
2018年8月出版 / 估价：99.00元
PSN B-2016-560-1/1

SUV蓝皮书
中国SUV市场发展报告（2017~2018）
著(编)者：靳军 2018年9月出版 / 估价：99.00元
PSN B-2016-571-1/1

冰雪蓝皮书
中国冬季奥运会发展报告（2018）
著(编)者：孙承华 伍斌 魏庆华 张鸿俊
2018年9月出版 / 估价：99.00元
PSN B-2017-647-2/3

彩票蓝皮书
中国彩票发展报告（2018）
著(编)者：益彩基金 2018年6月出版 / 估价：99.00元
PSN B-2015-462-1/1

测绘地理信息蓝皮书
测绘地理信息供给侧结构性改革研究报告（2018）
著(编)者：库热西·买合苏提
2018年12月出版 / 估价：168.00元
PSN B-2009-145-1/1

产权市场蓝皮书
中国产权市场发展报告（2017）
著(编)者：曹和平
2018年5月出版 / 估价：99.00元
PSN B-2009-147-1/1

城投蓝皮书
中国城投行业发展报告（2018）
著(编)者：华景斌
2018年11月出版 / 估价：300.00元
PSN B-2016-514-1/1

城市轨道交通蓝皮书
中国城市轨道交通运营发展报告（2017~2018）
著(编)者：崔学忠 贾文峥
2018年3月出版 / 定价：89.00元
PSN B-2018-694-1/1

大数据蓝皮书
中国大数据发展报告（No.2）
著(编)者：连玉明 2018年5月出版 / 估价：99.00元
PSN B-2017-620-1/1

大数据应用蓝皮书
中国大数据应用发展报告No.2（2018）
著(编)者：陈军君 2018年8月出版 / 估价：99.00元
PSN B-2017-644-1/1

对外投资与风险蓝皮书
中国对外直接投资与国家风险报告（2018）
著(编)者：中债资信评估有限责任公司
中国社会科学院世界经济与政治研究所
2018年6月出版 / 估价：189.00元
PSN B-2017-606-1/1

工业和信息化蓝皮书
人工智能发展报告（2017~2018）
著(编)者：尹丽波 2018年6月出版 / 估价：99.00元
PSN B-2017-448-1/6

工业和信息化蓝皮书
世界智慧城市发展报告（2017~2018）
著(编)者：尹丽波 2018年6月出版 / 估价：99.00元
PSN B-2017-624-6/6

工业和信息化蓝皮书
世界网络安全发展报告（2017~2018）
著(编)者：尹丽波 2018年6月出版 / 估价：99.00元
PSN B-2015-452-5/6

工业和信息化蓝皮书
世界信息化发展报告（2017~2018）
著(编)者：尹丽波 2018年6月出版 / 估价：99.00元
PSN B-2015-451-4/6

工业设计蓝皮书
中国工业设计发展报告（2018）
著(编)者：王晓红 于炜 张立群 2018年9月出版 / 估价：168.
PSN B-2014-420-1/1

公共关系蓝皮书
中国公共关系发展报告（2017）
著(编)者：柳斌杰 2018年1月出版 / 定价：89.00元
PSN B-2016-579-1/1

 行业及其他类

# 皮书系列 2018全品种

**公共关系蓝皮书**
中国公共关系发展报告（2018）
著（编）者：柳斌杰　2018年11月出版／估价：99.00元
PSN B-2016-579-1/1

**管理蓝皮书**
中国管理发展报告（2018）
著（编）者：张晓东　2018年10月出版／估价：99.00元
PSN B-2014-416-1/1

**轨道交通蓝皮书**
中国轨道交通行业发展报告（2017）
著（编）者：仲建华　李闽榕
2017年12月出版／定价：98.00元
PSN B-2017-674-1/1

**海关发展蓝皮书**
中国海关发展前沿报告（2018）
著（编）者：干春晖　2018年6月出版／估价：99.00元
PSN B-2017-616-1/1

**互联网医疗蓝皮书**
中国互联网健康医疗发展报告（2018）
著（编）者：芮晓武　2018年6月出版／估价：99.00元
PSN B-2016-567-1/1

**黄金市场蓝皮书**
中国商业银行黄金业务发展报告（2017~2018）
著（编）者：平安银行　2018年6月出版／估价：99.00元
PSN B-2016-524-1/1

**会展蓝皮书**
中外会展业动态评估研究报告（2018）
著（编）者：张敏　任中峰　聂鑫焱　牛盼强
2018年12月出版／估价：99.00元
PSN B-2013-327-1/1

**基金会蓝皮书**
中国基金会发展报告（2017~2018）
著（编）者：中国基金会发展报告课题组
2018年6月出版／估价：99.00元
PSN B-2013-368-1/1

**基金会绿皮书**
中国基金会发展独立研究报告（2018）
著（编）者：基金会中心网　中央民族大学基金会研究中心
2018年6月出版／估价：99.00元
PSN G-2011-213-1/1

**基金会透明度蓝皮书**
中国基金会透明度发展研究报告（2018）
著（编）者：基金会中心网
　　　　　清华大学廉政与治理研究中心
2018年9月出版／估价：99.00元
PSN B-2013-339-1/1

**建筑装饰蓝皮书**
中国建筑装饰行业发展报告（2018）
著（编）者：葛道顺　刘晓一
2018年10月出版／估价：198.00元
PSN B-2016-553-1/1

**金融监管蓝皮书**
中国金融监管报告（2018）
著（编）者：胡滨　2018年3月出版／定价：98.00元
PSN B-2012-281-1/1

**金融蓝皮书**
中国互联网金融行业分析与评估（2018~2019）
著（编）者：黄国平　伍旭川　2018年12月出版／估价：99.00元
PSN B-2016-585-7/7

**金融科技蓝皮书**
中国金融科技发展报告（2018）
著（编）者：李扬　孙国峰　2018年10月出版／估价：99.00元
PSN B-2014-374-1/1

**金融信息服务蓝皮书**
中国金融信息服务发展报告（2018）
著（编）者：李平　2018年5月出版／估价：99.00元
PSN B-2017-621-1/1

**金蜜蜂企业社会责任蓝皮书**
金蜜蜂中国企业社会责任报告研究（2017）
著（编）者：殷格非　于志宏　管竹笋
2018年1月出版／定价：99.00元
PSN B-2018-693-1/1

**京津冀金融蓝皮书**
京津冀金融发展报告（2018）
著（编）者：王爱俭　王璟怡　2018年10月出版／估价：99.00元
PSN B-2016-527-1/1

**科普蓝皮书**
国家科普能力发展报告（2018）
著（编）者：王康友　2018年5月出版／估价：138.00元
PSN B-2017-632-4/4

**科普蓝皮书**
中国基层科普发展报告（2017~2018）
著（编）者：赵立新　陈玲　2018年9月出版／估价：99.00元
PSN B-2016-568-3/4

**科普蓝皮书**
中国科普基础设施发展报告（2017~2018）
著（编）者：任福君　2018年6月出版／估价：99.00元
PSN B-2010-174-1/3

**科普蓝皮书**
中国科普人才发展报告（2017~2018）
著（编）者：郑念　任嵘嵘　2018年7月出版／估价：99.00元
PSN B-2016-512-2/4

**科普能力蓝皮书**
中国科普能力评价报告（2018~2019）
著（编）者：李富强　李群　2018年8月出版／估价：99.00元
PSN B-2016-555-1/1

**临空经济蓝皮书**
中国临空经济发展报告（2018）
著（编）者：连玉明　2018年9月出版／估价：99.00元
PSN B-2014-421-1/1

# 皮书系列 2018全品种
## 行业及其他类

**旅游安全蓝皮书**
中国旅游安全报告（2018）
著(编)者：郑向敏 谢朝武　2018年5月出版／估价：158.00元
PSN B-2012-280-1/1

**旅游绿皮书**
2017~2018年中国旅游发展分析与预测
著(编)者：宋瑞　2018年1月出版／定价：99.00元
PSN G-2002-018-1/1

**煤炭蓝皮书**
中国煤炭工业发展报告（2018）
著(编)者：岳福斌　2018年12月出版／估价：99.00元
PSN B-2008-123-1/1

**民营企业社会责任蓝皮书**
中国民营企业社会责任报告（2018）
著(编)者：中华全国工商业联合会
2018年12月出版／估价：99.00元
PSN B-2015-510-1/1

**民营医院蓝皮书**
中国民营医院发展报告（2017）
著(编)者：薛晓林　2017年12月出版／定价：89.00元
PSN B-2012-299-1/1

**闽商蓝皮书**
闽商发展报告（2018）
著(编)者：李闽榕 王日根 林琛
2018年12月出版／估价：99.00元
PSN B-2012-298-1/1

**农业应对气候变化蓝皮书**
中国农业气象灾害及其灾损评估报告（No.3）
著(编)者：矫梅燕　2018年6月出版／估价：118.00元
PSN B-2014-413-1/1

**品牌蓝皮书**
中国品牌战略发展报告（2018）
著(编)者：汪同三　2018年10月出版／估价：99.00元
PSN B-2016-580-1/1

**企业扶贫蓝皮书**
中国企业扶贫研究报告（2018）
著(编)者：钟宏武　2018年12月出版／估价：99.00元
PSN B-2016-593-1/1

**企业公益蓝皮书**
中国企业公益研究报告（2018）
著(编)者：钟宏武 汪杰 黄晓娟
2018年12月出版／估价：99.00元
PSN B-2015-501-1/1

**企业国际化蓝皮书**
中国企业全球化报告（2018）
著(编)者：王辉耀 苗绿　2018年11月出版／估价：99.00元
PSN B-2014-427-1/1

**企业蓝皮书**
中国企业绿色发展报告No.2（2018）
著(编)者：李红玉 朱光辉
2018年8月出版／估价：99.00元
PSN B-2015-481-2/2

**企业社会责任蓝皮书**
中资企业海外社会责任研究报告（2017~2018）
著(编)者：钟宏武 叶柳红 张蒽
2018年6月出版／估价：99.00元
PSN B-2017-603-2/2

**企业社会责任蓝皮书**
中国企业社会责任研究报告（2018）
著(编)者：黄群慧 钟宏武 张蒽 汪杰
2018年11月出版／估价：99.00元
PSN B-2009-149-1/2

**汽车安全蓝皮书**
中国汽车安全发展报告（2018）
著(编)者：中国汽车技术研究中心
2018年8月出版／估价：99.00元
PSN B-2014-385-1/1

**汽车电子商务蓝皮书**
中国汽车电子商务发展报告（2018）
著(编)者：中华全国工商业联合会汽车经销商商会
　　　　　北方工业大学
　　　　　北京易观智库网络科技有限公司
2018年10月出版／估价：158.00元
PSN B-2015-485-1/1

**汽车知识产权蓝皮书**
中国汽车产业知识产权发展报告（2018）
著(编)者：中国汽车工程研究院股份有限公司
　　　　　中国汽车工程学会
　　　　　重庆长安汽车股份有限公司
2018年12月出版／估价：99.00元
PSN B-2016-594-1/1

**青少年体育蓝皮书**
中国青少年体育发展报告（2017）
著(编)者：刘扶民 杨桦　2018年6月出版／估价：99.00元
PSN B-2015-482-1/1

**区块链蓝皮书**
中国区块链发展报告（2018）
著(编)者：李伟　2018年9月出版／估价：99.00元
PSN B-2017-649-1/1

**群众体育蓝皮书**
中国群众体育发展报告（2017）
著(编)者：刘国永 戴健　2018年5月出版／估价：99.00元
PSN B-2014-411-1/3

**群众体育蓝皮书**
中国社会体育指导员发展报告（2018）
著(编)者：刘国永 王欢　2018年6月出版／估价：99.00元
PSN B-2016-520-3/3

**人力资源蓝皮书**
中国人力资源发展报告（2018）
著(编)者：余兴安　2018年11月出版／估价：99.00元
PSN B-2012-287-1/1

**融资租赁蓝皮书**
中国融资租赁业发展报告（2017~2018）
著(编)者：李光荣 王力　2018年8月出版／估价：99.00元
PSN B-2015-443-1/1

# 皮书系列 2018全品种

## 行业及其他类

**商会蓝皮书**
中国商会发展报告No.5（2017）
著(编)者：王钦敏　2018年7月出版 / 估价：99.00元
PSN B-2008-125-1/1

**商务中心区蓝皮书**
中国商务中心区发展报告No.4（2017～2018）
著(编)者：李国红　单菁菁　2018年9月出版 / 估价：99.00元
PSN B-2015-444-1/1

**设计产业蓝皮书**
中国创新设计发展报告（2018）
著(编)者：王晓红　张立群　于炜
2018年11月出版 / 估价：99.00元
PSN B-2016-581-2/2

**社会责任管理蓝皮书**
中国上市公司社会责任能力成熟度报告No.4（2018）
著(编)者：肖红军　王晓光　李伟阳
2018年12月出版 / 估价：99.00元
PSN B-2015-507-2/2

**社会责任管理蓝皮书**
中国企业公众透明度报告No.4（2017～2018）
著(编)者：黄速建　熊梦　王晓光　肖红军
2018年6月出版 / 估价：99.00元
PSN B-2015-440-1/2

**食品药品蓝皮书**
食品药品安全与监管政策研究报告（2016～2017）
著(编)者：唐民皓　2018年6月出版 / 估价：99.00元
PSN B-2009-129-1/1

**输血服务蓝皮书**
中国输血行业发展报告（2018）
著(编)者：孙俊　2018年12月出版 / 估价：99.00元
PSN B-2016-582-1/1

**水利风景区蓝皮书**
中国水利风景区发展报告（2018）
著(编)者：董建文　兰思仁
2018年10月出版 / 估价：99.00元
PSN B-2015-480-1/1

**数字经济蓝皮书**
全球数字经济竞争力发展报告（2017）
著(编)者：王振　2017年12月出版 / 定价：79.00元
PSN B-2017-673-1/1

**私募市场蓝皮书**
中国私募股权市场发展报告（2017～2018）
著(编)者：曹和平　2018年12月出版 / 估价：99.00元
PSN B-2010-162-1/1

**碳排放权交易蓝皮书**
中国碳排放权交易报告（2018）
著(编)者：孙永平　2018年11月出版 / 估价：99.00元
PSN B-2017-652-1/1

**碳市场蓝皮书**
中国碳市场报告（2018）
著(编)者：定金彪　2018年11月出版 / 估价：99.00元
PSN B-2014-430-1/1

**体育蓝皮书**
中国公共体育服务发展报告（2018）
著(编)者：戴健　2018年12月出版 / 估价：99.00元
PSN B-2013-367-2/5

**土地市场蓝皮书**
中国农村土地市场发展报告（2017～2018）
著(编)者：李光荣　2018年6月出版 / 估价：99.00元
PSN B-2016-526-1/1

**土地整治蓝皮书**
中国土地整治发展研究报告（No.5）
著(编)者：国土资源部土地整治中心
2018年7月出版 / 估价：99.00元
PSN B-2014-401-1/1

**土地政策蓝皮书**
中国土地政策研究报告（2018）
著(编)者：高延利　张建平　吴次芳
2018年1月出版 / 定价：98.00元
PSN B-2015-506-1/1

**网络空间安全蓝皮书**
中国网络空间安全发展报告（2018）
著(编)者：惠志斌　覃庆玲
2018年11月出版 / 估价：99.00元
PSN B-2015-466-1/1

**文化志愿服务蓝皮书**
中国文化志愿服务发展报告（2018）
著(编)者：张永新　良警宇　2018年11月出版 / 估价：128.00元
PSN B-2016-596-1/1

**西部金融蓝皮书**
中国西部金融发展报告（2017～2018）
著(编)者：李忠民　2018年8月出版 / 估价：99.00元
PSN B-2010-160-1/1

**协会商会蓝皮书**
中国行业协会商会发展报告（2017）
著(编)者：景朝阳　李勇　2018年6月出版 / 估价：99.00元
PSN B-2015-461-1/1

**新三板蓝皮书**
中国新三板市场发展报告（2018）
著(编)者：王力　2018年8月出版 / 估价：99.00元
PSN B-2016-533-1/1

**信托市场蓝皮书**
中国信托业市场报告（2017～2018）
著(编)者：用益金融信托研究院
2018年6月出版 / 估价：198.00元
PSN B-2014-371-1/1

**信息化蓝皮书**
中国信息化形势分析与预测（2017～2018）
著(编)者：周宏仁　2018年8月出版 / 估价：99.00元
PSN B-2010-168-1/1

**信用蓝皮书**
中国信用发展报告（2017～2018）
著(编)者：章政　田侃　2018年6月出版 / 估价：99.00元
PSN B-2013-328-1/1

## 行业及其他类

**休闲绿皮书**
2017~2018年中国休闲发展报告
著(编)者：宋瑞　2018年7月出版／估价：99.00元
PSN G-2010-158-1/1

**休闲体育蓝皮书**
中国休闲体育发展报告（2017~2018）
著(编)者：李相如　钟秉枢
2018年10月出版／估价：99.00元
PSN B-2016-516-1/1

**养老金融蓝皮书**
中国养老金融发展报告（2018）
著(编)者：董克用　姚余栋
2018年9月出版／估价：99.00元
PSN B-2016-583-1/1

**遥感监测绿皮书**
中国可持续发展遥感监测报告（2017）
著(编)者：顾行发　汪克强　潘教峰　李闽榕　徐东华　王琦安
2018年6月出版／估价：298.00元
PSN B-2017-629-1/1

**药品流通蓝皮书**
中国药品流通行业发展报告（2018）
著(编)者：佘鲁林　温再兴
2018年7月出版／估价：198.00元
PSN B-2014-429-1/1

**医疗器械蓝皮书**
中国医疗器械行业发展报告（2018）
著(编)者：王宝亭　耿鸿武
2018年10月出版／估价：99.00元
PSN B-2017-661-1/1

**医院蓝皮书**
中国医院竞争力报告（2017~2018）
著(编)者：庄一强　2018年3月出版／定价：108.00元
PSN B-2016-528-1/1

**瑜伽蓝皮书**
中国瑜伽业发展报告（2017~2018）
著(编)者：张永建　徐华锋　朱泰余
2018年6月出版／估价：198.00元
PSN B-2017-625-1/1

**债券市场蓝皮书**
中国债券市场发展报告（2017~2018）
著(编)者：杨农　2018年10月出版／估价：99.00元
PSN B-2016-572-1/1

**志愿服务蓝皮书**
中国志愿服务发展报告（2018）
著(编)者：中国志愿服务联合会
2018年11月出版／估价：99.00元
PSN B-2017-664-1/1

**中国上市公司蓝皮书**
中国上市公司发展报告（2018）
著(编)者：张鹏　张平　黄胤英
2018年9月出版／估价：99.00元
PSN B-2014-414-1/1

**中国新三板蓝皮书**
中国新三板创新与发展报告（2018）
著(编)者：刘平安　闻召林
2018年8月出版／估价：158.00元
PSN B-2017-638-1/1

**中国汽车品牌蓝皮书**
中国乘用车品牌发展报告（2017）
著(编)者：《中国汽车报》社有限公司
　　　　　博世（中国）投资有限公司
　　　　　中国汽车技术研究中心数据资源中心
2018年1月出版／定价：89.00元
PSN B-2017-679-1/1

**中医文化蓝皮书**
北京中医药文化传播发展报告（2018）
著(编)者：毛嘉陵　2018年6月出版／估价：99.00元
PSN B-2015-468-1/2

**中医文化蓝皮书**
中国中医药文化传播发展报告（2018）
著(编)者：毛嘉陵　2018年7月出版／估价：99.00元
PSN B-2016-584-2/2

**中医药蓝皮书**
北京中医药知识产权发展报告No.2
著(编)者：汪洪　屠志涛　2018年6月出版／估价：168.00元
PSN B-2017-602-1/1

**资本市场蓝皮书**
中国场外交易市场发展报告（2016~2017）
著(编)者：高峦　2018年6月出版／估价：99.00元
PSN B-2009-153-1/1

**资产管理蓝皮书**
中国资产管理行业发展报告（2018）
著(编)者：郑智　2018年7月出版／估价：99.00元
PSN B-2014-407-2/2

**资产证券化蓝皮书**
中国资产证券化发展报告（2018）
著(编)者：沈炳熙　曹彤　李哲平
2018年4月出版／定价：98.00元
PSN B-2017-660-1/1

**自贸区蓝皮书**
中国自贸区发展报告（2018）
著(编)者：王力　黄育华
2018年6月出版／估价：99.00元
PSN B-2016-558-1/1

# 国际问题与全球治理类

**"一带一路"跨境通道蓝皮书**
"一带一路"跨境通道建设研究报(2017~2018)
著(编)者:余鑫 张秋生 2018年1月出版 / 定价:89.00元
PSN B-2016-557-1/1

**"一带一路"蓝皮书**
"一带一路"建设发展报告(2018)
著(编)者:李永全 2018年3月出版 / 定价:98.00元
PSN B-2016-552-1/1

**"一带一路"投资安全蓝皮书**
中国"一带一路"投资与安全研究报告(2018)
著(编)者:邹统钎 梁昊光 2018年4月出版 / 定价:98.00元
PSN B-2017-612-1/1

**"一带一路"文化交流蓝皮书**
中阿文化交流发展报告(2017)
著(编)者:王辉 2017年12月出版 / 定价:89.00元
PSN B-2017-655-1/1

**G20国家创新竞争力黄皮书**
二十国集团(G20)国家创新竞争发展报告(2017~2018)
著(编)者:李建平 李闽榕 赵新力 周天勇
2018年7月出版 / 估价:168.00元
PSN Y-2011-229-1/1

**阿拉伯黄皮书**
阿拉伯发展报告(2016~2017)
著(编)者:罗林 2018年6月出版 / 估价:99.00元
PSN Y-2014-381-1/1

**北部湾蓝皮书**
泛北部湾合作发展报告(2017~2018)
著(编)者:吕余生 2018年12月出版 / 估价:99.00元
PSN B-2008-114-1/1

**北极蓝皮书**
北极地区发展报告(2017)
著(编)者:刘惠荣 2018年7月出版 / 估价:99.00元
PSN B-2017-634-1/1

**大洋洲蓝皮书**
大洋洲发展报告(2017~2018)
著(编)者:喻常森 2018年10月出版 / 估价:99.00元
PSN B-2013-341-1/1

**东北亚区域合作蓝皮书**
2017年"一带一路"倡议与东北亚区域合作
著(编)者:刘亚政 金美花
2018年5月出版 / 估价:99.00元
PSN B-2017-631-1/1

**东盟黄皮书**
东盟发展报告(2017)
著(编)者:杨静林 庄国土 2018年6月出版 / 估价:99.00元
PSN Y-2012-303-1/1

**东南亚蓝皮书**
东南亚地区发展报告(2017~2018)
著(编)者:王勤 2018年12月出版 / 估价:99.00元
PSN B-2012-240-1/1

**非洲黄皮书**
非洲发展报告No.20(2017~2018)
著(编)者:张宏明 2018年7月出版 / 估价:99.00元
PSN Y-2012-239-1/1

**非传统安全蓝皮书**
中国非传统安全研究报告(2017~2018)
著(编)者:潇枫 罗中枢 2018年8月出版 / 估价:99.00元
PSN B-2012-273-1/1

**国际安全蓝皮书**
中国国际安全研究报告(2018)
著(编)者:刘慧 2018年7月出版 / 估价:99.00元
PSN B-2016-521-1/1

**国际城市蓝皮书**
国际城市发展报告(2018)
著(编)者:屠启宇 2018年2月出版 / 估价:89.00元
PSN B-2012-260-1/1

**国际形势黄皮书**
全球政治与安全报告(2018)
著(编)者:张宇燕 2018年1月出版 / 定价:99.00元
PSN Y-2001-016-1/1

**公共外交蓝皮书**
中国公共外交发展报告(2018)
著(编)者:赵启正 雷蔚真 2018年6月出版 / 估价:99.00元
PSN B-2015-457-1/1

**海丝蓝皮书**
21世纪海上丝绸之路研究报告(2017)
著(编)者:华侨大学海上丝绸之路研究院
2017年12月出版 / 定价:89.00元
PSN B-2017-684-1/1

**金砖国家黄皮书**
金砖国家综合创新竞争力发展报告(2018)
著(编)者:赵新力 李闽榕 黄茂兴
2018年8月出版 / 估价:128.00元
PSN Y-2017-643-1/1

**拉美黄皮书**
拉丁美洲和加勒比发展报告(2017~2018)
著(编)者:袁东振 2018年6月出版 / 估价:99.00元
PSN Y-1999-007-1/1

**澜湄合作蓝皮书**
澜沧江-湄公河合作发展报告(2018)
著(编)者:刘稚 2018年9月出版 / 估价:99.00元
PSN B-2011-196-1/1

皮书系列 2018全品种

国际问题与全球治理类

**欧洲蓝皮书**
欧洲发展报告（2017~2018）
著（编）者：黄平 周弘 程卫东
2018年6月出版 / 估价：99.00元
PSN B-1999-009-1/1

**葡语国家蓝皮书**
葡语国家发展报告（2016~2017）
著（编）者：王成安 张敏 刘金兰
2018年6月出版 / 估价：99.00元
PSN B-2015-503-1/2

**葡语国家蓝皮书**
中国与葡语国家关系发展报告·巴西（2016）
著（编）者：张曙光
2018年8月出版 / 估价：99.00元
PSN B-2016-563-2/2

**气候变化绿皮书**
应对气候变化报告（2018）
著（编）者：王伟光 郑国光
2018年11月出版 / 估价：99.00元
PSN G-2009-144-1/1

**全球环境竞争力绿皮书**
全球环境竞争力报告（2018）
著（编）者：李建平 李闽榕 王金南
2018年12月出版 / 估价：198.00元
PSN G-2013-363-1/1

**全球信息社会蓝皮书**
全球信息社会发展报告（2018）
著（编）者：丁波涛 唐涛
2018年10月出版 / 估价：99.00元
PSN B-2017-665-1/1

**日本经济蓝皮书**
日本经济与中日经贸关系研究报告（2018）
著（编）者：张季风
2018年6月出版 / 估价：99.00元
PSN B-2008-102-1/1

**上海合作组织黄皮书**
上海合作组织发展报告（2018）
著（编）者：李进峰
2018年6月出版 / 估价：99.00元
PSN Y-2009-130-1/1

**世界创新竞争力黄皮书**
世界创新竞争力发展报告（2017）
著（编）者：李建平 李闽榕 赵新力
2018年6月出版 / 估价：168.00元
PSN Y-2013-318-1/1

**世界经济黄皮书**
2018年世界经济形势分析与预测
著（编）者：张宇燕
2018年1月出版 / 定价：99.00元
PSN Y-1999-006-1/1

**世界能源互联互通蓝皮书**
世界能源清洁发展与互联互通评估报告（2017）：欧洲篇
著（编）者：国网能源研究院
2018年1月出版 / 定价：128.00元
PSN B-2018-695-1/1

**丝绸之路蓝皮书**
丝绸之路经济带发展报告（2018）
著（编）者：任宗哲 白宽犁 谷孟宾
2018年1月出版 / 定价：89.00元
PSN B-2014-410-1/1

**新兴经济体蓝皮书**
金砖国家发展报告（2018）
著（编）者：林跃勤 周文
2018年8月出版 / 估价：99.00元
PSN B-2011-195-1/1

**亚太蓝皮书**
亚太地区发展报告（2018）
著（编）者：李向阳
2018年5月出版 / 估价：99.00元
PSN B-2001-015-1/1

**印度洋地区蓝皮书**
印度洋地区发展报告（2018）
著（编）者：汪戎
2018年6月出版 / 估价：99.00元
PSN B-2013-334-1/1

**印度尼西亚经济蓝皮书**
印度尼西亚经济发展报告（2017）：增长与机会
著（编）者：左志刚
2017年11月出版 / 定价：89.00元
PSN B-2017-675-1/1

**渝新欧蓝皮书**
渝新欧沿线国家发展报告（2018）
著（编）者：杨柏 黄森
2018年6月出版 / 估价：99.00元
PSN B-2017-626-1/1

**中阿蓝皮书**
中国-阿拉伯国家经贸发展报告（2018）
著（编）者：张廉 段庆林 王林聪 杨巧红
2018年12月出版 / 估价：99.00元
PSN B-2016-598-1/1

**中东黄皮书**
中东发展报告No.20（2017~2018）
著（编）者：杨光
2018年10月出版 / 估价：99.00元
PSN Y-1998-004-1/1

**中亚黄皮书**
中亚国家发展报告（2018）
著（编）者：孙力
2018年3月出版 / 定价：98.00元
PSN Y-2012-238-1/1

皮书系列
2018全品种

国别类·文化传媒类

# 国别类

**澳大利亚蓝皮书**
澳大利亚发展报告（2017-2018）
著（编）者：孙有中 韩锋　2018年12月出版／估价：99.00元
PSN B-2016-587-1/1

**巴西黄皮书**
巴西发展报告（2017）
著（编）者：刘国枝　2018年5月出版／估价：99.00元
PSN Y-2017-614-1/1

**德国蓝皮书**
德国发展报告（2018）
著（编）者：郑春荣　2018年6月出版／估价：99.00元
PSN B-2012-278-1/1

**俄罗斯黄皮书**
俄罗斯发展报告（2018）
著（编）者：李永全　2018年6月出版／估价：99.00元
PSN Y-2006-061-1/1

**韩国蓝皮书**
韩国发展报告（2017）
著（编）者：牛林杰 刘宝全　2018年6月出版／估价：99.00元
PSN B-2010-155-1/1

**加拿大蓝皮书**
加拿大发展报告（2018）
著（编）者：唐小松　2018年9月出版／估价：99.00元
PSN B-2014-389-1/1

**美国蓝皮书**
美国研究报告（2018）
著（编）者：郑秉文 黄平　2018年5月出版／估价：99.00元
PSN B-2011-210-1/1

**缅甸蓝皮书**
缅甸国情报告（2017）
著（编）者：祝湘辉
2017年11月出版／定价：98.00元
PSN B-2013-343-1/1

**日本蓝皮书**
日本研究报告（2018）
著（编）者：杨伯江　2018年4月出版／定价：99.00元
PSN B-2002-020-1/1

**土耳其蓝皮书**
土耳其发展报告（2018）
著（编）者：郭长刚 刘义　2018年9月出版／估价：99.00元
PSN B-2014-412-1/1

**伊朗蓝皮书**
伊朗发展报告（2017~2018）
著（编）者：冀开运　2018年10月／估价：99.00元
PSN B-2016-574-1/1

**以色列蓝皮书**
以色列发展报告（2018）
著（编）者：张倩红　2018年8月出版／估价：99.00元
PSN B-2015-483-1/1

**印度蓝皮书**
印度国情报告（2017）
著（编）者：吕昭义　2018年6月出版／估价：99.00元
PSN B-2012-241-1/1

**英国蓝皮书**
英国发展报告（2017~2018）
著（编）者：王展鹏　2018年12月出版／估价：99.00元
PSN B-2015-486-1/1

**越南蓝皮书**
越南国情报告（2018）
著（编）者：谢林城　2018年11月出版／估价：99.00元
PSN B-2006-056-1/1

**泰国蓝皮书**
泰国研究报告（2018）
著（编）者：庄国土 张禹东 刘文正
2018年10月出版／估价：99.00元
PSN B-2016-556-1/1

# 文化传媒类

**"三农"舆情蓝皮书**
中国"三农"网络舆情报告（2017~2018）
著（编）者：农业部信息中心
2018年6月出版／估价：99.00元
PSN B-2017-640-1/1

**传媒竞争力蓝皮书**
中国传媒国际竞争力研究报告（2018）
著（编）者：李本乾 刘强 王大可
2018年8月出版／估价：99.00元
PSN B-2013-356-1/1

**传媒蓝皮书**
中国传媒产业发展报告（2018）
著（编）者：崔保国
2018年5月出版／估价：99.00元
PSN B-2005-035-1/1

**传媒投资蓝皮书**
中国传媒投资发展报告（2018）
著（编）者：张向东 谭云明
2018年6月出版／估价：148.00元
PSN B-2015-474-1/1

**皮书系列 2018全品种** — 文化传媒类

### 非物质文化遗产蓝皮书
中国非物质文化遗产发展报告（2018）
著(编)者：陈平　2018年6月出版 / 估价：128.00元
PSN B-2015-469-1/2

### 非物质文化遗产蓝皮书
中国非物质文化遗产保护发展报告（2018）
著(编)者：宋俊华　2018年10月出版 / 估价：128.00元
PSN B-2016-586-2/2

### 广电蓝皮书
中国广播电影电视发展报告（2018）
著(编)者：国家新闻出版广电总局发展研究中心
2018年7月出版 / 估价：99.00元
PSN B-2006-072-1/1

### 广告主蓝皮书
中国广告主营销传播趋势报告No.9
著(编)者：黄升民　杜国清　邵华冬　等
2018年10月出版 / 估价：158.00元
PSN B-2005-041-1/1

### 国际传播蓝皮书
中国国际传播发展报告（2018）
著(编)者：胡正荣　李继东　姬德强
2018年12月出版 / 估价：99.00元
PSN B-2014-408-1/1

### 国家形象蓝皮书
中国国家形象传播报告（2017）
著(编)者：张昆　2018年6月出版 / 估价：128.00元
PSN B-2017-605-1/1

### 互联网治理蓝皮书
中国网络社会治理研究报告（2018）
著(编)者：罗昕　支庭荣
2018年9月出版 / 估价：118.00元
PSN B-2017-653-1/1

### 纪录片蓝皮书
中国纪录片发展报告（2018）
著(编)者：何苏六　2018年10月出版 / 估价：99.00元
PSN B-2011-222-1/1

### 科学传播蓝皮书
中国科学传播报告（2016~2017）
著(编)者：詹正茂　2018年6月出版 / 估价：99.00元
PSN B-2008-120-1/1

### 两岸创意经济蓝皮书
两岸创意经济研究报告（2018）
著(编)者：罗昌智　董泽平
2018年10月出版 / 估价：99.00元
PSN B-2014-437-1/1

### 媒介与女性蓝皮书
中国媒介与女性发展报告（2017~2018）
著(编)者：刘利群　2018年5月出版 / 估价：99.00元
PSN B-2013-345-1/1

### 媒体融合蓝皮书
中国媒体融合发展报告（2017~2018）
著(编)者：梅宁华　支庭荣
2017年12月出版 / 定价：98.00元
PSN B-2015-479-1/1

### 全球传媒蓝皮书
全球传媒发展报告（2017~2018）
著(编)者：胡正荣　李继东　2018年6月出版 / 估价：99.00元
PSN B-2012-237-1/1

### 少数民族非遗蓝皮书
中国少数民族非物质文化遗产发展报告（2018）
著(编)者：肖远平（彝）　柴立（满）
2018年10月出版 / 估价：118.00元
PSN B-2015-467-1/1

### 视听新媒体蓝皮书
中国视听新媒体发展报告（2018）
著(编)者：国家新闻出版广电总局发展研究中心
2018年7月出版 / 估价：118.00元
PSN B-2011-184-1/1

### 数字娱乐产业蓝皮书
中国动画产业发展报告（2018）
著(编)者：孙立军　孙平　牛兴侦
2018年10月出版 / 估价：99.00元
PSN B-2011-198-1/2

### 数字娱乐产业蓝皮书
中国游戏产业发展报告（2018）
著(编)者：孙立军　刘跃军　2018年10月出版 / 估价：99.00元
PSN B-2017-662-2/2

### 网络视听蓝皮书
中国互联网视听行业发展报告（2018）
著(编)者：陈鹏　2018年2月出版 / 定价：148.00元
PSN B-2018-688-1/1

### 文化创新蓝皮书
中国文化创新报告（2017·No.8）
著(编)者：傅才武　2018年6月出版 / 估价：99.00元
PSN B-2009-143-1/1

### 文化建设蓝皮书
中国文化发展报告（2018）
著(编)者：江畅　孙伟平　戴茂堂
2018年5月出版 / 估价：99.00元
PSN B-2014-392-1/1

### 文化科技蓝皮书
文化科技创新发展报告（2018）
著(编)者：于平　李凤亮　2018年10月出版 / 估价：99.00元
PSN B-2013-342-1/1

### 文化蓝皮书
中国公共文化服务发展报告（2017~2018）
著(编)者：刘新成　张永新　张旭
2018年12月出版 / 估价：99.00元
PSN B-2007-093-2/10

### 文化蓝皮书
中国少数民族文化发展报告（2017~2018）
著(编)者：武翠英　张晓明　任乌晶
2018年9月出版 / 估价：99.00元
PSN B-2013-369-9/10

### 文化蓝皮书
中国文化产业供需协调检测报告（2018）
著(编)者：王亚南　2018年3月出版 / 定价：99.00元
PSN B-2013-323-8/10

文化传媒类·地方发展类-经济

**皮书系列 2018全品种**

文化蓝皮书
中国文化消费需求景气评价报告（2018）
著(编)者：王亚南　2018年3月出版 / 定价：99.00元
PSN B-2011-236-4/10

文化蓝皮书
中国公共文化投入增长测评报告（2018）
著(编)者：王亚南　2018年3月出版 / 定价：99.00元
PSN B-2014-435-10/10

文化品牌蓝皮书
中国文化品牌发展报告（2018）
著(编)者：欧阳友权　2018年5月出版 / 估价：99.00元
PSN B-2012-277-1/1

文化遗产蓝皮书
中国文化遗产事业发展报告（2017~2018）
著(编)者：苏杨　张颖岚　卓杰　白海峰　陈晨　陈叙图
2018年8月出版 / 估价：99.00元
PSN B-2008-119-1/1

文学蓝皮书
中国文情报告（2017~2018）
著(编)者：白烨　2018年5月出版 / 估价：99.00元
PSN B-2011-221-1/1

新媒体蓝皮书
中国新媒体发展报告No.9（2018）
著(编)者：唐绪军　2018年7月出版 / 估价：99.00元
PSN B-2010-169-1/1

新媒体社会责任蓝皮书
中国新媒体社会责任研究报告（2018）
著(编)者：钟瑛　2018年12月出版 / 估价：99.00元
PSN B-2014-423-1/1

移动互联网蓝皮书
中国移动互联网发展报告（2018）
著(编)者：余清楚　2018年6月出版 / 估价：99.00元
PSN B-2012-282-1/1

影视蓝皮书
中国影视产业发展报告（2018）
著(编)者：司若　陈鹏　陈锐
2018年6月出版 / 估价：99.00元
PSN B-2016-529-1/1

舆情蓝皮书
中国社会舆情与危机管理报告（2018）
著(编)者：谢耘耕
2018年9月出版 / 估价：138.00元
PSN B-2011-235-1/1

中国大运河蓝皮书
中国大运河发展报告（2018）
著(编)者：吴欣　2018年2月出版 / 估价：128.00元
PSN B-2018-691-1/1

# 地方发展类-经济

澳门蓝皮书
澳门经济社会发展报告（2017~2018）
著(编)者：吴志良　郝雨凡
2018年7月出版 / 估价：99.00元
PSN B-2009-138-1/1

澳门绿皮书
澳门旅游休闲发展报告（2017~2018）
著(编)者：郝雨凡　林广志
2018年5月出版 / 估价：99.00元
PSN G-2017-617-1/1

北京蓝皮书
北京经济发展报告（2017~2018）
著(编)者：杨松　2018年6月出版 / 估价：99.00元
PSN B-2006-054-2/8

北京旅游绿皮书
北京旅游发展报告（2018）
著(编)者：北京旅游学会
2018年7月出版 / 估价：99.00元
PSN G-2012-301-1/1

北京体育蓝皮书
北京体育产业发展报告（2017~2018）
著(编)者：钟秉枢　陈杰　杨铁黎
2018年9月出版 / 估价：99.00元
PSN B-2015-475-1/1

滨海金融蓝皮书
滨海新区金融发展报告（2017）
著(编)者：王爱俭　李向前　2018年4月出版 / 估价：99.00元
PSN B-2014-424-1/1

城乡一体化蓝皮书
北京城乡一体化发展报告（2017~2018）
著(编)者：吴宝新　张宝秀　黄序
2018年5月出版 / 估价：99.00元
PSN B-2012-258-2/2

非公有制企业社会责任蓝皮书
北京非公有制企业社会责任报告（2018）
著(编)者：宋贵伦　冯培
2018年6月出版 / 估价：99.00元
PSN B-2017-613-1/1

皮书系列 2018全品种　地方发展类-经济

**福建旅游蓝皮书**
福建省旅游产业发展现状研究（2017~2018）
著（编）者：陈敏华 黄远水　2018年12月出版 / 估价：128.00元
PSN B-2016-591-1/1

**福建自贸区蓝皮书**
中国（福建）自由贸易试验区发展报告（2017~2018）
著（编）者：黄茂兴　2018年6月出版 / 估价：118.00元
PSN B-2016-531-1/1

**甘肃蓝皮书**
甘肃经济发展分析与预测（2018）
著（编）者：安文华 罗哲　2018年1月出版 / 定价：99.00元
PSN B-2013-312-1/6

**甘肃蓝皮书**
甘肃商贸流通发展报告（2018）
著（编）者：张应华 王福生 王晓芳
2018年1月出版 / 定价：99.00元
PSN B-2016-522-6/6

**甘肃蓝皮书**
甘肃县域和农村发展报告（2018）
著（编）者：包东红 朱智文 王建兵
2018年1月出版 / 定价：99.00元
PSN B-2013-316-5/6

**甘肃农业科技绿皮书**
甘肃农业科技发展研究报告（2018）
著（编）者：魏胜文 乔德华 张东伟
2018年12月出版 / 估价：198.00元
PSN B-2016-592-1/1

**甘肃气象保障蓝皮书**
甘肃农业对气候变化的适应与风险评估报告（No.1）
著（编）者：鲍文中 周广胜
2017年12月出版 / 定价：108.00元
PSN B-2017-677-1/1

**巩义蓝皮书**
巩义经济社会发展报告（2018）
著（编）者：丁同民 朱军　2018年6月出版 / 估价：99.00元
PSN B-2016-532-1/1

**广东外经贸蓝皮书**
广东对外经济贸易发展研究报告（2017~2018）
著（编）者：陈万灵　2018年6月出版 / 估价：99.00元
PSN B-2012-286-1/1

**广西北部湾经济区蓝皮书**
广西北部湾经济区开放开发报告（2017~2018）
著（编）者：广西壮族自治区北部湾经济区和东盟开放合作办公室
　　　　　广西社会科学院
　　　　　广西北部湾发展研究院
2018年5月出版 / 估价：99.00元
PSN B-2010-181-1/1

**广州蓝皮书**
广州城市国际化发展报告（2018）
著（编）者：张跃国　2018年8月出版 / 估价：99.00元
PSN B-2012-246-11/14

**广州蓝皮书**
中国广州城市建设与管理发展报告（2018）
著（编）者：张其学 陈小钢 王宏伟　2018年8月出版 / 估价：99.00元
PSN B-2007-087-4/14

**广州蓝皮书**
广州创新型城市发展报告（2018）
著（编）者：尹涛　2018年6月出版 / 估价：99.00元
PSN B-2012-247-12/14

**广州蓝皮书**
广州经济发展报告（2018）
著（编）者：张跃国 尹涛　2018年7月出版 / 估价：99.00元
PSN B-2005-040-1/14

**广州蓝皮书**
2018年中国广州经济形势分析与预测
著（编）者：魏明海 谢博能 李华
2018年6月出版 / 估价：99.00元
PSN B-2011-185-9/14

**广州蓝皮书**
中国广州科技创新发展报告（2018）
著（编）者：于欣伟 陈爽 邓佑满　2018年8月出版 / 估价：99.00元
PSN B-2006-065-2/14

**广州蓝皮书**
广州农村发展报告（2018）
著（编）者：朱名宏　2018年7月出版 / 估价：99.00元
PSN B-2010-167-8/14

**广州蓝皮书**
广州汽车产业发展报告（2018）
著（编）者：杨再高 冯兴亚　2018年7月出版 / 估价：99.00元
PSN B-2006-066-3/14

**广州蓝皮书**
广州商贸业发展报告（2018）
著（编）者：张跃国 陈杰 荀振英
2018年7月出版 / 估价：99.00元
PSN B-2012-245-10/14

**贵阳蓝皮书**
贵阳城市创新发展报告No.3（白云篇）
著（编）者：连玉明　2018年5月出版 / 估价：99.00元
PSN B-2015-491-3/10

**贵阳蓝皮书**
贵阳城市创新发展报告No.3（观山湖篇）
著（编）者：连玉明　2018年5月出版 / 估价：99.00元
PSN B-2015-497-9/10

**贵阳蓝皮书**
贵阳城市创新发展报告No.3（花溪篇）
著（编）者：连玉明　2018年5月出版 / 估价：99.00元
PSN B-2015-490-2/10

**贵阳蓝皮书**
贵阳城市创新发展报告No.3（开阳篇）
著（编）者：连玉明　2018年5月出版 / 估价：99.00元
PSN B-2015-492-4/10

**贵阳蓝皮书**
贵阳城市创新发展报告No.3（南明篇）
著（编）者：连玉明　2018年5月出版 / 估价：99.00元
PSN B-2015-496-8/10

**贵阳蓝皮书**
贵阳城市创新发展报告No.3（清镇篇）
著（编）者：连玉明　2018年5月出版 / 估价：99.00元
PSN B-2015-489-1/10

地方发展类-经济

皮书系列
2018全品种

**贵阳蓝皮书**
贵阳城市创新发展报告No.3（乌当篇）
著（编）者：连玉明　2018年5月出版 / 估价：99.00元
PSN B-2015-495-7/10

**贵阳蓝皮书**
贵阳城市创新发展报告No.3（息烽篇）
著（编）者：连玉明　2018年5月出版 / 估价：99.00元
PSN B-2015-493-5/10

**贵阳蓝皮书**
贵阳城市创新发展报告No.3（修文篇）
著（编）者：连玉明　2018年5月出版 / 估价：99.00元
PSN B-2015-494-6/10

**贵阳蓝皮书**
贵阳城市创新发展报告No.3（云岩篇）
著（编）者：连玉明　2018年5月出版 / 估价：99.00元
PSN B-2015-498-10/10

**贵州房地产蓝皮书**
贵州房地产发展报告No.5（2018）
著（编）者：武廷方　2018年7月出版 / 估价：99.00元
PSN B-2014-426-1/1

**贵州蓝皮书**
贵州册亨经济社会发展报告（2018）
著（编）者：黄德林　2018年6月出版 / 估价：99.00元
PSN B-2016-525-8/9

**贵州蓝皮书**
贵州地理标志产业发展报告（2018）
著（编）者：李发耀　黄其松　2018年8月出版 / 估价：99.00元
PSN B-2017-646-10/10

**贵州蓝皮书**
贵安新区发展报告（2017~2018）
著（编）者：马长青　吴大华　2018年6月出版 / 估价：99.00元
PSN B-2015-459-4/10

**贵州蓝皮书**
贵州国家级开放创新平台发展报告（2017~2018）
著（编）者：申晓庆　吴大华　季泓
2018年11月出版 / 估价：99.00元
PSN B-2016-518-7/10

**贵州蓝皮书**
贵州国有企业社会责任发展报告（2017~2018）
著（编）者：郭丽　2018年12月出版 / 估价：99.00元
PSN B-2015-511-6/10

**贵州蓝皮书**
贵州民航业发展报告（2017）
著（编）者：申振东　吴大华　2018年6月出版 / 估价：99.00元
PSN B-2015-471-5/10

**贵州蓝皮书**
贵州民营经济发展报告（2017）
著（编）者：杨静　吴大华　2018年6月出版 / 估价：99.00元
PSN B-2015-530-9/9

**杭州都市圈蓝皮书**
杭州都市圈发展报告（2018）
著（编）者：洪庆华　沈翔　2018年4月出版 / 定价：98.00元
PSN B-2012-302-1/1

**河北经济蓝皮书**
河北省经济发展报告（2018）
著（编）者：马树强　金浩　张贵　2018年6月出版 / 估价：99.00元
PSN B-2014-380-1/1

**河北蓝皮书**
河北经济社会发展报告（2018）
著（编）者：康振海　2018年1月出版 / 定价：99.00元
PSN B-2014-372-1/3

**河北蓝皮书**
京津冀协同发展报告（2018）
著（编）者：陈璐　2017年12月出版 / 定价：79.00元
PSN B-2017-601-2/3

**河南经济蓝皮书**
2018年河南经济形势分析与预测
著（编）者：王世炎　2018年3月出版 / 定价：89.00元
PSN B-2007-086-1/1

**河南蓝皮书**
河南城市发展报告（2018）
著（编）者：张占仓　王建国　2018年5月出版 / 估价：99.00元
PSN B-2009-131-3/9

**河南蓝皮书**
河南工业发展报告（2018）
著（编）者：张占仓　2018年5月出版 / 估价：99.00元
PSN B-2013-317-5/9

**河南蓝皮书**
河南金融发展报告（2018）
著（编）者：喻新安　谷建全
2018年6月出版 / 估价：99.00元
PSN B-2014-390-7/9

**河南蓝皮书**
河南经济发展报告（2018）
著（编）者：张占仓　完世伟
2018年6月出版 / 估价：99.00元
PSN B-2010-157-4/9

**河南蓝皮书**
河南能源发展报告（2018）
著（编）者：国网河南省电力公司经济技术研究院
　　　　　河南省社会科学院
2018年6月出版 / 估价：99.00元
PSN B-2017-607-9/9

**河南商务蓝皮书**
河南商务发展报告（2018）
著（编）者：焦锦淼　穆荣国　2018年5月出版 / 估价：99.00元
PSN B-2014-399-1/1

**河南双创蓝皮书**
河南创新创业发展报告（2018）
著（编）者：喻新安　杨雪梅
2018年8月出版 / 估价：99.00元
PSN B-2017-641-1/1

**黑龙江蓝皮书**
黑龙江经济发展报告（2018）
著（编）者：朱宇　2018年1月出版 / 定价：89.00元
PSN B-2011-190-2/2

## 皮书系列 2018全品种 — 地方发展类-经济

**湖南城市蓝皮书**
区域城市群整合
著(编)者：童中贤 韩未名　2018年12月出版／估价：99.00元
PSN B-2006-064-1/1

**湖南蓝皮书**
湖南城乡一体化发展报告（2018）
著(编)者：陈文胜 王文强 陆福兴
2018年8月出版／估价：99.00元
PSN B-2015-477-8/8

**湖南蓝皮书**
2018年湖南电子政务发展报告
著(编)者：梁志峰　2018年5月出版／估价：128.00元
PSN B-2014-394-6/8

**湖南蓝皮书**
2018年湖南经济发展报告
著(编)者：卞鹰　2018年5月出版／估价：128.00元
PSN B-2011-207-2/8

**湖南蓝皮书**
2016年湖南经济展望
著(编)者：梁志峰　2018年5月出版／估价：128.00元
PSN B-2011-206-1/8

**湖南蓝皮书**
2018年湖南县域经济社会发展报告
著(编)者：梁志峰　2018年5月出版／估价：128.00元
PSN B-2014-395-7/8

**湖南县域绿皮书**
湖南县域发展报告（No.5）
著(编)者：袁准 周小毛 黎仁寅
2018年6月出版／估价：99.00元
PSN G-2012-274-1/1

**沪港蓝皮书**
沪港发展报告（2018）
著(编)者：尤安山　2018年9月出版／估价：99.00元
PSN B-2013-362-1/1

**吉林蓝皮书**
2018年吉林经济社会形势分析与预测
著(编)者：邵汉明　2017年12月出版／定价：89.00元
PSN B-2013-319-1/1

**吉林省城市竞争力蓝皮书**
吉林省城市竞争力报告（2017~2018）
著(编)者：崔岳春 张磊
2018年3月出版／定价：89.00元
PSN B-2016-513-1/1

**济源蓝皮书**
济源经济社会发展报告（2018）
著(编)者：喻新安　2018年6月出版／估价：99.00元
PSN B-2014-387-1/1

**江苏蓝皮书**
2018年江苏经济发展分析与展望
著(编)者：王庆五 吴先满
2018年7月出版／估价：128.00元
PSN B-2017-635-1/3

**江西蓝皮书**
江西经济社会发展报告（2018）
著(编)者：陈石俊 龚建文　2018年10月出版／估价：128.00元
PSN B-2015-484-1/2

**江西蓝皮书**
江西设区市发展报告（2018）
著(编)者：姜启东 梁勇
2018年10月出版／估价：99.00元
PSN B-2016-517-2/2

**经济特区蓝皮书**
中国经济特区发展报告（2017）
著(编)者：陶一桃　2018年1月出版／估价：99.00元
PSN B-2009-139-1/1

**辽宁蓝皮书**
2018年辽宁经济社会形势分析与预测
著(编)者：梁启东 魏红江　2018年6月出版／估价：99.00元
PSN B-2006-053-1/1

**民族经济蓝皮书**
中国民族地区经济发展报告（2018）
著(编)者：李曦辉　2018年7月出版／估价：99.00元
PSN B-2017-630-1/1

**南宁蓝皮书**
南宁经济发展报告（2018）
著(编)者：胡建华　2018年9月出版／估价：99.00元
PSN B-2016-569-2/3

**内蒙古蓝皮书**
内蒙古精准扶贫研究报告（2018）
著(编)者：张志华　2018年1月出版／定价：89.00元
PSN B-2017-681-2/2

**浦东新区蓝皮书**
上海浦东经济发展报告（2018）
著(编)者：周小平 徐美芳
2018年1月出版／定价：89.00元
PSN B-2011-225-1/1

**青海蓝皮书**
2018年青海经济社会形势分析与预测
著(编)者：陈玮　2018年1月出版／定价：98.00元
PSN B-2012-275-1/2

**青海科技绿皮书**
青海科技发展报告（2017）
著(编)者：青海省科学技术信息研究所
2018年3月出版／定价：98.00元
PSN G-2018-701-1/1

**山东蓝皮书**
山东经济形势分析与预测（2018）
著(编)者：李广杰　2018年7月出版／估价：99.00元
PSN B-2014-404-1/5

**山东蓝皮书**
山东省普惠金融发展报告（2018）
著(编)者：齐鲁财富网
2018年9月出版／估价：99.00元
PSN B2017-676-5/5

## 地方发展类-经济

**皮书系列 2018全品种**

**山西蓝皮书**
山西资源型经济转型发展报告（2018）
著(编)者：李志强　2018年7月出版 / 估价：99.00元
PSN B-2011-197-1/1

**陕西蓝皮书**
陕西经济发展报告（2018）
著(编)者：任宗哲　白宽犁　裴成荣
2018年1月出版 / 定价：89.00元
PSN B-2009-135-1/6

**陕西蓝皮书**
陕西精准脱贫研究报告（2018）
著(编)者：任宗哲　白宽犁　王建康
2018年4月出版 / 定价：89.00元
PSN B-2017-623-6/6

**上海蓝皮书**
上海经济发展报告（2018）
著(编)者：沈开艳　2018年2月出版 / 定价：89.00元
PSN B-2006-057-1/7

**上海蓝皮书**
上海资源环境发展报告（2018）
著(编)者：周冯琦　胡静　2018年2月出版 / 定价：89.00元
PSN B-2006-060-4/7

**上海蓝皮书**
上海奉贤经济发展分析与研判（2017～2018）
著(编)者：张兆安　朱平芳　2018年3月出版 / 定价：99.00元
PSN B-2018-698-8/8

**上饶蓝皮书**
上饶发展报告（2016～2017）
著(编)者：廖其志　2018年6月出版 / 估价：128.00元
PSN B-2014-377-1/1

**深圳蓝皮书**
深圳经济发展报告（2018）
著(编)者：张骁儒　2018年6月出版 / 定价：99.00元
PSN B-2008-112-3/7

**四川蓝皮书**
四川城镇化发展报告（2018）
著(编)者：侯水平　陈炜　2018年6月出版 / 估价：99.00元
PSN B-2015-456-7/7

**四川蓝皮书**
2018年四川经济形势分析与预测
著(编)者：杨钢　2018年1月出版 / 定价：158.00元
PSN B-2007-098-2/7

**四川蓝皮书**
四川企业社会责任研究报告（2017～2018）
著(编)者：侯水平　盛毅　2018年5月出版 / 估价：99.00元
PSN B-2014-386-4/7

**四川蓝皮书**
四川生态建设报告（2018）
著(编)者：李晟之　2018年5月出版 / 估价：99.00元
PSN B-2015-455-6/7

**四川蓝皮书**
四川特色小镇发展报告（2017）
著(编)者：吴志强　2017年11月出版 / 定价：89.00元
PSN B-2017-670-8/8

**体育蓝皮书**
上海体育产业发展报告（2017～2018）
著(编)者：张林　黄海燕
2018年10月出版 / 估价：99.00元
PSN B-2015-454-4/5

**体育蓝皮书**
长三角地区体育产业发展报（2017～2018）
著(编)者：张林　2018年6月出版 / 估价：99.00元
PSN B-2015-453-3/5

**天津金融蓝皮书**
天津金融发展报告（2018）
著(编)者：王爱俭　孔德昌
2018年5月出版 / 估价：99.00元
PSN B-2014-418-1/1

**图们江区域合作蓝皮书**
图们江区域合作发展报告（2018）
著(编)者：李铁　2018年6月出版 / 估价：99.00元
PSN B-2015-464-1/1

**温州蓝皮书**
2018年温州经济社会形势分析与预测
著(编)者：蒋儒标　王春光　金浩
2018年6月出版 / 估价：99.00元
PSN B-2008-105-1/1

**西咸新区蓝皮书**
西咸新区发展报告（2018）
著(编)者：李扬　王军
2018年6月出版 / 估价：99.00元
PSN B-2016-534-1/1

**修武蓝皮书**
修武经济社会发展报告（2018）
著(编)者：张占仓　袁凯声
2018年10月出版 / 估价：99.00元
PSN B-2017-651-1/1

**偃师蓝皮书**
偃师经济社会发展报告（2018）
著(编)者：张占仓　袁凯声　何武周
2018年7月出版 / 估价：99.00元
PSN B-2017-627-1/1

**扬州蓝皮书**
扬州经济社会发展报告（2018）
著(编)者：陈扬
2018年12月出版 / 估价：108.00元
PSN B-2011-191-1/1

**长垣蓝皮书**
长垣经济社会发展报告（2018）
著(编)者：张占仓　袁凯声　秦保建
2018年10月出版 / 估价：99.00元
PSN B-2017-654-1/1

**遵义蓝皮书**
遵义发展报告（2018）
著(编)者：邓彦　曾征　龚永育
2018年9月出版 / 估价：99.00元
PSN B-2014-433-1/1

# 地方发展类-社会

**安徽蓝皮书**
安徽社会发展报告（2018）
著(编)者：程桦　2018年6月出版 / 估价：99.00元
PSN B-2013-325-1/1

**安徽社会建设蓝皮书**
安徽社会建设分析报告（2017~2018）
著(编)者：黄家海　蔡宪
2018年11月出版 / 估价：99.00元
PSN B-2013-322-1/1

**北京蓝皮书**
北京公共服务发展报告（2017~2018）
著(编)者：施昌奎　2018年6月出版 / 估价：99.00元
PSN B-2008-103-7/8

**北京蓝皮书**
北京社会发展报告（2017~2018）
著(编)者：李伟东
2018年7月出版 / 估价：99.00元
PSN B-2006-055-3/8

**北京蓝皮书**
北京社会治理发展报告（2017~2018）
著(编)者：殷星辰　2018年7月出版 / 估价：99.00元
PSN B-2014-391-8/8

**北京律师蓝皮书**
北京律师发展报告No.4（2018）
著(编)者：王隽　2018年12月出版 / 估价：99.00元
PSN B-2011-217-1/1

**北京人才蓝皮书**
北京人才发展报告（2018）
著(编)者：敏华　2018年12月出版 / 估价：128.00元
PSN B-2011-201-1/1

**北京社会心态蓝皮书**
北京社会心态分析报告（2017~2018）
北京市社会心理服务促进中心
2018年10月出版 / 估价：99.00元
PSN B-2014-422-1/1

**北京社会组织管理蓝皮书**
北京社会组织发展与管理（2018）
著(编)者：黄江松
2018年6月出版 / 估价：99.00元
PSN B-2015-446-1/1

**北京养老产业蓝皮书**
北京居家养老发展报告（2018）
著(编)者：陆杰华　周明明
2018年8月出版 / 估价：99.00元
PSN B-2015-465-1/1

**法治蓝皮书**
四川依法治省年度报告No.4（2018）
著(编)者：李林　杨天宗　田禾
2018年3月出版 / 定价：118.00元
PSN B-2015-447-2/3

**福建妇女发展蓝皮书**
福建省妇女发展报告（2018）
著(编)者：刘群英　2018年11月出版 / 估价：99.00元
PSN B-2011-220-1/1

**甘肃蓝皮书**
甘肃社会发展分析与预测（2018）
著(编)者：安文华　谢增虎　包晓霞
2018年1月出版 / 定价：99.00元
PSN B-2013-313-2/6

**广东蓝皮书**
广东全面深化改革研究报告（2018）
著(编)者：周林生　涂成林
2018年12月出版 / 估价：99.00元
PSN B-2015-504-3/3

**广东蓝皮书**
广东社会工作发展报告（2018）
著(编)者：罗观翠　2018年6月出版 / 估价：99.00元
PSN B-2014-402-2/3

**广州蓝皮书**
广州青年发展报告（2018）
著(编)者：徐柳　张强
2018年8月出版 / 估价：99.00元
PSN B-2013-352-13/14

**广州蓝皮书**
广州社会保障发展报告（2018）
著(编)者：张跃国　2018年8月出版 / 估价：99.00元
PSN B-2014-425-14/14

**广州蓝皮书**
2018年中国广州社会形势分析与预测
著(编)者：张强　郭志勇　何镜清
2018年6月出版 / 估价：99.00元
PSN B-2008-110-5/14

**贵州蓝皮书**
贵州法治发展报告（2018）
著(编)者：吴大华　2018年5月出版 / 估价：99.00元
PSN B-2012-254-2/10

**贵州蓝皮书**
贵州人才发展报告（2017）
著(编)者：于杰　吴大华
2018年9月出版 / 估价：99.00元
PSN B-2014-382-3/10

**贵州蓝皮书**
贵州社会发展报告（2018）
著(编)者：王兴骥　2018年6月出版 / 估价：99.00元
PSN B-2010-166-1/10

**杭州蓝皮书**
杭州妇女发展报告（2018）
著(编)者：魏颖
2018年10月出版 / 估价：99.00元
PSN B-2014-403-1/1

**地方发展类–社会**

**皮书系列
2018全品种**

**河北蓝皮书**
河北法治发展报告（2018）
著(编)者：康振海　2018年6月出版／估价：99.00元
PSN B-2017-622-3/3

**河北食品药品安全蓝皮书**
河北食品药品安全研究报告（2018）
著(编)者：丁锦霞
2018年10月出版／估价：99.00元
PSN B-2015-473-1/1

**河南蓝皮书**
河南法治发展报告（2018）
著(编)者：张林海　2018年7月出版／估价：99.00元
PSN B-2014-376-6/9

**河南蓝皮书**
2018年河南社会形势分析与预测
著(编)者：牛苏林　2018年5月出版／估价：99.00元
PSN B-2005-043-1/9

**河南民办教育蓝皮书**
河南民办教育发展报告（2018）
著(编)者：胡大白　2018年9月出版／估价：99.00元
PSN B-2017-642-1/1

**黑龙江蓝皮书**
黑龙江社会发展报告（2018）
著(编)者：王爱丽　2018年1月出版／定价：89.00元
PSN B-2011-189-1/2

**湖南蓝皮书**
2018年湖南两型社会与生态文明建设报告
著(编)者：卞鹰　2018年5月出版／估价：128.00元
PSN B-2011-208-3/2

**湖南蓝皮书**
2018年湖南社会发展报告
著(编)者：卞鹰　2018年5月出版／估价：128.00元
PSN B-2014-393-5/8

**健康城市蓝皮书**
北京健康城市建设研究报告（2018）
著(编)者：王鸿春　盛继洪
2018年9月出版／估价：99.00元
PSN B-2015-460-1/2

**江苏法治蓝皮书**
江苏法治发展报告No.6（2017）
著(编)者：蔡道通　龚廷泰
2018年8月出版／估价：99.00元
PSN B-2012-290-1/1

**江苏蓝皮书**
2018年江苏社会发展分析与展望
著(编)者：王庆五　刘旺洪
2018年8月出版／估价：128.00元
PSN B-2017-636-2/3

**民族教育蓝皮书**
中国民族教育发展报告（2017·内蒙古卷）
著(编)者：陈中永
2017年12月出版／定价：198.00元
PSN B-2017-669-1/1

**南宁蓝皮书**
南宁法治发展报告（2018）
著(编)者：杨维超　2018年12月出版／估价：99.00元
PSN B-2015-509-1/3

**南宁蓝皮书**
南宁社会发展报告（2018）
著(编)者：胡建华　2018年10月出版／估价：99.00元
PSN B-2016-570-3/3

**内蒙古蓝皮书**
内蒙古反腐倡廉建设报告 No.2
著(编)者：张志华　2018年6月出版／估价：99.00元
PSN B-2013-365-1/1

**青海蓝皮书**
2018年青海人才发展报告
著(编)者：王宇燕　2018年9月出版／估价：99.00元
PSN B-2017-650-2/2

**青海生态文明建设蓝皮书**
青海生态文明建设报告（2018）
著(编)者：张西明　高华　2018年12月出版／估价：99.00元
PSN B-2016-595-1/1

**人口与健康蓝皮书**
深圳人口与健康发展报告（2018）
著(编)者：陆杰华　傅崇辉
2018年11月出版／估价：99.00元
PSN B-2011-228-1/1

**山东蓝皮书**
山东社会形势分析与预测（2018）
著(编)者：李善峰　2018年6月出版／估价：99.00元
PSN B-2014-405-2/5

**陕西蓝皮书**
陕西社会发展报告（2018）
著(编)者：任宗哲　白宽犁　牛昉
2018年1月出版／定价：89.00元
PSN B-2009-136-2/6

**上海蓝皮书**
上海法治发展报告（2018）
著(编)者：叶必丰　2018年9月出版／估价：99.00元
PSN B-2012-296-6/7

**上海蓝皮书**
上海社会发展报告（2018）
著(编)者：杨雄　周海旺
2018年2月出版／定价：89.00元
PSN B-2006-058-2/7

**皮书系列 2018全品种**

地方发展类-社会 · 地方发展类-文化

**社会建设蓝皮书**
2018年北京社会建设分析报告
著(编)者：宋贵伦 冯虹　　2018年9月出版／估价：99.00元
PSN B-2010-173-1/1

**深圳蓝皮书**
深圳法治发展报告（2018）
著(编)者：张骁儒　　2018年6月出版／估价：99.00元
PSN B-2015-470-6/7

**深圳蓝皮书**
深圳劳动关系发展报告（2018）
著(编)者：汤庭芬　　2018年8月出版／估价：99.00元
PSN B-2007-097-2/7

**深圳蓝皮书**
深圳社会治理与发展报告（2018）
著(编)者：张骁儒　　2018年6月出版／估价：99.00元
PSN B-2008-113-4/7

**生态安全绿皮书**
甘肃国家生态安全屏障建设发展报告（2018）
著(编)者：刘举科 喜文华
2018年10月出版／估价：99.00元
PSN G-2017-659-1/1

**顺义社会建设蓝皮书**
北京市顺义区社会建设发展报告（2018）
著(编)者：王学武　　2018年9月出版／估价：99.00元
PSN B-2017-658-1/1

**四川蓝皮书**
四川法治发展报告（2018）
著(编)者：郑泰安　　2018年6月出版／估价：99.00元
PSN B-2015-441-5/7

**四川蓝皮书**
四川社会发展报告（2018）
著(编)者：李羚　　2018年6月出版／估价：99.00元
PSN B-2008-127-3/7

**四川社会工作与管理蓝皮书**
四川省社会工作人力资源发展报告（2017）
著(编)者：边慧敏　　2017年12月出版／定价：89.00元
PSN B-2017-683-1/1

**云南社会治理蓝皮书**
云南社会治理年度报告（2017）
著(编)者：晏雄 韩全芳
2018年5月出版／估价：99.00元
PSN B-2017-667-1/1

# 地方发展类-文化

**北京传媒蓝皮书**
北京新闻出版广电发展报告（2017~2018）
著(编)者：王志　　2018年11月出版／估价：99.00元
PSN B-2016-588-1/1

**北京蓝皮书**
北京文化发展报告（2017~2018）
著(编)者：李建盛　　2018年5月出版／估价：99.00元
PSN B-2007-082-4/8

**创意城市蓝皮书**
北京文化创意产业发展报告（2018）
著(编)者：郭万超 张京成　　2018年12月出版／估价：99.00元
PSN B-2012-263-1/7

**创意城市蓝皮书**
天津文化创意产业发展报告（2017~2018）
著(编)者：谢思全　　2018年6月出版／估价：99.00元
PSN B-2016-536-7/7

**创意城市蓝皮书**
武汉文化创意产业发展报告（2018）
著(编)者：黄永林 陈汉桥　　2018年12月出版／估价：99.00元
PSN B-2013-354-4/7

**创意上海蓝皮书**
上海文化创意产业发展报告（2017~2018）
著(编)者：王慧敏 王兴全　　2018年8月出版／估价：99.00元
PSN B-2016-561-1/1

**非物质文化遗产蓝皮书**
广州市非物质文化遗产保护发展报告（2018）
著(编)者：宋俊华　　2018年12月出版／估价：99.00元
PSN B-2016-589-1/1

**甘肃蓝皮书**
甘肃文化发展分析与预测（2018）
著(编)者：马廷旭 戚晓萍　　2018年1月出版／定价：99.00元
PSN B-2013-314-3/6

**甘肃蓝皮书**
甘肃舆情分析与预测（2018）
著(编)者：王俊莲 张谦元　　2018年1月出版／定价：99.00元
PSN B-2013-315-4/6

**广州蓝皮书**
中国广州文化发展报告（2018）
著(编)者：屈哨兵 陆志强　　2018年6月出版／估价：99.00元
PSN B-2009-134-7/14

**广州蓝皮书**
广州文化创意产业发展报告（2018）
著(编)者：徐咏虹　　2018年7月出版／估价：99.00元
PSN B-2008-111-6/14

**海淀蓝皮书**
海淀区文化和科技融合发展报告（2018）
著(编)者：陈名杰 孟景伟　　2018年5月出版／估价：99.00元
PSN B-2013-329-1/1

**地方发展类-文化**

**皮书系列 2018全品种**

**河南蓝皮书**
河南文化发展报告（2018）
著(编)者：卫绍生　2018年7月出版 / 估价：99.00元
PSN B-2008-106-2/9

**湖北文化产业蓝皮书**
湖北省文化产业发展报告（2018）
著(编)者：黄晓华　2018年9月出版 / 估价：99.00元
PSN B-2017-656-1/1

**湖北文化蓝皮书**
湖北文化发展报告（2017~2018）
著(编)者：湖北大学高等人文研究院
　　　　　中华文化发展湖北省协同创新中心
2018年10月出版 / 估价：99.00元
PSN B-2016-566-1/1

**江苏蓝皮书**
2018年江苏文化发展分析与展望
著(编)者：王庆五　樊和平　2018年9月出版 / 估价：128.00元
PSN B-2017-637-3/3

**江西文化蓝皮书**
江西非物质文化遗产发展报告（2018）
著(编)者：张圣才　傅安平　2018年12月出版 / 估价：128.00元
PSN B-2015-499-1/1

**洛阳蓝皮书**
洛阳文化发展报告（2018）
著(编)者：刘福兴　陈启明　2018年7月出版 / 估价：99.00元
PSN B-2015-476-1/1

**南京蓝皮书**
南京文化发展报告（2018）
著(编)者：中共南京市委宣传部
2018年12月出版 / 估价：99.00元
PSN B-2014-439-1/1

**宁波文化蓝皮书**
宁波"一人一艺"全民艺术普及发展报告（2017）
著(编)者：张爱琴　2018年11月出版 / 估价：128.00元
PSN B-2017-668-1/1

**山东蓝皮书**
山东文化发展报告（2018）
著(编)者：涂可国　2018年5月出版 / 估价：99.00元
PSN B-2014-406-3/5

**陕西蓝皮书**
陕西文化发展报告（2018）
著(编)者：任宗哲　白宽犁　王长寿
2018年1月出版 / 定价：89.00元
PSN B-2009-137-3/6

**上海蓝皮书**
上海传媒发展报告（2018）
著(编)者：强荧　焦雨虹　2018年2月出版 / 定价：89.00元
PSN B-2012-295-5/7

**上海蓝皮书**
上海文学发展报告（2018）
著(编)者：陈圣来　2018年6月出版 / 估价：99.00元
PSN B-2012-297-7/7

**上海蓝皮书**
上海文化发展报告（2018）
著(编)者：荣跃明　2018年6月出版 / 估价：99.00元
PSN B-2006-059-3/7

**深圳蓝皮书**
深圳文化发展报告（2018）
著(编)者：张骁儒　2018年7月出版 / 估价：99.00元
PSN B-2016-554-7/7

**四川蓝皮书**
四川文化产业发展报告（2018）
著(编)者：向宝云　张立伟　2018年6月出版 / 估价：99.00元
PSN B-2006-074-1/7

**郑州蓝皮书**
2018年郑州文化发展报告
著(编)者：王哲　2018年9月出版 / 估价：99.00元
PSN B-2008-107-1/1

社会科学文献出版社　　　　　　　　　　　　**皮书系列**

## ✤ 皮书起源 ✤

"皮书"起源于十七、十八世纪的英国,主要指官方或社会组织正式发表的重要文件或报告,多以"白皮书"命名。在中国,"皮书"这一概念被社会广泛接受,并被成功运作、发展成为一种全新的出版形态,则源于中国社会科学院社会科学文献出版社。

## ✤ 皮书定义 ✤

皮书是对中国与世界发展状况和热点问题进行年度监测,以专业的角度、专家的视野和实证研究方法,针对某一领域或区域现状与发展态势展开分析和预测,具备原创性、实证性、专业性、连续性、前沿性、时效性等特点的公开出版物,由一系列权威研究报告组成。

## ✤ 皮书作者 ✤

皮书系列的作者以中国社会科学院、著名高校、地方社会科学院的研究人员为主,多为国内一流研究机构的权威专家学者,他们的看法和观点代表了学界对中国与世界的现实和未来最高水平的解读与分析。

## ✤ 皮书荣誉 ✤

皮书系列已成为社会科学文献出版社的著名图书品牌和中国社会科学院的知名学术品牌。2016年,皮书系列正式列入"十三五"国家重点出版规划项目;2013~2018年,重点皮书列入中国社会科学院承担的国家哲学社会科学创新工程项目;2018年,59种院外皮书使用"中国社会科学院创新工程学术出版项目"标识。

# 中国皮书网

（网址：www.pishu.cn）

发布皮书研创资讯，传播皮书精彩内容
引领皮书出版潮流，打造皮书服务平台

## 栏目设置

关于皮书：何谓皮书、皮书分类、皮书大事记、皮书荣誉、
　　　　　皮书出版第一人、皮书编辑部
最新资讯：通知公告、新闻动态、媒体聚焦、网站专题、视频直播、下载专区
皮书研创：皮书规范、皮书选题、皮书出版、皮书研究、研创团队
皮书评奖评价：指标体系、皮书评价、皮书评奖
互动专区：皮书说、社科数托邦、皮书微博、留言板

## 所获荣誉

2008年、2011年，中国皮书网均在全国新闻出版业网站荣誉评选中获得"最具商业价值网站"称号；
2012年，获得"出版业网站百强"称号。

## 网库合一

2014年，中国皮书网与皮书数据库端口合一，实现资源共享。

**权威报告·一手数据·特色资源**

# 皮书数据库
## ANNUAL REPORT(YEARBOOK) DATABASE

## 当代中国经济与社会发展高端智库平台

**所获荣誉**

- 2016年,入选"'十三五'国家重点电子出版物出版规划骨干工程"
- 2015年,荣获"搜索中国正能量 点赞2015""创新中国科技创新奖"
- 2013年,荣获"中国出版政府奖·网络出版物奖"提名奖
- 连续多年荣获中国数字出版博览会"数字出版·优秀品牌"奖

**成为会员**

通过网址www.pishu.com.cn或使用手机扫描二维码进入皮书数据库网站,进行手机号码验证或邮箱验证即可成为皮书数据库会员(建议通过手机号码快速验证注册)。

**会员福利**

- 使用手机号码首次注册的会员,账号自动充值100元体验金,可直接购买和查看数据库内容(仅限使用手机号码快速注册)。
- 已注册用户购书后可免费获赠100元皮书数据库充值卡。刮开充值卡涂层获取充值密码,登录并进入"会员中心"—"在线充值"—"充值卡充值",充值成功后即可购买和查看数据库内容。

数据库服务热线:400-008-6695　　　　图书销售热线:010-59367070/7028
数据库服务QQ:2475522410　　　　　　图书服务QQ:1265056568
数据库服务邮箱:database@ssap.cn　　　图书服务邮箱:duzhe@ssap.cn

## 更多信息请登录

**皮书数据库**
http://www.pishu.com.cn

**中国皮书网**
http://www.pishu.cn

**皮书微博**
http://weibo.com/pishu

皮书微信"皮书说"

请到当当、亚马逊、京东或各地书店购买，也可办理邮购

咨询／邮购电话：010-59367028　59367070
邮　　箱：duzhe@ssap.cn
邮购地址：北京市西城区北三环中路甲29号院3号楼
　　　　　华龙大厦13层读者服务中心
邮　　编：100029
银行户名：社会科学文献出版社
开户银行：中国工商银行北京北太平庄支行
账　　号：0200010019200365434